化学計算

基礎から応用まで

島原健三著

三共出版

まえがき

　本書は大学や高専で化学を勉強している人，および化学を職業にしている人のための，化学計算の解説本である．

　化学の勉強には演習が欠かせない，と誰しもが言う．たしかに，対応する計算問題を解いてみることは，講義で聴いたり本で読んだりした個々の現象なり法則なりの理解を深めるのに役に立つ．これがふつうに言われる演習の効用であろう．しかし筆者は，少なくとも化学を専門にしようとする人にとっては，計算問題の演習をとおして"化学計算の方法"を習得することがそれに劣らず大切なのではないか，と考えている．"化学計算の方法"とは筆者の造語だが，単位の体系，標準的な記号法，数値の精度を考慮に入れた計算のルール，といった基本的な約束ごとから，与えられたデータの吟味法，もっとも効率的な解法の見つけ方まで，化学計算に必要な，および有用な知識と技法の一切，の意味である．

　この"化学計算の方法"が，化学のさまざまな分野の計算問題を解いたり，実験のデータを吟味したりまとめたりするのに，役だつことは言うまでもない．筆者の経験によれば，計算問題の効率的な解法を見つけることで養った"勘"は，実験のさいに効率のよい計画を立てるのにも役だつように思われる．そのほか例をあげればきりがないが，要するに，"化学計算の方法"とそれを習得する過程で養った"勘"は，化学にたずさわる人が化学を使いこなすうえできわめて有用である，と筆者は考えている．

　本書の主要部分は，例題とその解法の説明，という通常の演習書のスタイルで書かれている．ただし，例題はできるだけ精選して数を減らし，そのぶん解法のスペースを増やして，単にその例題の解き方だけではなく，それにまつわる"化学計算の方法"もあわせて解説するようにした．つまり，例題や練習問題を解くことによって，個々の事象や法則の理解を深めると同時に"化学計算の方法"も身につくよう，配慮したわけである．例題の大部分は一般化学と初

級物理化学の範囲から選んだから，本書はこれらの科目の参考書あるいは演習用教科書としても使えるはずである．

本書のもうひとつの特徴は，"化学計算の方法"の基礎事項を手短に解説した独立の章（"解説編"の各章）を設けたこと，すべての例題に内容を示す見出しを付けたこと，および，索引を充実させたこと，である．"化学計算の方法"に関する特定の事項を調べたり，特定の計算問題の解き方を調べたりするための，いわば便覧ふう，事典ふうの使い方が，これによって可能になったのではないかと思っている．

要するに筆者としては，個々の計算問題の解き方と"化学計算の方法"の両方に目配りをした，通読もできるし拾い読みもできる"化学計算"の解説本ないしハウ・ツー本，といったところを目指したつもりである．さらに詳しくは，次の"本書の構成と使い方"をご覧いただきたい．

筆者が『化学計算法』(1960年)を出版してから40年になる．今から見るとずいぶん幼稚な本で汗顔のいたりだが，基本的には上の考えにもとづいて書いたように思う．その後，基本定数の数値や一部の術語の変更に対処するために，同時に筆者自身の不満な個所を修正するために，3回改訂を行った．最後の改訂版が『新化学計算』(1984年)である．一方，その間に，畏友水林久雄氏と共著でジュニア版というべきものを出版した．これも2回改訂を行ったが，最後の版が『わかりやすい化学計算』(1995年)である．さいわい両方ともご好評をいただき，版を重ねることができた．

その『新化学計算』を書きなおす時期が来たわけであるが，今回は思いきって，たんなる改訂ではなく，従来の版に対する読者のご意見や大学における筆者の経験を踏まえて，完全に新しく書きなおすことにした．本書の狙いは上に述べたとおりであるが，前著と比べると，『わかりやすい化学計算』と重複する部分は圧縮または割愛し，そのぶん"化学計算の方法"の解説を充実させるとともに，例題の選択範囲をより高度な方に広げた．具体的には，"原子の構造"および"化学結合"の章を充実させたほか，ビリアル状態方程式，酵素反応速度論，高分子分子量の測定法など，一般化学や初級物理化学ではあまり扱わない事項も多少ではあるがとり上げた．大学に入ってすぐに習う基礎化学が高

学年で習う分野と直結していることを，具体例で示そうとしたわけである．

　水林久雄氏との共著『わかりやすい化学計算』は，例題はおもに一般化学の範囲から選んであるが，高等学校で習った化学から出発してそれらの例題の解き方を示すように書かれている．つまり，高校の化学と理工系大学の基礎化学を結びつけることがおもな狙いであった．これに対し，本書は大学の基礎化学をその先に結びつけることを狙っているわけである．基礎的事項のより詳しい解説が必要な場合には，自己宣伝めいて恐縮だが，『わかりやすい化学計算』をご参照いただければさいわいである．

　本書の執筆にあたって，先人たちの著書から多くの問題を利用させていただいた．本書の目的に合わせるために筆者の責任で変更を加えたものが少なくないので，いちいち出典は記さなかったが，著者の方がたには厚くお礼を申しあげたい．また，旧著に対して貴重なご意見を寄せていただいた読者諸氏，大学での講義や演習のさいに質問や討論をとおして筆者を啓発してくれた学生諸君にもお礼を申しあげたい．最後になったが，執筆を開始から完成までの長いあいだ筆者のわがままに付き合っていただき，また有益なご助言をいただいた三共出版の秀島功，細矢久子両氏に深く感謝するしだいである．

2000年12月

島 原 健 三

本書の構成と使い方

1. 本書は"講義編","解説編"および"練習編"の3編で構成されている．

  講義編は"気体"から"化学結合"までの分野べつの11章からなり，それぞれの分野の計算問題の解き方が，典型的な問題を例として説明されている．

  解説編は"物理量と単位"，"数値の精度"，"化学量論の基礎"および"記号一覧"の4章からなり，"講義編"の例題を解くうえで共通して必要な知識——いわば化学計算の基礎知識，が述べられている．

  練習編は"講義編"の例題に対応する練習問題集であり，ヒントおよび解答が付されている．

  なお，各編の扉にはそれぞれの編に関する注意事項が記されているので，一読されたい．

2. **講義編**の各章は節（§1・1，など）に，各節は項（1・1・1，など）に分かれ，各項には原則として1ないし数題の例題が含まれている．

  各項の記述は，その項の例題を解くのに共通して必要な事項の説明→例題→［考え方］（その例題を解くのに必要な事項の説明）→［解］（計算の途中経過も含む）→［注］，の順になっている．**［注］**にはともすれば見落としがちな注意事項が記されているから，例題がたやすく解けた場合でも目を通していただきたい．

  例題には各章ごとに通し番号をつけ，かつ，それぞれの例題の狙いが見出しとして示してある．この見出しは，必要な例題を検索するさいにも役だつはずである．

  式，**表**および**図**も，それぞれ章ごとに通し番号をつけてある．ただし式に関しては，互いに密接な関連のある式どうしはアルファベットを添えて整理した場合もある（例えば，(1.1)式と(1.1a)式）．また，複数の式を一

括して表として示した個所もある（例えば，p.6の表1-1）．

本文の記述を簡潔にするため，**脚注**を多用した．脚注は，例題を解くだけのためならばかならずしも読む必要はないが，読むことによって本文の理解を深めることができるはずである．

3. 解説編の12〜14章の構成も"講義編"に準じている．

4. 単位，記号および数字表記法は，国際純正応用化学連合（IUPAC）が勧告している方式——いわば化学の分野における国際ルール，に従っている．

単位はSI単位を使用した．SI単位系の構造については§12・2を参照されたい．なお，化学のなかでも一部の分野ではまだCGS単位やその他の慣用単位が常用されているので，そのことを考慮して，これらの単位の意味と各種単位の換算方法を§12・3で解説した．

記号の書き方の原則は，物理量のそれは§12・1に，単位のそれは§12・2に述べた．化学の分野でよく使われる個々の記号とその意味は，15章にまとめてある．小事典として利用していただきたい．

数値の精度を表わす**数字表記法**は13章で解説した．本書の計算はすべて必要かつ充分な精度をもって行われ，途中経過と結果はともにこの数字表記法に従って記されている．

以上に関してさらに詳しくは，イアン・ミルズほか著『物理化学で用いられる量・単位・記号』（講談社サイエンティフィク）を参照されたい．

5. 定数は，ひんぱんに使われるものは前後の表紙見返しに，特定の章だけに関係のあるものはそれぞれの章におき，"資料A-1"（表見返し），"資料B-1"（裏見返し），"資料1-1"（各章）のように，それぞれごとの通し番号をつけた．

例題や演習問題には定数は与えられていないから，該当する"資料"（定数表）から必要な定数を探していただきたい．索引には"データ"という語をつけて，"ファンデルワールス定数（データ）"のように記してある．

6. 本書の計算はすべて**関数電卓**を使うことを前提として記述されている．

　筆算で化学計算問題を解くのに必要な，あるいは便利な手法——例えば対数表の使い方，対数方眼紙の使い方，能率的な筆算の手法，などは，紙数のつごうで触れることができなかった．必要な向きは姉妹編の『わかりやすい化学計算』を参照していただきたい．

目　次

Ⅰ. 講義編

1章　気　体

§1·1　理想気体 ……………………………………………2
1·1·1　理想気体の状態方程式 ……………………………2
1·1·2　気体または揮発しやすい物質の分子量 ……………4
1·1·3　混合気体の組成と分圧 ……………………………5

§1·2　気体分子運動論 ……………………………………7
1·2·1　気体分子の運動と圧力 ……………………………7
1·2·2　温度と気体分子の速度 ……………………………8
1·2·3　気体の流出速度と分子量 …………………………10

§1·3　実在気体 ……………………………………………10
1·3·1　ファンデルワールスの状態方程式 …………………10
1·3·2　ファンデルワールス定数と分子の大きさ …………14
1·3·3　ファンデルワールス定数と臨界定数 ………………14
1·3·4　ビリアル状態方程式 ………………………………16

2章　溶　液

§2·1　濃度と溶解度 ………………………………………18
2·1·1　いろいろな濃度の表わし方 ………………………18
2·1·2　固体の溶解度 ………………………………………19
2·1·3　気体の溶解度 ………………………………………20

§2·2　希薄溶液の性質 ……………………………………21
2·2·1　蒸気圧降下 …………………………………………21
2·2·2　沸点上昇と凝固点降下 ……………………………22

2·2·3　浸　透　圧 …………………………………………………24
2·2·4　電解質溶液の場合 ……………………………………24
§2·3　高分子溶液と高分子化合物の分子量 ……………………26
2·3·1　高分子溶液 ………………………………………………26
2·3·2　浸　透　圧 …………………………………………………26
2·3·3　沈　降　平　衡 ……………………………………………28
2·3·4　粘　　　性 …………………………………………………29
2·3·5　高分子の平均分子量 …………………………………30

3章　熱　化　学

§3·1　内部エネルギーとエンタルピー …………………………33
3·1·1　系　の　分　類 ……………………………………………33
3·1·2　熱力学第一法則 ………………………………………33
3·1·3　定積変化と定圧変化 …………………………………34
§3·2　温度変化にともなう熱の出入り …………………………36
3·2·1　熱　容　量 …………………………………………………36
3·2·2　理想気体の熱容量 ……………………………………36
3·2·3　実在気体の熱容量 ……………………………………38
3·2·4　液体と固体の熱容量 …………………………………40
§3·3　相変化にともなう熱の出入り ……………………………40
§3·4　化学変化にともなう熱の出入り …………………………42
3·4·1　反応エンタルピーと定積反応熱 ……………………42
3·4·2　標準反応エンタルピー …………………………………43
3·4·3　ヘスの法則 ………………………………………………43
3·4·4　生成エンタルピー ………………………………………44
3·4·5　いろいろな反応エンタルピー …………………………46
3·4·6　反応エンタルピーの温度変化 …………………………47

4章 熱力学

§4·1 エントロピー変化 ·· 50
- 4·1·1 熱力学第二法則 ·· 50
- 4·1·2 理想気体の定温体積変化にともなうエントロピー変化 ············ 51
- 4·1·3 相変化にともなうエントロピー変化 ···························· 52
- 4·1·4 トルートンの規則 ·· 53
- 4·1·5 温度変化にともなうエントロピー変化 ·························· 54

§4·2 第三法則エントロピー ·· 55

§4·3 ギブズエネルギー ·· 57
- 4·3·1 ギブズエネルギーとエントロピーの関係 ························ 57
- 4·3·2 生成ギブズエネルギー ·· 59

5章 化学平衡

§5·1 質量作用の法則 ·· 60
- 5·1·1 平衡定数と平衡混合物の組成 ···································· 60
- 5·1·2 気相化学平衡 ·· 63
- 5·1·3 互いに関連のある反応の平衡定数の関係 ························ 64
- 5·1·4 不均一系化学平衡 ·· 65

§5·2 平衡定数とギブズエネルギー変化 ·································· 67

§5·3 平衡定数の温度による変化 ·· 68
- 5·3·1 平衡定数の温度変化と反応エンタルピー ························ 68
- 5·3·2 蒸気圧の温度変化と蒸発エンタルピー・昇華エンタルピー ······ 71

§5·4 ルシャトリエの原理 ·· 72

6章 電離平衡

§6·1 強電解質と弱電解質 ·· 74

§6·2 弱酸と弱塩基 ·· 74
- 6·2·1 弱酸の電離平衡 ·· 74

- 6・2・2 弱塩基の電離平衡 ……………………………………… 76
- 6・2・3 弱酸水溶液のpH ……………………………………… 77
- 6・2・4 弱塩基水溶液のpH …………………………………… 79
- 6・2・5 弱塩基のpK_aとpK_b …………………………… 80
- 6・2・6 電離が多段階にわたる場合 ………………………… 81

§6・3 塩 …………………………………………………………… 82
- 6・3・1 加水分解 ……………………………………………… 82
- 6・3・2 緩衝溶液 ……………………………………………… 85

§6・4 溶解度積 …………………………………………………… 87

7章 電気化学

§7・1 電気伝導 …………………………………………………… 89
- 7・1・1 伝導率とモル伝導率 ………………………………… 89
- 7・1・2 極限モル伝導率とイオンの伝導率 ………………… 90
- 7・1・3 伝導率データの利用 ………………………………… 91

§7・2 電気分解 …………………………………………………… 93

§7・3 活量 ………………………………………………………… 94
- 7・3・1 濃度と活量 ……………………………………………… 94
- 7・3・2 平均活量係数 …………………………………………… 95
- 7・3・3 平均活量係数の実測値 ……………………………… 96
- 7・3・4 平均活量係数の理論値 ……………………………… 97

§7・4 電池 ………………………………………………………… 98
- 7・4・1 化学電池 ………………………………………………… 98
- 7・4・2 電池図 …………………………………………………… 99
- 7・4・3 標準電極電位と標準起電力 ………………………… 101
- 7・4・4 電極電位の濃度による変化 ………………………… 102
- 7・4・5 電池の起電力の濃度による変化 …………………… 104
- 7・4・6 濃淡電池 ………………………………………………… 105
- 7・4・7 濃淡電池を利用した活量の測定 …………………… 107

7・4・8　起電力と反応ギブズエネルギーと平衡定数 …………………108

8章　化学反応の速度
§8・1　反応速度式 ……………………………………………………110
§8・2　反応次数と速度定数 …………………………………………112
　　8・2・1　反応次数と速度定数の決め方—積分法 …………………112
　　8・2・2　反応次数と速度定数の決め方—微分法 …………………115
　　8・2・3　半　減　期 ………………………………………………117
　　8・2・4　反応の進行の予測 ………………………………………118
§8・3　複　合　反　応 ………………………………………………118
　　8・3・1　複合反応と素反応 ………………………………………118
　　8・3・2　逐　次　反　応 …………………………………………119
　　8・3・3　可　逆　反　応 …………………………………………120
　　8・3・4　酵　素　反　応 …………………………………………121
§8・4　速度定数の温度変化と活性化エネルギー …………………124

9章　核　化　学
§9・1　原子核の構造と質量欠損 ……………………………………126
　　9・1・1　原子を構成する粒子 ……………………………………126
　　9・1・2　同　位　体 ………………………………………………127
　　9・1・3　質量欠損と核の結合エネルギー ………………………129
§9・2　放射性壊変 ……………………………………………………130
　　9・2・1　壊変の種類と生成物 ……………………………………130
　　9・2・2　壊変の速度 ………………………………………………131
　　9・2・3　放射性核種の測定への利用 ……………………………133
§9・3　核　反　応 ……………………………………………………134
　　9・3・1　核反応の表わし方 ………………………………………134
　　9・3・2　核反応で遊離するエネルギー …………………………135

10章　原子の構造

§10·1　ボーアの原子模型 ……………………………… 136
- 10·1·1　水素原子の軌道半径 …………………………… 136
- 10·1·2　水素原子のエネルギー準位 …………………… 138
- 10·1·3　水素原子の線スペクトル ……………………… 139
- 10·1·4　水素原子類似粒子の扱い ……………………… 140

§10·2　特性 X 線 ………………………………………… 141

§10·3　物　質　波 ……………………………………… 142
- 10·3·1　物質波の波長 …………………………………… 142
- 10·3·2　不確定性原理 …………………………………… 144

§10·4　電　子　配　置 ………………………………… 144
- 10·4·1　量　子　数 ……………………………………… 144
- 10·4·2　電子が各副殻に入っていく順序 ……………… 147
- 10·4·3　副核内での電子の配置 ………………………… 150
- 10·4·4　電子が失われる順序 …………………………… 151
- 10·4·5　電子配置と周期表 ……………………………… 151

11章　化学結合

§11·1　イオン化エネルギーと電子親和力 …………… 154
- 11·1·1　水素原子および類似粒子のイオン化エネルギー … 154
- 11·1·2　複数の電子をもつ原子のイオン化エネルギー … 155
- 11·1·3　イオン化エネルギーの実測値 ………………… 156
- 11·1·4　電子親和力 ……………………………………… 157

§11·2　結合エネルギー ………………………………… 158

§11·3　分子の極性 ……………………………………… 161
- 11·3·1　ポーリングの電気陰性度 ……………………… 161
- 11·3·2　マリケンの電気陰性度 ………………………… 162
- 11·3·3　共有結合の部分的イオン性 …………………… 162
- 11·3·4　双極子モーメント ……………………………… 163

§11・4　共　　鳴 ··· 164
　11・4・1　共鳴混成体 ·· 164
　11・4・2　共鳴エネルギー ··· 165
　11・4・3　結合次数 ··· 168
§11・5　分子軌道法 ··· 169
　11・5・1　結合性軌道と反結合性軌道 ······························ 169
　11・5・2　電子が分子軌道に入る順序 ······························ 171
　11・5・3　結合次数と結合の強さ ···································· 173

II. 解　説　編

12章　物理量と単位
§12・1　物理量の表わし方 ·· 176
§12・2　SI 単位系 ··· 177
　12・2・1　基本単位と組立単位 ·· 177
　12・2・2　位どり接頭語 ·· 178
§12・3　単位の換算 ··· 180
　12・3・1　換算係数 ··· 180
　12・3・2　圧力単位の換算 ··· 180
　12・3・3　エネルギー単位の換算 ····································· 181
　12・3・4　温度単位の換算 ··· 182

13章　数値の精度
§13・1　有効数字 ··· 183
§13・2　答の精度 ··· 184

14章　化学量論の基礎
§14・1　原子質量と原子量・分子量 ··································· 187

14・1・1　原子質量 …………………………………… 187
14・1・2　原子量と分子量 …………………………… 187
§14・2　モル質量と物質量 ………………………………… 189
§14・3　化学反応式 ………………………………………… 190
14・3・1　化学反応式の書き方 ……………………… 190
14・3・2　化学反応どうしの加減・代入 …………… 191
14・3・3　反応に関与する物質の量的関係 ………… 192

15章　記　号　一　覧 …………………………………… 194

III. 練　習　編

練　習　問　題 …………………………………………… 204
ヒ　ン　ト ………………………………………………… 219
解　　　答 ………………………………………………… 227

索　　　引 ………………………………………………… 234

I. 講義編

　この"講義編"は11章から構成されている．各章は互いに関連はあるが，章ごとの独立性はかなり高いから，かならずしも最初から通読する必要はない．当面の必要に応じて途中の章から勉強をはじめ，逐次前後に広げていっても，べつだん支障はないはずである．

　本編で用いた計算のルールや式の書き方の約束は"解説編"の12章と13章にまとめて記しておいた．この"講義編"を読むのに先立ってひととおり目を通しておくことをお勧めしたい．

　なお，本編の各章に対応する練習問題は"練習編"に集められている．この"講義編"の理解を完全にする助けとして利用していただきたい．

1章 気体

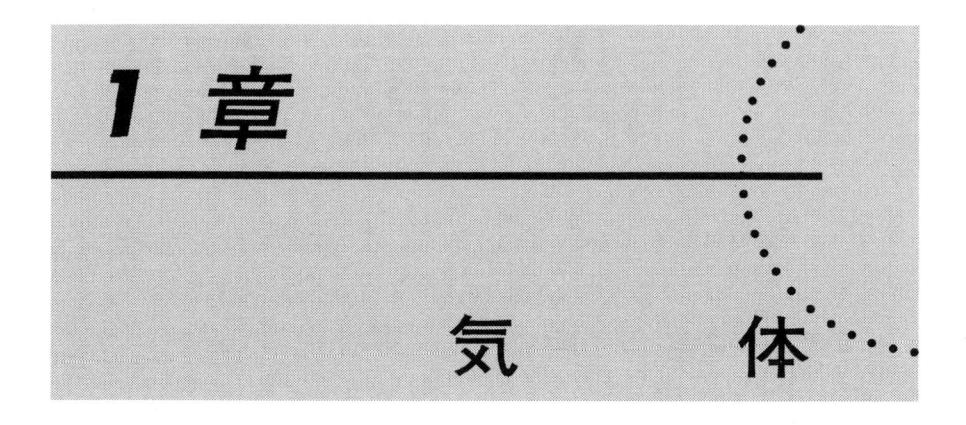

§1·1 理想気体

1·1·1 理想気体の状態方程式

気体の体積と圧力および温度との関係は次の式によって与えられる．

$$pV = nRT \tag{1.1}$$
$$pV_\mathrm{m} = RT \tag{1.1a}$$

V は物質量 n の気体の体積，V_m は**モル体積**（= 1 mol の体積），p は圧力，R は気体定数，T は温度（絶対温度）

式中の R は**気体定数**という．すべての気体に共通な定数で，次の値をとる．

$$\begin{aligned} R &= 8.3145 \mathrm{\,J\,K^{-1}\,mol^{-1}} \\ &= 8.2058 \times 10^{-5} \mathrm{\,m^3\,atm\,K^{-1}\,mol^{-1}} \end{aligned} \tag{1.2}$$

(1.1)，(1.1a) 両式は，実在の気体では近似的にしか成立しない．これらの式に完全に従う仮想上の気体を**理想気体**といい，両式を**理想気体の状態方程式**（**状態式**ともいう）とよぶ．本節では理想気体の状態式を利用したいろいろなタイプの計算問題を取りあげる．

例題 1·1 気体の体積と質量との関係

280 K の室内におかれた内容積 40.8 dm³ の高圧容器に 5.62 MPa の窒素がはいっている．理想気体と仮定して質量を求めよ．また，窒素の圧力が 56.2 atm のときの質量を求めよ．

[考え方] この例題は気体の体積と質量の関係を求める問題だから，理想気

体の状態式をあらかじめ質量の項を含む形に変えておくと便利である．そのためには，(1.1) 式の物質量 n を質量とモル質量の比 m/M に置きかえておく．すなわち，

$$pV = \frac{m}{M}RT \tag{1.3}$$

m は質量，M はモル質量，他の記号は (1.1) 式に同じ

なお，R の値は，圧力が SI 単位で与えられている場合には (1.2) 式上段のものを，圧力が atm 単位で与えられている場合には下段のものを使う．

［解］　圧力が 5.62 MPa の場合．——(1.3) 式により，

$$m = \frac{pVM}{RT} = \frac{5.62 \times 10^6 \text{ Pa} \times 40.8 \times 10^{-3} \text{ m}^3 \times 28.02 \times 10^{-3} \text{ kg mol}^{-1}}{8.315 \text{ J K}^{-1} \text{ mol}^{-1} \times 280 \text{ K}}$$

$$= 2.76 \text{ kg}^{[注]}$$

56.2 atm の場合．——上と同様に，

$$m = \frac{pVM}{RT} = \frac{56.2 \text{ atm} \times 40.8 \times 10^{-3} \text{ m}^3 \times 28.02 \times 10^{-3} \text{ kg mol}^{-1}}{8.206 \times 10^{-5} \text{ m}^2 \text{ atm K}^{-1} \text{ mol}^{-1} \times 280 \text{ K}}$$

$$= 2.80 \text{ kg}$$

［注］　モル質量の SI 単位は "g mol^{-1}" ではなく "kg mol^{-1}" であることに注意．なお，この計算式中の単位を SI 基本単位に書きなおせば次のようになる．

$$\frac{[\text{Pa}][\text{m}^3][\text{kg mol}^{-1}]}{[\text{J K}^{-1} \text{mol}^{-1}][\text{K}]} = \frac{[\text{m}^{-1} \text{kg s}^{-2}][\text{m}^3][\text{kg mol}^{-1}]}{[\text{m}^2 \text{kg s}^{-2} \text{K}^{-1} \text{mol}^{-1}][\text{K}]} = [\text{kg}]$$

── 例題 1・2　条件を変えたときの気体の体積変化 ──

例題 1・1（圧力が 56.2 atm の場合）の窒素は，1 atm，313 K のときにどれだけの体積を占めるか．

［考え方］　異なる圧力-温度条件における体積の違いを計算するには，(1.1) 式を次のように変形しておくと使いやすい．

$$\frac{p_1 V_1}{T_1} = \frac{p_2 V_2}{T_2} \tag{1.4}$$

V_1 は圧力 p_1，温度 T_1 における体積，V_2 は p_2，T_2 における体積

［解］　(1.4) 式により，

$$V_2 = \frac{p_1 V_1 T_2}{p_2 T_1} = \frac{56.2 \text{ atm} \times 40.8 \text{ dm}^3 \times 313 \text{ K}}{1 \text{ atm} \times 280 \text{ K}} = 2.56 \times 10^3 \text{ dm}^3$$

$$= 2.56 \text{ m}^3$$

1・1・2 気体または揮発しやすい物質の分子量

気体または容易に気体にできる物質の分子量は，(1.3) 式の関係を利用して求めることができる．すなわち，体積 V の容器に質量 m の気体を入れて温度 T と圧力 p を測定するか，または，温度 T，圧力 p における密度 $\rho\,(=m/V)$ を測定すればよい．ただし，この方法で得られる分子量は，実在の気体が理想気体の式に従わない以上，近似値にすぎない．

実在気体は一般に希薄であればあるほど理想気体に近づく．したがって，気体のより正確な分子量を求めるためには，もっとも希薄な状態において (1.3) 式を適用すればよい．その具体的な手法は例題 1・4 で取りあげる．

例題 1・3　気体の分子量の求め方（近似値）

ある気体化合物の 98.5 ℃，742 Torr における密度は 3.784 g dm^{-3} であった．この化合物の分子量を求めよ．

[考え方] 密度は"単位体積あたりの質量"である．したがって，(1.3) 式の m/V は密度 ρ に置き換えることができる．すなわち，

$$M = \frac{\rho RT}{p} \tag{1.5}$$

M はモル質量，ρ は密度，R は気体定数，T は温度，p は圧力

この例題は密度から分子量を求める問題だから，この形の式が使いやすい．

[解] 1 atm = 760 Torr だから，(1.5) 式で $p = (742/760)$ atm．ゆえに，

$$M = \frac{\rho RT}{p} = \frac{3.784\,\text{g dm}^{-3} \times 8.206\times10^{-5}\,\text{m}^3\,\text{atm K}^{-1}\,\text{mol}^{-1} \times (98.5+273.15)\,\text{K}}{(742/760)\,\text{atm}}$$

$$= 0.118\,\text{kg mol}^{-1} = 118\,\text{g mol}^{-1}$$

ゆえに，分子量は，$M_\text{r} = 118$ [注]．

[注] 分子量 M_r とモル質量 M の関係は，§14・2．

例題 1・4　気体の分子量の求め方（極限密度の方法）

273.15 K の二酸化硫黄の密度をいろいろな圧力下で測定したところ，下表の結果を得た．分子量を求めよ．

p/atm	1.000 0	0.666 7	0.500 0	0.250 0
ρ/g dm^{-3}	2.926 6	1.935 9	1.446 1	0.718 8

[考え方] 上述のように，実在気体は希薄であればあるほど理想気体に近づ

く．したがって，可能なかぎり正確な分子量を求めるには，もっとも希薄な状態，つまり圧力 p がほとんど 0 の状態において (1.5) 式を適用することが望ましいが，p を 0 に近づければ，密度 ρ も 0 に近づいて正確な値が測定できなくなる．そこで，いろいろな圧力 p における密度 ρ を測定して ρ/p を p に対してプロットし，$p=0$ における $(\rho/p)_0$ を推定，これを (1.5) 式に代入して M を求める方法がとられる．これを**極限密度の方法**という．

[解] 与えられたデータから ρ/p を計算すると[注]，

p/atm	1.000 0	0.666 7	0.500 0	0.250 0
$\rho p^{-1}/\text{g dm}^{-3}\text{ atm}^{-1}$	2.926 6	2.903 7	2.892 2	2.875 2

これらをプロットして，下図を得る．

直線と縦軸との交点から，$(\rho/p)_0 = 2.858\,_3\,\text{g dm}^{-3}\text{ atm}^{-1}$．この値を (1.5) 式の ρ/p に代入して，

$$M = \frac{\rho}{p}RT = 2.858\,_3 \times 10^3\,\text{g m}^{-3}\,\text{atm}^{-1}$$
$$\times\,8.205\,8 \times 10^{-5}\,\text{m}^3\,\text{atm K}^{-1}\text{mol}^{-1} \times 273.15\,\text{K}$$
$$= 64.07\,\text{g mol}^{-1}$$

ゆえに，分子量は，$M_\text{r} = 64.07$．

[注] 以下の数値末尾の，$_7$, $_2$, $_3$，などの小さな数字は，その部分の値が不正確で誤差を含んでいることを示す．詳しくは，§13.2 ④および例題 13.3 参照．

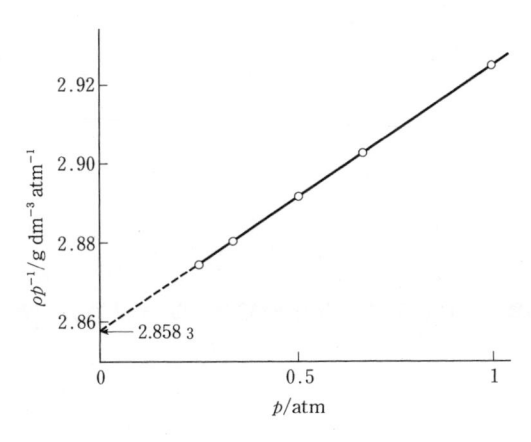

1・1・3 混合気体の組成と分圧

2 種類以上の気体を混ぜると，完全に均質な**混合気体**を生じる．

表 1-1 混合気体の組成の表わし方

成分気体 B の組成	定義	(式番号)
物質量分率 y_B (モル分率ともいう)	$y_B = \dfrac{n_B}{n_A + n_B + \cdots} = \dfrac{n_B}{n}$	(1.6)
体積分率[1] ϕ_B	$\phi_B = \dfrac{V_B}{V_A + V_B + \cdots} = \dfrac{V_B}{V} = y_B$	(1.7)
質量分率 ω_B	$\omega_B = \dfrac{m_B}{m_A + m_B + \cdots} = \dfrac{m_B}{m}$	(1.8)

n, 物質量. V, 体積[1]. m, 質量. 添字 A, B, …は成分気体の種類を表わす.
1) 成分気体の体積 V_B とは "混合気体と同温同圧のときに成分気体が占める体積" をいう.

混合気体の組成の表わし方の代表的なものを表 1-1 にあげる. 混合気体とその成分気体とがともに理想気体と見なしうるならば, 同温同圧, つまり T と p が一定のときは, (1.1)式により体積 V と物質量 n は比例するから, それぞれの比である体積分率 V_B/V と物質量分率 n_B/n は等しい. 質量分率と物質量分率あるいは体積分率との換算の具体例は, 例題 1·5 で取りあげる.

混合気体の圧力 (**全圧**という) は, 各成分気体が同じ温度で単独で同体積を占めるときの圧力 (**分圧**という) の和に等しい. すなわち,

$$p = p_A + p_B + \cdots \tag{1.9}$$

　　　　p は混合気体の全圧, p_A, p_B, などは成分気体の分圧

この関係をドルトンの**分圧の法則**という.

理想気体では, T と V が一定のときは, 圧力 p は物質量 n に比例する. したがって, 分圧と全圧との比 p_B/p は物質量分率 n_B/n に等しく, それはまた, (1.7) 式により体積分率に等しい.

$$\frac{p_B}{p} = \frac{p_B}{p_A + p_B + \cdots} = y_B = \phi_B \tag{1.10}$$

　　　　p は混合気体の全圧, p_B は成分気体 B の分圧, y_B は物質量分率, ϕ_B は体積分率

―― 例題 1·5　混合気体の質量分率と物質量分率・体積分率との換算 ――
　乾燥空気の質量百分率は, N_2 が 75.5 %, O_2 が 23.2 %, Ar が 1.3 % である. 各成分の物質量分率および体積分率を求めよ.

[解]　乾燥空気 100 g を考える. これに含まれる N_2 の質量は $m(N_2) = 75.5$ g, 物質量に換算すると $n(N_2) = 75.5 \text{ g}/28.02 \text{ g mol}^{-1} = 2.69_{45}$ mol.

同様に，$n(O_2) = 23.2\,\text{g}/32.00\,\text{g mol}^{-1} = 0.725_0\,\text{mol}$，$n(Ar) = 1.3\,\text{g}/39.95\,\text{g mol}^{-1} = 0.032\,5\,\text{mol}$．ゆえに，混合気体の全物質量は，

$$n = 2.694_5\,\text{mol} + 0.725_0\,\text{mol} + 0.032\,5\,\text{mol} = 3.452\,\text{mol}$$

各成分の物質量分率および体積分率は，(1.6)，(1.7) 両式から，

$$y(N_2) = \phi(N_2) = \frac{2.694_5\,\text{mol}}{3.452\,\text{mol}} = 0.781$$

$$y(O_2) = \phi(O_2) = 0.210$$

$$y(Ar) = \phi(Ar) = 0.009\,4$$

例題 1・6　気体を混合したときの全圧・分圧と組成

360 K, 120 kPa において 300 cm³ を占める気体 A と，330 K, 100 kPa において 500 cm³ を占める気体 B とを，体積 800 cm³ の容器中で混合して温度を 273 K にした．混合気体の全圧，成分気体の分圧および組成を求めよ．温度変化による容器の体積変化は無視するものとする．

［考え方］　定義により，気体 A および B が 273 K において単独で 800 cm³ を占めるときの圧力が，それぞれの成分気体の分圧である．

［解］　(1.4) 式を使って気体 A および B の分圧を求めると，

$$p_A = p_2 = \frac{p_1 V_1 T_2}{V_2 T_1} = \frac{120\,\text{kPa} \times 300\,\text{cm}^3 \times 273\,\text{K}}{800\,\text{cm}^3 \times 360\,\text{K}}$$

$$= 34.1_3\,\text{kPa} = 34.1\,\text{kPa}$$

$$p_B = 51.7_0\,\text{kPa} = 51.7\,\text{kPa}$$

全圧は，(1.9) 式により，

$$p = p_A + p_B = 34.1_3\,\text{kPa} + 51.7_0\,\text{kPa} = 85.8_3\,\text{kPa} = 85.8\,\text{kPa}$$

気体 A の物質量組成は (1.10) 式により，

$$y_A = \frac{p_A}{p} = \frac{34.1_3\,\text{kPa}}{85.8_3\,\text{kPa}} = 0.398$$

§1・2　気体分子運動論

1・2・1　気体分子の運動と圧力

気体分子はたえずランダムな運動をしている．この運動に関して，

① 分子それ自体の大きさは気体の全体積に比べて無視できる．

② 分子は完全弾性体である．分子相互または器壁との衝突にさいし，分子

のエネルギーおよび運動量は保存される．
③ 分子間の引力は無視できる．分子は互いに衝突しないかぎり，他の分子とは無関係に，等速度で直進運動をする．

という仮定をもうけると，理想気体の状態式をはじめ，気体の性質の多くが分子の運動から説明できるようになる．この理論を**気体分子運動論**という．

気体分子運動論によれば，気体を入れた容器の壁が受ける圧力は個々の分子が壁に衝突して跳ね返されることによって生じる．気体分子の速度はそれぞれの分子によって異なるが，全分子の速度の二乗の平均値，つまり**平均二乗速度**を考えると，それと圧力との関係は次の式で与えられる．

$$p = \frac{Nm_\mathrm{m}\overline{u^2}}{3V} \tag{1.11}$$

p は圧力，N は体積 V 中に存在する分子数，m_m は分子の質量，$\overline{u^2}$ は分子の平均二乗速度（u^2 の平均値）

平均二乗速度の平方根 $\sqrt{\overline{u^2}}$ を**根平均二乗速度**という．

―― 例題 1・7　気体分子の速度と圧力の関係 ――――――――――――

水素分子の質量は 3.347×10^{-24} g，500 K での根平均二乗速度は 2.49 km s^{-1} である．1 mol の水素を内容積 1 m^3 の容器に入れてこの温度に保つときに，分子が器壁と衝突することによって生じる圧力を計算せよ[注]．

[解]　1 mol に含まれる分子数は 6.022×10^{23}（＝アボガドロ定数 N_A）．これを (1.11) 式の N に代入して，

$$p = \frac{Nm_\mathrm{m}\overline{u^2}}{3V} = \frac{6.022\times10^{23} \times 3.347\times10^{-27}\,\mathrm{kg} \times (2.49\times10^3\,\mathrm{m\,s^{-1}})^2}{3 \times 1\,\mathrm{m^3}}$$

$$= 4.17\,\mathrm{kPa}$$

[注]　与えられた T と V_m を (1.1 a) 式に代入して p を求め，上の計算結果と比較されたい．

1・2・2　温度と気体分子の速度

1 mol の気体について (1.11) 式を考えると，$Nm_\mathrm{m} = N_\mathrm{A}m_\mathrm{m} = M$（＝モル質量），$V = V_\mathrm{m}$（＝モル体積）．(1.1 a) 式により $pV_\mathrm{m} = RT$ だから，

$$pV_\mathrm{m} = \frac{N_\mathrm{A}m_\mathrm{m}\overline{u^2}}{3} = \frac{M\overline{u^2}}{3} = RT \tag{①}$$

$$\sqrt{\overline{u^2}} = \left(\frac{3RT}{M}\right)^{1/2} \tag{1.12}$$

$\sqrt{\overline{u^2}}$ は根平均二乗速度,R は気体定数,T は温度,M はモル質量

　気体分子の速度は個々の分子によって異なるが,全体としてみると温度の関数であり,図1-1のような分布(**マクスウェル・ボルツマン分布**という)をしている.気体分子の速度の目安となる値には,上にあげた根平均二乗速度のほかに,次の各式で与えられる**平均速度**と**最大確率速度**がある.

$$\bar{u} = \left(\frac{8RT}{\pi M}\right)^{1/2} = \sqrt{\frac{8}{3\pi}}\sqrt{\overline{u^2}} \tag{1.12 a}$$

$$u_\mathrm{m} = \left(\frac{2RT}{M}\right)^{1/2} = \sqrt{\frac{2}{3}}\sqrt{\overline{u^2}} \tag{1.12 b}$$

$\bar{u}$ は平均速度,u_m は最大確率速度,他の記号は (1.12) 式に同じ

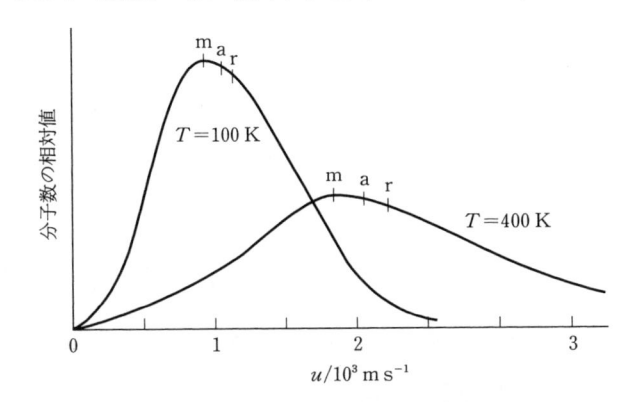

図 1-1　水素分子の速度分布
m, 最大確率速度 u_m. a, 平均速度 $\bar{u}$. r, 根平均二乗速度 $\sqrt{\overline{u^2}}$.

---- **例題 1・8　温度と気体分子の速度の関係** ----

　0 ℃における酸素分子の根平均二乗速度,平均速度および最大確率速度を求めよ.

[**解**]　根平均二乗速度は,(1.12) 式により,

$$\sqrt{\overline{u^2}} = \left(\frac{3RT}{M}\right)^{1/2} = \left(\frac{3 \times 8.315\,\mathrm{J\,K^{-1}\,mol^{-1}} \times 273.15\,\mathrm{K}}{32.00 \times 10^{-3}\,\mathrm{kg\,mol^{-1}}}\right)^{1/2}$$

$$= 461.4\,\mathrm{m\,s^{-1}} = 461\,\mathrm{m\,s^{-1}}$$

平均速度,最大確率速度は,(1.12 a), (1.12 b) 両式により,

$$\bar{u} = \sqrt{\frac{8}{3\pi}}\sqrt{\overline{u^2}} = \sqrt{\frac{8}{3\pi}} \times 461.4 \text{ m s}^{-1} = 425 \text{ m s}^{-1}$$

$$u_\text{m} = \sqrt{\frac{2}{3}}\sqrt{\overline{u^2}} = 377 \text{ m s}^{-1}$$

1・2・3　気体の流出速度と分子量

ごく小さな穴のある容器に気体を入れると，気体分子はその穴から流出する．流出の速度は分子の速度に比例し，したがって (1.12) 式からわかるように，他の条件が同じならば分子量の平方根に反比例する．すなわち，

$$\frac{J_\text{B}}{J_\text{A}} = \left(\frac{M_\text{A}}{M_\text{B}}\right)^{1/2} = \left(\frac{M_\text{r,A}}{M_\text{r,B}}\right)^{1/2} \tag{1.13}$$

　　　　J は気体の流出速度，M はモル質量，M_r は分子量，A と B は気体の種類

この関係を**グレアムの法則**という．

小さな穴のある容器から一定体積の気体が流出するのに要する時間は，他の条件が同じならば流出速度に反比例する．したがって，(1.13) 式から，

$$\frac{t_\text{B}}{t_\text{A}} = \frac{J_\text{A}}{J_\text{B}} = \left(\frac{M_\text{r,B}}{M_\text{r,A}}\right)^{1/2} \tag{1.14}$$

　　　　t は流出に要する時間，他の記号は (1.13) 式に同じ

この関係を利用して分子量の近似値を求めることができる．

例題 1・9　気体の分子量の求め方（流出速度による）

同じ容器を用いて同条件下で酸素と気体 X を細孔から真空中に流出させたところ，容器の内圧が 266.6 kPa から 200.0 kPa まで低下するのに酸素では 47 min，X では 74 min を要した．X の分子量を求めよ．

［解］　(1.14) 式により，

$$M_\text{r}(\text{X}) = \left(\frac{t(\text{X})}{t(\text{O}_2)}\right)^2 M_\text{r}(\text{O}_2) = \left(\frac{74 \text{ min}}{47 \text{ min}}\right)^2 \times 32.0 = 79$$

§1・3　実在気体

1・3・1　ファンデルワールスの状態方程式

現実に存在する気体，つまり**実在気体**の挙動は，理想気体の状態式に完全に

は従わない (1·1·1). この傾向は一般に気体の密度が高くなるほど大きくなる. 1·2·1に述べた仮定のうちの①と③, つまり分子自体の体積の影響と分子間引力の影響が無視できないほど大きくなるためである. この点を補正して実在気体の挙動にかなりよく適合するように修正した式のひとつに, 次の**ファンデルワールスの状態方程式**がある. すなわち,

$$\left(p + \frac{n^2 a}{V^2}\right)(V - nb) = nRT \tag{1.15}$$

$$\left(p + \frac{a}{V_\mathrm{m}^2}\right)(V_\mathrm{m} - b) = RT \tag{1.15a}$$

V は物質量 n の気体の体積, V_m はモル体積, p は圧力, R は気体定数,
T は温度, a および b はファンデルワールス定数

式中の定数 a, b を**ファンデルワールス定数**という. a は**分子間引力**の影響, b は分子自体の体積の影響を補正するための定数である[†]. いくつかの気体のファンデルワールス定数を資料 1-1 (p. 12) にあげる.

[†] 理想気体では分子の等速度運動を仮定している (1·2·1③) が, 実在の気体では分子間に引力がはたらくため, 分子が器壁に近づくと内側に引き寄せられて速度が小さくなり (下図左. 分子が容器の内部にあるときは下図右のように周囲から均等に引かれるため, 引力の影響は打ち消されて等速度運動をする), その結果, 衝突にさいして器壁に与える力も小さくなる. 気体の圧力は個々の分子の器壁への衝突によって生じる (1·2·1) から, 実在気体の圧力は, 分子の速度が分子間引力によって小さくなるぶんだけ理想気体のそれよりも低い.

実在気体の分子が容器の内側に引き寄せられる程度は, その周囲に存在する分子の数に, 言いかえれば, 単位体積中に存在する分子の数 $N_\mathrm{A}/V_\mathrm{m}$ (N_A はアボガドロ定数, V_m はモル体積) に比例する. また, 単位時間あたりに器壁に衝突する分子数も $N_\mathrm{A}/V_\mathrm{m}$ に比例する. したがって, 圧力低下の程度は $(N_\mathrm{A}/V_\mathrm{m}) \times (N_\mathrm{A}/V_\mathrm{m}) = N_\mathrm{A}^2/V_\mathrm{m}^2$ に, つまり $1/V_\mathrm{m}^2$ に比例することになる. それゆえ, 比例定数を a とおけば, 分子間引力が無視されている理想気体としての圧力 p' と, 分子間引力を考慮に入れたファンデルワールス気体としての圧力 p との間には, 次の関係が成立する.

$$p' = p + a/V^2 \qquad ①$$

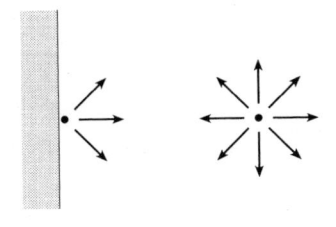

一方, 体積に関しても, 理想気体では分子自体の占める体積が無視されている (1·2·1①). したがって, 分子自体の体積を b で表わせば, ファンデルワールス気体のモル体積 V_m は理想気体のそれ V_m' よりも b だけ大きい. ゆえに,

$$V_\mathrm{m}' = V_\mathrm{m} - b \qquad ②$$

理想気体の p' と V_m' の間には (1.1a) 式の関係 $p'V_\mathrm{m}' = RT$ があるから, これに①, ②両式を代入すれば (1.15a) 式が得られる.

資料 1-1　ファンデルワールス定数 a, b と臨界定数 p_c, V_c, T_c

気　体	$a/\text{dm}^6\,\text{atm}\,\text{mol}^{-2}$	$b/10^{-2}\,\text{dm}^3\,\text{mol}^{-1}$	p_c/atm	$V_c/\text{cm}^3\,\text{mol}^{-1}$	T_c/K
He	0.034 12	2.37	2.26	57.76	5.21
Ne	0.210 7	1.709	26.86	41.74	44.44
Ar	1.345	3.219	48.00	75.25	150.72
Kr	2.318	3.978	54.27	92.24	209.39
H_2	0.244 4	2.661	12.8	64.99	33.23
N_2	1.390	3.913	33.54	90.10	126.3
O_2	1.360	3.183	50.14	78.0	154.8
Cl_2	6.493	5.622	76.1	124	417.2
H_2O	5.464	3.049	218.3	55.3	647.4
CO_2	3.592	4.267	72.85	94.0	304.2
NH_3	4.170	3.707	111.3	72.5	405.5
CH_4	2.253	4.278	45.6	98.7	190.6
C_2H_6	5.489	6.380	48.20	148	305.4
C_6H_6	18.00	11.54	48.6	260	562.7

実在気体の状態方程式はこれ以外にもいくつかが提唱されている．そのうちの 1 つを 1・3・4 で取りあげる．練習編 B 1・5 も参照のこと．

例題 1・10　ファンデルワールス気体の体積

ファンデルワールスの状態方程式を使って，二酸化炭素の 500 K，100 atm におけるモル体積を計算せよ．

［考え方］　モル体積を求める問題だから (1.15 a) 式を使う．この式は V_m に関して三次式だから，二次方程式のように根の公式を使って解くわけにはいかない．そこで普通は，V_m に適当な値を代入しながら試行錯誤的に計算を繰り返し，解を探す方法がとられる．そのためには，(1.15 a) 式を

$$V_m^3 - \left(b + \frac{RT}{p}\right)V_m^2 + \frac{a}{p}V_m - \frac{ab}{p} = 0 \tag{1.16}$$

　　記号は (1.15 a) 式に同じ

という形に展開しておき，係数をあらかじめ計算してから，V_m に逐次いろいろな値を代入して左辺を 0 に近づけていくのがよい．最初に代入するのは左辺がなるべく 0 に近くなる値がよいが，適当な値を決めかねる場合は，理想気体として計算した V_m を使うのも一方法であろう．

[解]　CO_2 のファンデルワールス定数は，資料1-1から，$a = 3.592 \text{ dm}^6 \text{ atm mol}^{-2}$，$b = 4.267 \times 10^{-2} \text{ dm}^3 \text{ mol}^{-1}$．これらの値を使って，(1.16) 式の係数を計算すると，

$$b + \frac{RT}{p} = 4.267 \times 10^{-2} \text{ dm}^3 \text{ mol}^{-1}$$
$$+ \frac{8.206 \times 10^{-2} \text{ dm}^3 \text{ atm K}^{-1} \text{ mol}^{-1} \times 500 \text{ K}}{100 \text{ atm}}$$
$$= 0.453_0 \text{ dm}^3 \text{ mol}^{-1}$$

$$\frac{a}{p} = \frac{3.592 \text{ dm}^6 \text{ atm mol}^{-2}}{100 \text{ atm}} = 3.59_2 \times 10^{-2} (\text{dm}^3 \text{ mol}^{-1})^2$$

$$\frac{ab}{p} = 3.59_2 \times 10^{-2} (\text{dm}^3 \text{ mol}^{-1})^2 \times 4.267 \times 10^{-2} \text{ dm}^3 \text{ mol}^{-1}$$
$$= 1.53_3 \times 10^{-3} (\text{dm}^3 \text{ mol}^{-1})^3$$

(1.16) 式の左辺を，以上の係数を代入し，かつ $V_m/(\text{dm}^3 \text{ mol}^{-1}) = x$ とおいて書きなおすと，

$$f(x) = x^3 - 0.453_0 x^2 + 3.59_2 \times 10^{-2} x - 1.53_3 \times 10^{-3} \qquad ①$$

CO_2 を理想気体と見なして V_m を求めると，(1.1 a) 式から，

$$V_m = \frac{RT}{p} = \frac{8.2 \times 10^{-2} \text{ dm}^3 \text{ atm K}^{-1} \text{ mol}^{-1} \times 500 \text{ K}}{100 \text{ atm}} = 0.41 \text{ dm}^3 \text{ mol}^{-1}$$

概値として $x = 0.4$ を①式に代入する．

$$f(0.4) = 0.4^3 - 0.453_0 \times 0.4^2 + 3.59_2 \times 10^{-2} \times 0.4 - 1.53_3 \times 10^{-3}$$
$$= 0.004 \ 35_5$$

(以下，計算のおおよその経過だけを記す．)

$$f(0.3) \ \ = -0.004 \ 52_7$$
$$f(0.36) \ = -0.000 \ 65_5$$
$$f(0.37) \ = +0.000 \ 39_5$$
$$f(0.366) = -0.000 \ 04_0$$
$$f(0.367) = +0.000 \ 06_6$$

与えられた数値の精度から考えて，求める V_m の有効数字は3桁．したがって，$f(x)$ が0にもっとも近くなる $x = 0.366$ を答とする．ゆえに，

$$V_m = 0.366 \text{ dm}^3 \text{ mol}^{-1}$$

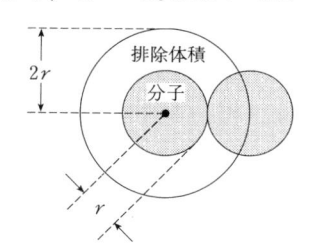

1・3・2 ファンデルワールス定数と分子の大きさ

前節で述べたように，ファンデルワールス定数 b は分子自体の占める体積の影響を除くために導入された定数である．定数 b と分子の大きさとの関係は次の式で与えられる[†]．すなわち，

$$b = 4N_\mathrm{A}v = \frac{16}{3}N_\mathrm{A}\pi r^3 \tag{1.17}$$

b はファンデルワールス定数，N_A はアボガドロ定数，v は分子の体積，r は分子の半径

───── 例題 1・11　ファンデルワールス定数からの分子半径の計算 ─────

ネオンの分子半径をファンデルワールス定数から求めよ．

［解］　資料 1-1 (p. 12) から，$b = 1.709 \times 10^{-2}\,\mathrm{dm^3\,mol^{-1}} = 1.709 \times 10^{-5}\,\mathrm{m^3\,mol^{-1}}$．この値を (1.17) 式に代入して，

$$r = \left(\frac{3b}{16N_\mathrm{A}\pi}\right)^{1/3} = \left(\frac{3 \times 1.709 \times 10^{-5}\,\mathrm{m^3\,mol^{-1}}}{16 \times 6.022 \times 10^{23}\,\mathrm{mol^{-1}} \times \pi}\right)^{1/3} = 1.19 \times 10^{-10}\,\mathrm{m}$$

1・3・3 ファンデルワールス定数と臨界定数

(1.16) 式の T にいろいろな値を入れ，各温度における V_m を p に対してプロットすると，ある温度 T_c 以下では極大と極小をもつ曲線が得られる（図1-2）．しかし，実在の気体に圧力を加えて体積 V_m を小さくしていく場合には，このような極大，極小は現われない．例えば，A 点にある気体を圧縮していくと B 点で液化が始まり，さらに圧縮を続けると破線に沿って液化が進行し，C 点にいたって全体が液体になる．つまり，線分 BC 上の各点，あるいは曲線 BKC で囲まれる領域内のすべての点においては，液体と気体が共存する．

温度 T を上げていくと BC の距離は次第に短くなり，$T = T_\mathrm{c}$ において B

[†] 気体分子を半径 r の球と仮定すれば，その体積は $v = 4\pi r^3/3$．右図に示すように，各分子の中心から半径 $2r$，体積にして $8v$ の球の内部には他の分子は入ることができないが，この"入ることができない体積（**排除体積**という）"は分子 2 個あたりの値だから，分子 1 個については $4v$，1 mol の分子については $4N_\mathrm{A}v$ である．これが b に等しい．

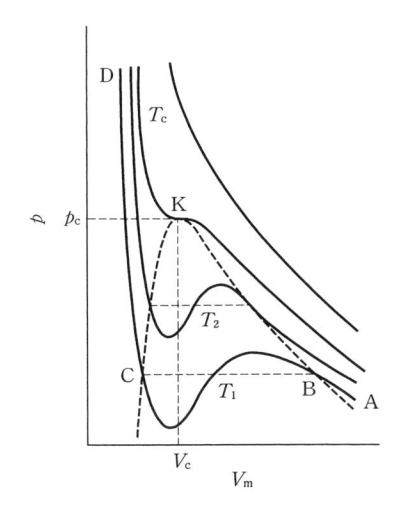

図 1-2 ファンデルワールス曲線と臨界点の関係

点とC点は一致して，K点となる．さらに温度を上げると，気体はいくら圧力を加えても液体にならなくなる．このK点の温度 T_c を**臨界温度**，圧力 p_c を**臨界圧**，モル体積 V_c を**臨界体積**といい，それらを総称して**臨界定数**という．いくつかの気体の臨界定数を資料 1-1 (p. 12) にあげる．

臨界定数とファンデルワールス定数との関係は次の各式で与えられる[†]．

$$T_c = \frac{8a}{27Rb}, \quad p_c = \frac{a}{27b^2}, \quad V_c = 3b \tag{1.18}$$

T_c は臨界温度，p_c は臨界圧，V_c は臨界体積，a, b はファンデルワールス定数，R は気体定数

[†] 図 1-2 のK点において，$p = p_c$，$T = T_c$．これらを (1.16) 式に代入すれば，

$$V_m^3 - \left(b + \frac{RT_c}{p_c}\right)V_m^2 + \frac{a}{p_c}V_m - \frac{ab}{p_c} = 0 \quad ①$$

一方，K点は p-V_m 曲線の変曲点だから，(1.16) 式は $T = T_c$ のときには三重根 V_c をもつ．ゆえに，

$$(V_m - V_c)^3 = V_m^3 - 3V_c V_m^2 + 3V_c^2 V_m - V_c^3 = 0 \quad ②$$

①，②両式の係数は互いに等しくなければならないから，

$$3V_c = b + \frac{RT_c}{p_c}, \quad 3V_c^2 = \frac{a}{p_c}, \quad V_c^3 = \frac{ab}{p_c}$$

この3式を連立させて T_c, p_c, V_c を求めれば，(1.18) の各式が得られる．

―― 例題 1・12　ファンデルワールス定数と臨界定数の関係 ――

塩素の臨界温度は 417.2 K, 臨界圧は 76.1 atm である. ファンデルワールス定数を求めよ.

[解]　(1.18) の第 1 式を第 2 式で割れば, $b = RT_c/8p_c$. この式に与えられたデータを代入して,

$$b = \frac{RT_c}{8p_c} = \frac{8.206 \times 10^{-2} \text{ dm}^3 \text{ atm K}^{-1} \text{ mol}^{-1} \times 417.2 \text{ K}}{8 \times 76.1 \text{ atm}}$$
$$= 5.62_3 \times 10^{-2} \text{ dm}^3 \text{ mol}^{-1} = 5.62 \times 10^{-2} \text{ dm}^3 \text{ mol}^{-1}$$

第 2 式で a を求めると,

$$a = 27b^2 p_c = 27 \times (5.62_3 \times 10^{-2} \text{ dm}^3 \text{ mol}^{-1})^2 \times 76.1 \text{ atm}$$
$$= 6.50 \text{ dm}^6 \text{ atm mol}^{-2}$$

1・3・4　ビリアル状態方程式

ファンデルワールスの状態方程式は理想気体の状態方程式よりも実測値によく合うが, それでも圧力が高くなると次第にズレが大きくなる. そこで, この点を解消するために, **ビリアル状態方程式**とよばれる次の多項式がしばしば使われる.

$$pV_m = RT\left(1 + \frac{B}{V_m} + \frac{C}{V_m^2} + \cdots\cdots\right) \tag{1.19}$$

V_m は気体のモル体積, p は圧力, R は気体定数, T は温度, $B, C, \cdots\cdots$ は第二ビリアル係数, 第三ビリアル係数, $\cdots\cdots$

この式の右辺カッコ内の第 2 項以下"$B/V_m + C/V_m^2 + \cdots\cdots$"は, (1.1 a) 式とくらべれば明らかなように, 理想気体からのズレに対する補正項である. **ビリアル係数**の値は気体の種類によって異なり, また温度によっても異なる.

―― 例題 1・13　ビリアル状態方程式による体積の計算 ――

二酸化炭素の 373 K における第二ビリアル係数は $-72.2 \text{ cm}^3 \text{ mol}^{-1}$ である. 圧力が 10 atm のときのモル体積を求めよ. 第三ビリアル係数以下は無視するものとする.

[考え方]　(1.19) 式の C/V_m^2 以下を省略すると,

$$V_\mathrm{m} = \frac{RT}{p}\left(1 + \frac{B}{V_\mathrm{m}}\right) \qquad ①$$

この式に与えられたデータを代入すれば V_m が求められるが，二次方程式を解かなければならない．そこで，右辺の V_m を RT/p とおいて得られる近似式

$$V_\mathrm{m} = \frac{RT}{p}\left(1 + \frac{p}{RT}B\right) = \frac{RT}{p} + B \qquad ②$$

がしばしば使われる．②式は①式より使いやすいが，あくまでも近似式で，p が大きいときは正確な値は得られないことがある[注]．

[解] ②式により

$$V_\mathrm{m} = \frac{RT}{p} + B = \frac{0.082\ 06\ \mathrm{dm^3\ atm\ K^{-1}\ mol^{-1}} \times 373\ \mathrm{K}}{10\ \mathrm{atm}} - 0.072\ 2\ \mathrm{dm^3\ mol^{-1}}$$
$$= 2.99\ \mathrm{dm^3\ mol^{-1}}$$

[注] $p = 10\ \mathrm{atm}$ のときは，①，②どちらの式を使っても答は有効数字の範囲で一致する．しかし，$p = 50\ \mathrm{atm}$ のときは，①式では $V_\mathrm{m} = 0.528\ \mathrm{dm^3\ mol^{-1}}$，②式では $V_\mathrm{m} = 0.540\ \mathrm{dm^3\ mol^{-1}}$ となり，2％強のズレが出る．なお，実測値は $0.532\ \mathrm{dm^3\ mol^{-1}}$．練習編 A 1·6 参照．

2章 溶液

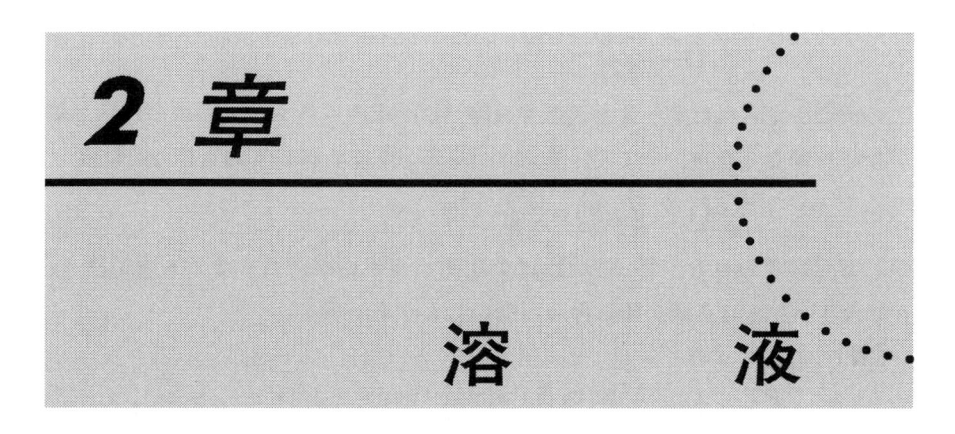

§ 2·1 濃度と溶解度

2·1·1 いろいろな濃度の表わし方

溶液において，溶けている物質を**溶質**，それを溶かしている液体を**溶媒**という．

溶液の濃度を表すのに，実用的には質量百分率（重量百分率）や**質量濃度**（溶液の単位体積に含まれる溶質の質量）のような，溶質を質量で表した尺度がよく使われるが，溶液の性質を論じるなどの理論的な扱いの場合には，溶質を物質量で表わした尺度を使うことが多い．その代表的なものを表2-1にあげる．

表2-1に示した各濃度のうち，**物質量濃度**は温度によって値が変化する．液体の体積は温度によって変わるからである．したがって，厳密を要する記述で

表 2-1 溶液の濃度の表わし方

濃度の種類	定義	(式番号)	文字による定義
物質量濃度 c_B （**モル濃度**ともいう）	$c_B = \dfrac{n_B}{V}$	(2.1)	$\dfrac{溶質の物質量}{溶液の体積}$
質量モル濃度 b_B[1] （**重量モル濃度**ともいう）	$b_B = \dfrac{n_B}{m_A}$	(2.2)	$\dfrac{溶質の物質量}{溶媒の質量}$
物質量分率 x_B[2] （モル分率ともいう）	$x_B = \dfrac{n_B}{n_A + n_B}$	(2.3)	$\dfrac{溶質の物質量}{溶媒の物質量 + 溶質の物質量}$

1) 質量モル濃度は記号 m を使うことが多いが，質量の記号とまぎらわしいので，本書では b を使う．
2) 物質量分率の記号は，溶液の場合は x，気体の場合は y を使う（表1-1）．

は温度を並記する必要がある．これに対して，**質量モル濃度**の値は温度が変わっても変わらない．それゆえ，ある温度範囲にわたる現象（例えば，沸点上昇．2・2・2）を扱うときには，濃度の尺度に**質量モル濃度**を使うと都合がよい．なお，単に**溶液の濃度**というときには物質量濃度を指すことが多い．

例題 2・1　いろいろな濃度の表し方

400 g の水に 50.0 g のエタノールを加えて調製した溶液の密度は 980 kg m^{-3} であった．このエタノール溶液の，(1) 物質量濃度，(2) 質量モル濃度，および，(3) 物質量分率を求めよ．

[解] (1) エタノールの物質量は，$n_B = 50.0\,\text{g}/46.07\,\text{g mol}^{-1} = 1.08_5$ mol. 溶液の体積は，$V = 0.450\,\text{kg}/980\,\text{kg m}^{-3} = 4.59_2 \times 10^{-4}\,\text{m}^3$. これを (2.1) 式に代入して，

$$c_B = \frac{n_B}{V} = \frac{1.08_5\,\text{mol}}{4.59_2 \times 10^{-4}\,\text{m}^3} = 2.36\,\text{mol dm}^{-3}\,\text{[注①]}$$

(2) (2.2) 式により，

$$b_B = \frac{n_B}{m_A} = \frac{1.08_5\,\text{mol}}{0.400\,\text{kg}} = 2.71\,\text{mol kg}^{-1}\,\text{[注②]}$$

(3) 水の物質量は，$n_A = 400\,\text{g}/18.02\,\text{g mol}^{-1} = 22.2_0$ mol. (2.3) 式により，

$$x_B = \frac{n_A}{n_A + n_B} = \frac{1.08_5\,\text{mol}}{22.2_0\,\text{mol} + 1.08_5\,\text{mol}} = 0.046_6$$

[注①] 物質量濃度の SI 単位は mol m^{-3} であるが，従来からの習慣により mol dm^{-3} (M と書くこともある) を使うことが多い．

[注②] 質量モル濃度の単位の "kg^{-1}" は，"**溶液 1 kg あたり**" ではなく "**溶媒 1 kg あたり**" の意味である．

2・1・2　固体の溶解度

溶質が最大限溶けている溶液を**飽和溶液**といい，飽和溶液の濃度を**溶解度**という．溶解度はどのような濃度単位で表わすことも可能だが，データブックなどでは "溶媒 100 g あたりの溶質の質量" を使うことが多い．難溶性電解質の場合はしばしば溶解度積が使われる（§6・4）．

溶解度は溶液の温度によって変化する．固体の溶解度は，例外はかなりあるが，温度の上昇につれて増加するものが多い．

---- 例題 2・2 温度変化にともなう溶質の析出量 ────────

硝酸カリウムの水 100 g に対する溶解度は 60 ℃において 110.0 g,
20 ℃において 31.6 g である．60 ℃の飽和溶液 50.0 g を 20 ℃まで冷却するときに析出する溶質の量を求めよ．

[解]　60 ℃の飽和溶液 $(100 + 110.0)$ g $= 210.0$ g を 20 ℃まで冷却すると, $(110.0 - 31.6)$ g $= 78.4$ g の溶質が析出する．したがって，飽和溶液 50.0 g からの析出量は,

$$\frac{78.4 \text{ g}}{210 \text{ g}} \times 50.0 \text{ g} = 18.7 \text{ g}$$

2・1・3　気体の溶解度

気体の溶解度は "1 atm において単位体積の溶媒に溶けうる溶質気体の体積 (0 ℃換算)" で表すことが多い．これを**ブンゼンの吸収係数** (記号 α) という[†]．気体の溶解度も温度によって変化するが，固体とは逆に，温度が上がるにつれて溶解度が減るものが多い．

気体が液体に溶解しうる量は一般に分圧に比例して増加する．すなわち,

$$V_{B,0} = \alpha (p_B / \text{atm}) V_A \tag{2.4}$$

$V_{B,0}$ は体積 V_A の溶媒に溶解しうる気体の体積 (0 ℃, 1 atm 換算), α はブンゼンの吸収係数, p_B は気体の分圧

これを**ヘンリーの法則**という．溶解度の大きな，溶媒との間で化学反応をおこす気体 (例えば，水に対する NH_3 や HCl) の場合は，この関係はかならずしも成立しない．

混合気体の各成分が液体に溶解する量は，各成分気体がそれぞれの分圧に応じて独立に溶解するものとして (2.4) 式で計算すればよい．

---- 例題 2・3　ブンゼンの吸収係数の求め方 ────────

24 ℃, 1 atm の酸素と平衡にある水には, 1 dm³ あたり 34.3 cm³ の酸素が溶解している．ブンゼンの吸収係数を求めよ．

[†] 溶質気体の体積を 0 ℃のそれに換算せずに測定温度 θ における体積そのままを記述する**オストワルドの吸収係数** (記号 β) もしばしば用いられる．両者の関係は次のようになる.
$\alpha / \beta = 273.15 / (273.15 + \theta /\text{℃})$.

[解] $1\,\mathrm{dm}^3$ の水に溶解している酸素の量を $0\,°\mathrm{C}$，$1\,\mathrm{atm}$ における体積で表わすと，(1.4) 式において $p_1 = p_2$ だから，

$$V_2 = \frac{p_1 V_1 T_2}{p_2 T_1} = \frac{V_1 T_2}{T_1} = \frac{34.3\,\mathrm{cm}^3 \times 273.15\,\mathrm{K}}{(24 + 273.15)\,\mathrm{K}} = 31.5\,\mathrm{cm}^3$$

ブンゼンの吸収係数は，定義により，

$$\alpha = 0.0315\,\mathrm{dm}^3/\mathrm{dm}^3 = 0.0315$$

例題 2・4　混合気体の溶解

O_2 と N_2 混合物（物質量比 $1:4$）を $20\,°\mathrm{C}$，$1\,\mathrm{atm}$ で水とじゅうぶん接触させるとき，水に溶けこむ両気体の体積比を求めよ．この温度におけるブンゼンの吸収係数は，O_2 が 0.0315，N_2 が 0.0157 である．

[解] 気体の分圧は物質量分率に比例する（1.10 式）から，両気体の分圧は，$p(O_2) = (1/5)\,\mathrm{atm}$，$p(N_2) = (4/5)\,\mathrm{atm}$．(2.4) 式を O_2 および N_2 に対して適用して，その比をとると，

$$\frac{V(N_2)}{V(O_2)} = \frac{V_0(N_2)}{V_0(O_2)} = \frac{\alpha(N_2)\,p(N_2)/\mathrm{atm}}{\alpha(O_2)\,p(O_2)/\mathrm{atm}} = \frac{0.0157 \times (4/5)}{0.0315 \times (1/5)} = 1.99$$

§ 2・2　希薄溶液の性質

2・2・1　蒸気圧降下

液体に不揮発性の物質を溶かすと，液体の蒸気圧は溶質の濃度（物質量分率）に比例して低下する．この関係を**ラウールの法則**という．すなわち，

$$\frac{\Delta p}{p_A^*} = \frac{p_A^* - p_A}{p_A^*} = x_B \tag{2.5}$$

Δp は蒸気圧降下，p_A^* は純溶媒の蒸気圧，p_A は溶液の蒸気圧，x_B は溶質の物質量分率

あるいは，これを変形して，

$$p_A = (1 - x_B)p_A^* = x_A p_A^* \tag{2.5\,a}$$

x_A は溶媒の物質量分率，他は (2.5) 式に同じ

たいていの溶液ではラウールの法則は希薄な場合にしか成立しない．すべての濃度範囲でこの法則が成立する溶液を**理想溶液**という．

例題 2·5　溶液の濃度と蒸気圧の関係

エタノール C_2H_5OH の20℃における蒸気圧は 43.9 Torr である．50.0 g のエタノールに 14.0 g のフェノール C_6H_5OH を溶かした溶液のこの温度における蒸気圧を求めよ．フェノールの蒸気圧は無視できるものとする．

[解] エタノールの物質量分率は，(2.3) 式により，

$$x_A = \frac{n_A}{n_A + n_B} = \frac{50.0 \text{ g}/46.07 \text{ g mol}^{-1}}{50.0 \text{ g}/46.07 \text{ g mol}^{-1} + 14.0 \text{ g}/94.11 \text{ g mol}^{-1}}$$
$$= 0.879\,5$$

与えられた溶液の20℃における蒸気圧は，(2.5a) 式により，

$$p_A = x_A p_A^* = 0.879\,5 \times 43.9 \text{ Torr} = 38.6 \text{ Torr}$$

2·2·2　沸点上昇と凝固点降下

前項に述べたように，溶媒に不揮発性の溶質が溶けると蒸気圧が下がるため，沸点が上昇する一方，凝固点が降下する[†]．これらの現象を**沸点上昇**および**凝固点降下**という．濃度との関係を次の各式に示す．

$$\Delta T_b = K_b b_B \tag{2.6}$$

　　ΔT_b は沸点上昇，K_b はモル沸点上昇定数，b_B は質量モル濃度

$$\Delta T_f = K_f b_B \tag{2.6 a}$$

　　ΔT_f は凝固点降下，K_f はモル凝固点降下定数，b_B は質量モル濃度

[†] 蒸気圧降下と沸点上昇および凝固点降下との関係を，水の場合を例に説明する（右図．ただし，目盛りは正確ではない）．純水の蒸気圧と温度との関係を示す**蒸気圧曲線**は OC で与えられるが，水に不揮発性の溶質を溶かすと蒸気圧は降下し，曲線は例えば O'C' に移動する．このため，沸点（蒸気圧が1 atm に達する温度，つまり 1 atm を示す横の線と曲線との交点）は，当初の 100 ℃から ΔT_b だけ上昇する．一方，氷と水が共存する温度と圧力の関係を示す**融解曲線**は OB から O'B' まで移動するから，1 atm における融点は当初の 0 ℃から ΔT_f だけ降下する．

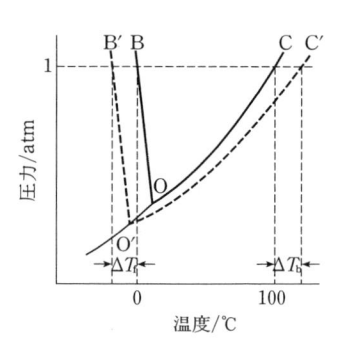

比例定数の**モル沸点上昇定数** K_b と**モル凝固点降下定数** K_f はともに溶媒によって決まる定数で，溶質の種類には無関係である．代表的な液体についての値を資料 2-1 にあげる．

資料 2-1　モル沸点上昇定数 K_b とモル凝固点降下定数 K_f

溶媒	沸点/K	K_b/K kg mol^{-1}	凝固点/K	K_f/K kg mol^{-1}
水	373.15	0.51	273.15	1.86
二硫化炭素	319.5	2.37	161.6	3.8
四塩化炭素	349.9	4.95	250.3	30
酢酸	391.0	3.07	289.8	3.90
ベンゼン	353.2	2.53	278.7	5.12
ナフタレン	491	5.8	353.6	6.94
ショウノウ			451.6	40

例題 2・6　希薄溶液の沸点・凝固点

水 100 g にグルコース $C_6H_{12}O_6$ を 6.84 g 溶かした溶液の沸点を求めよ．

[解]　溶質のグルコースは水 1 kg に対して 68.4 g，水のモル沸点上昇定数は 0.51 K kg mol^{-1}（資料 2-1）．(2.6) 式により，

$$\Delta T_b = K_b b_B = 0.51 \text{ K kg mol}^{-1} \times \frac{68.4 \text{ g kg}^{-1}}{180.2 \text{ g mol}^{-1}} = 0.19 \text{ K}$$

ゆえに，沸点は，

$$373.15 \text{ K} + 0.19 \text{ K} = 373.34 \text{ K}$$

例題 2・7　沸点上昇・凝固点降下からの分子量の求め方

ある物質 0.014 g を 0.20 g のショウノウとともに溶融混和したものの融点は 161℃ であった．分子量を求めよ．

[考え方]　質量モル濃度は (2.2) 式の定義により $b_B = n_B/m_A$，物質量 n_B は質量のモル質量に対する比 m_B/M_B に等しいから，(2.6) 式は次のように書くことができる．この式を使って M_B を求めればよい．

$$\Delta T_b = K_b b_B = \frac{K_b n_B}{m_A} = \frac{K_b m_B}{m_A M_B} \qquad ①$$

[解]　ショウノウの凝固点は 451.6 K（資料 2-1）だから，凝固点降下は $\Delta T_f = 451.6 \text{ K} - (161 + 273.15) \text{ K} = 17.45 \text{ K}$．モル凝固点降下定数は資料

2-1 から $K_f = 40$ K kg mol^{-1} だから，①式により，

$$M_B = \frac{K_b m_B}{\Delta T_b m_A} = \frac{40 \text{ K kg mol}^{-1} \times 0.014 \text{ g}}{17.45 \text{ K} \times 0.20 \text{ g}} = 0.16 \text{ kg mol}^{-1}$$

ゆえに，分子量は，$M_{r,B} = 1.6 \times 10^2$．

2・2・3 浸 透 圧

半透膜（溶媒分子は自由に通過できるが溶質分子は通過できない膜）をへだてて溶液を純溶媒と接触させると，両方が同じ濃度に近づこうとする傾向をもつために，溶媒分子が半透膜を通って溶液中に拡散しようとする．この現象を**浸透**という．浸透を防ぐためには溶液の側に余分な圧力を加えなければならないが，その圧力をこの溶液の**浸透圧**という．浸透圧と温度との間には次の関係がある．

$$\Pi = c_B RT \tag{2.7}$$

Π は浸透圧，c_B は物質量濃度，R は気体定数，T は温度

この関係を**ファントホッフの法則**という．

浸透圧を測定して溶質の分子量を求めることは理論的には可能であるが，溶質が低分子化合物の場合は浸透圧が大きすぎて実用になりにくい．高分子化合物の分子量測定にはこの浸透圧法が使われている（2・3・2）．

―― 例題 2・8　溶液の濃度と浸透圧の関係 ――

血液の浸透圧は 37℃ で 775 kPa である．血液と同じ浸透圧を示すグルコース $C_6H_{12}O_6$ 溶液は，1 dm^3 あたり何グラムのグルコースを含むか．

［解］ (2.7) 式により，

$$c_B = \frac{\Pi}{RT} = \frac{775 \times 10^3 \text{ Pa}}{8.315 \text{ J K}^{-1} \text{ mol}^{-1} \times 310 \text{ K}} = 300.7 \text{ mol m}^{-3}$$

これを dm^3 あたりの質量濃度に換算すると，

$$0.3007 \text{ mol dm}^{-3} \times 180.2 \text{ g mol}^{-1} = 54.2 \text{ g dm}^{-3}$$

2・2・4 電解質溶液の場合

電解質溶液では，溶質の一部または全部が解離してイオンになっている．そのために溶質粒子の濃度が増加し，その結果，電解質溶液の蒸気圧降下，沸点

上昇，凝固点降下，浸透圧などは，同じ濃度の非解離質溶液のそれらよりも大きな値を示す．この大きくなる程度，つまり非電解質溶液の値に対する比 $i(>1)$ を**ファントホッフ係数**という．すなわち，

$$\Delta p = i\Delta p_0 \tag{2.8}$$
$$\Delta T_b = i\Delta T_{b,0} \tag{2.8a}$$
$$\Delta T_f = i\Delta T_{f,0} \tag{2.8b}$$
$$\Pi = i\Pi_0 \tag{2.8c}$$

i はファントホッフ係数，他の記号は (2.5)～(2.7) 式に同じ，添字 0 は非解離物質溶液を示す

いま，溶質 X_mY_n に関して平衡

$$X_mY_n \rightleftharpoons mX^{z+} + nY^{z-}$$

が成立している溶液を考える．当初の濃度を c，電離度を α とすると，溶液中に存在する溶質の粒子（非解離分子 + 陽イオン + 陰イオン）の濃度の合計は，$(1-\alpha)c + \alpha mc + \alpha nc = \{(m+n-1)\alpha + 1\}c$．これらの粒子のすべてが蒸気圧降下などの現象に関して有効にはたらくと仮定すれば，この値が ic に等しい．したがって，

$$i = (m+n-1)\alpha + 1 \tag{2.9}$$

i はファントホッフ係数，$(m+n)$ は溶質 1 分子が完全に電離したときに生じるイオンの数，α は電離度（強電解質の場合は**見かけの電離度**[†]）

---- **例題 2·9　ファントホッフ係数と電離度の求め方** ----

塩化バリウムの $0.163\,\mathrm{mol\,kg^{-1}}$ 水溶液の凝固点は $-0.742℃$ であった．ファントホッフ係数と見かけの電離度を求めよ．

[解]　資料 2-1 (p. 23) から，$K_f = 1.86\,\mathrm{K\,kg\,mol^{-1}}$．(2.8 b) 式と (2.6 a) 式を組み合わせて，

$$i = \frac{\Delta T_f}{\Delta T_{f,0}} = \frac{\Delta T_f}{K_f b_B} = \frac{0.742\,\mathrm{K}}{1.86\,\mathrm{K\,kg\,mol^{-1}} \times 0.163\,\mathrm{mol\,kg^{-1}}} = 2.44_7$$

[†] 強電解質は水溶液中ではほぼ完全に電離している (§6·1) にかかわらず，ファントホッフ係数 i を測定して α を求めると，一般に 1 より小さい値が得られる．これは，電離で生じた陰イオンと陽イオンが静電的に拘束しあうため，完全に独立した粒子としては働かないからである．したがって，この式で得られる α は，強電解質に関しては"見かけの電離度"とよぶのが正しい．具体例は，例題 2·9．

塩化バリウムの電離は，BaCl → Ba²⁺ + 2 Cl⁻. (2.9) 式において $m=1$，$n=2$ だから，見かけの電離度は，

$$\alpha = \frac{i-1}{m+n-1} = \frac{2.447-1}{1+2-1} = 0.724$$

§ 2・3　高分子溶液と高分子化合物の分子量

2・3・1　高分子溶液

分子量が 10^4 程度またはそれ以上の化合物を**高分子化合物**という．高分子化合物の溶液つまり**高分子溶液**は，溶質の粒子が大きいために，普通の溶液とはかなり違った挙動を示す．本節では，高分子化合物の分子量の測定と関連のあるものを中心に，高分子溶液の性質のいくつかを取りあげる．

2・3・2　浸透圧

溶液の浸透圧は理想的には (2.7) 式で与えられるが，高分子溶液の場合は分子間の相互作用が大きいために補正が必要になる．普通は，理想気体の状態方程式に対するビリアル状態方程式 (1・3・4) と同じく，ビリアル係数を導入した次の式が用いられる．

$$\Pi = c_{\mathrm{B}} RT (1 + Bc_{\mathrm{B}} + \cdots\cdots) \tag{2.10}$$

　　Π は浸透圧，c_{B} は溶質の物質量濃度，R は気体定数，T は温度，B は第二ビリアル係数

この式を，物質量濃度 c が質量濃度とモル質量の比 γ/M に等しいことを考慮しつつ変形すれば，

$$\frac{\Pi}{\gamma_{\mathrm{B}}} = \frac{RT}{M}\left(1 + B\frac{\gamma_{\mathrm{B}}}{M} + \cdots\cdots\right) \tag{2.11}$$

　　γ_{B} は溶質の質量濃度，M はモル質量，他の記号は (2.10) 式に同じ

(2.11) 式右辺のカッコ内の第2項以下は，$\gamma_{\mathrm{B}} = 0$ ならば0である．したがって，いろいろな濃度 γ_{B} における浸透圧 Π を測定し，一連の Π/γ_{B} データを γ_{B} に対してプロットして $\gamma_{\mathrm{B}} \to 0$ のときの値 $(\Pi/\gamma_{\mathrm{B}})_0$ を求めれば，その値が RT/M に等しい．この方法によって，浸透圧の測定値からモル質量ないし分子量を求めることができる．

---- 例題 2・10　浸透圧からの高分子の分子量の求め方 ----

あるポリ塩化ビニル試料を種々の濃度になるようにシクロヘキサノンに溶かして，298 K で浸透圧を測定したところ，下の結果を得た．平均分子量[注]を求めよ．

γ_B/g dm^{-3}	1.00	2.00	4.00	7.00	9.00
Π/Pa	26.9	68.2	193.2	490	769

[解]　与えられたデータから Π/γ_B を計算すると，

γ_B/g dm^{-3}	1.00	2.00	4.00	7.00	9.00
$\Pi\gamma_B^{-1}$/Pa g^{-1} dm^3	26.9	34.1	48.3	70.0	85.4

これらをプロットして，下図を得る．

直線と縦軸との交点から，$(\Pi/\gamma_B)_0 = 19.3$ Pa g^{-1} dm^3 = 19.3 Pa kg^{-1} m^3 = 19.3 J kg^{-1}．この値が RT/M に等しいから，

$$M = RT\left(\frac{\Pi}{\gamma_B}\right)_0^{-1} = \frac{8.315 \text{ J K}^{-1} \text{ mol}^{-1} \times 298 \text{ K}}{19.3 \text{ J kg}^{-1}} = 128 \text{ kg mol}^{-1}$$
$$= 1.28 \times 10^5 \text{ g mol}^{-1}$$

ゆえに，平均分子量は，$M_r = 1.28 \times 10^5$．

[注]　合成高分子の試料は普通は混合物であり，分子量はある範囲にわたって分布している．したがって，上のような測定によって求めた分子量は平均分子量である．ただし，"平均分子量"といっても種類があり，それぞれ意味あいが異な

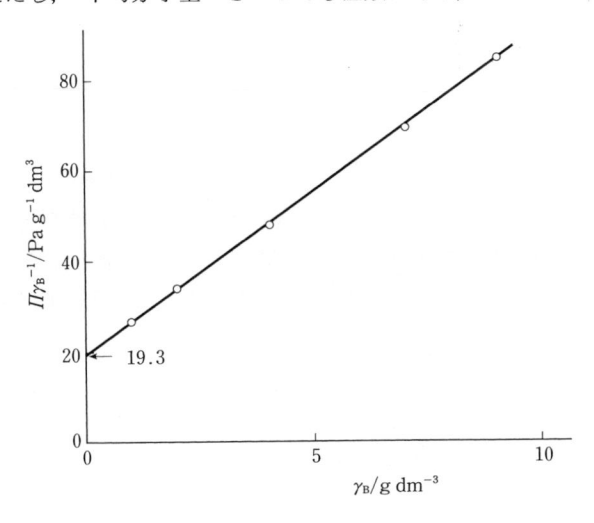

る．詳しくは，2·3·5．

2·3·3 沈降平衡

高分子溶液を力の場におくと，溶質粒子は沈もうとする，つまり**沈降**しようとする傾向とともに，全体として均一な濃度になろうとする，つまり**拡散**しようとする傾向をもつ．重力の場においてはこの2つの傾向がつり合い，溶液は全体にわたって一様な濃度を呈する．

しかし，**超遠心器**を利用してつくった**遠心力の場**においては，沈降しようとする傾向が大きくなるために，溶液は上の方ほど薄くなり，結局，ある濃度勾配を生じたところで平衡に達する．このような沈降と拡散がつり合った状態を**沈降平衡**という．このさい，濃度勾配とモル質量の間には次の関係があるから，沈降平衡を利用して高分子の分子量を決定することができる[†]．

$$M = \frac{2RT \ln(c_2/c_1)}{(1 - v_B \rho_A) \omega^2 (r_2^2 - r_1^2)} \tag{2.12}$$

M はモル質量，R は気体定数，T は温度，c_1 および c_2 は回転軸からの距離 r_1 および r_2 における濃度，v_B は溶質の比体積（密度の逆数），ρ_A は溶媒の密度，ω は超遠心器の角速度

---- **例題 2·11 沈降平衡からの高分子の分子量の求め方** ----

血清アルブミンの沈降平衡に関して次のデータを得た．分子量を求めよ．測定温度，293 K．回転軸の中心から 4.33 cm および 4.63 cm における濃度，0.645% および 1.300%．溶質の比体積，0.748 cm³ g⁻¹．水の密度，0.998 g cm⁻³．回転数，8 400 rpm．

[**考え方**] rpm は "1分あたりの回転数" の意味（"revolutions per minute" の略）．角速度は $\omega = 2\pi \times (8\,400/60)\,\text{s}^{-1}$ となる．また，濃度の c_1 と c_2 は比が必要なのだから，両者の単位が同じであればそのまま代入してさし支えない．

[**解**] (2.12) 式において，$\omega = 2\pi \times (8\,400/60)\,\text{s}^{-1} = 280.0\pi\,\text{s}^{-1}$．ゆえに，

$$M = \frac{2RT \ln(c_2/c_1)}{(1 - v_B \rho_A) \omega^2 (r_2^2 - r_1^2)}$$

[†] より大きな遠心力の場で高分子溶液の**沈降速度**を測定し，そのデータから分子量を求める方法もある．詳細は成書を参照されたい．

$$= \frac{2 \times 8.315 \text{ J K}^{-1} \text{mol}^{-1} \times 293 \text{ K} \times \ln(1.300/0.645)}{(1 - 0.748 \text{ cm}^3 \text{g}^{-1} \times 0.998 \text{ g cm}^{-3}) \times (280.0\pi\text{s}^{-1})^2 \times (0.0463^2 - 0.0433^2) \text{ m}^2}$$

$$= 64.8 \text{ kg mol}^{-1} = 6.48 \times 10^4 \text{ g mol}^{-1}$$

ゆえに，分子量は，$M_r = 6.48 \times 10^4$.

2・3・4 粘　　　性

液体の流速が流れのなかの各点で異なると，流速の勾配 du/dx に比例する接線応力 $\eta du/dx$ が現われる．この現象を**粘性**という．粘性の大きさは比例定数 η（**粘性率**または**粘度**という）によって表わす．粘性率の SI 単位は kg m^{-1}s^{-1} であるが，CGS 単位であるポアズ（記号，P）もしばしば使われる．両者の関係は，1 P = 1 g cm^{-1} s^{-1} = 10^{-1} kg m^{-1} s^{-1}，である．

鎖状高分子を溶媒に溶かすと，粘性率は濃度に応じて増加する．この粘性率増加の溶媒の粘性率に対する比を**比粘度**，比粘度の濃度に対する比を濃度 0 に補外した極限値を**固有粘度**という．すなわち，

$$\eta_{sp} = \frac{\eta - \eta_A}{\eta_A} = \frac{\eta}{\eta_A} - 1 \tag{2.13}$$

η_{sp} は比粘度，η は溶液の粘性率，η_A は溶媒の粘性率

$$[\eta] = \lim_{c \to 0}\left(\frac{\eta_{sp}}{c}\right) \tag{2.14}$$

$[\eta]$ は固有粘度，η_{sp} は比粘度，c は濃度

固有粘度と溶質の分子量との間には次の関係がある．

$$[\eta] = KM_r^\alpha \tag{2.15}$$

$[\eta]$ は固有粘度，M_r は溶質の分子量，K および α は定数

この式を**マーク–フウィンク–桜田の式**という．K および α は実験的に決められる定数で，同種の高分子では一定の値をとることが知られている．

例題 2・12　固有粘度の求め方

ポリスチレンのトルエン溶液の粘性率の濃度依存性を 25℃で測定したところ，下の結果を得た．固有粘度を計算せよ．

$c/\text{g dm}^{-3}$	0	2.0	4.0	6.0	8.0	10.0
$\eta/10^{-4}\text{ kg m}^{-1}\text{s}^{-1}$	5.58	6.15	6.74	7.35	7.98	8.64

[解]　$c = 0$ における粘性率 $\eta = 5.58 \times 10^{-4} \text{ kg m}^{-1}\text{s}^{-1}$ を (2.13) 式の η_A

に代入して各濃度における比粘度 η_{sp} を求め，さらに η_{sp}/c を計算すると次のようになる．

$c/\mathrm{g\,dm^{-3}}$	2.0	4.0	6.0	8.0	10.0
$\eta_{sp}c^{-1}/10^{-2}\,\mathrm{g^{-1}\,dm^3}$	5.1_1	5.2_0	5.2_9	5.3_8	5.4_8

これをプロットして下図を得る．(2.14) 式により，固有粘度は直線と縦軸との交点から，

$$[\eta] = 5.0_1 \times 10^{-2}\,\mathrm{dm^3\,g^{-1}}$$

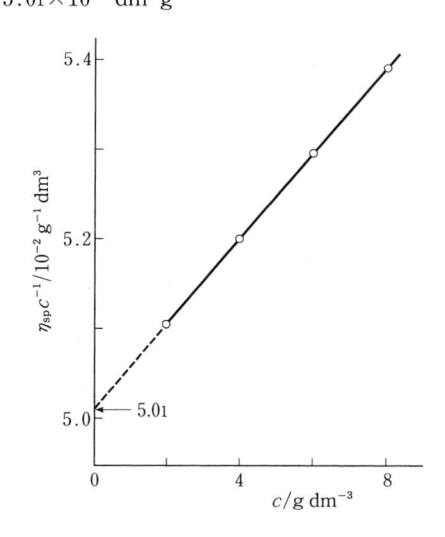

―― 例題 2・13　固有粘度からの高分子の分子量の求め方 ――――

前問の答を使って，ポリスチレンの平均分子量を求めよ．マーク-フウィンク-桜田の式の定数は，$K = 3.80 \times 10^{-5}\,\mathrm{dm^3\,g^{-1}}$，$a = 0.63$ である．

[解]　(2.15) 式により，

$$M_r = \left(\frac{[\eta]}{K}\right)^{1/a} = \left(\frac{5.0_1 \times 10^{-2}\,\mathrm{dm^3\,g^{-1}}}{3.80 \times 10^{-5}\,\mathrm{g\,dm^3\,g^{-1}}}\right)^{1/0.63} = 9.0 \times 10^4$$

2・3・5　高分子の平均分子量

前述のように，高分子の平均分子量にはいろいろな種類がある（例題 2・10 [注]）．その代表的なものを表 2-2 にあげる．

表 2-2　いろいろな平均分子量

平均分子量の種類	定義	(式番号)	対応する測定法
数平均分子量	$\langle M_r \rangle_n = \dfrac{\sum N_i M_{r,i}}{\sum N_i} = \dfrac{\sum n_i M_{r,i}}{\sum n_i}$	(2.16)	浸透圧法
質量平均分子量	$\langle M_r \rangle_m = \dfrac{\sum m_i M_{r,i}}{\sum m_i} = \dfrac{\sum n_i M_{r,i}^2}{\sum n_i M_{r,i}}$	(2.17)	光散乱法
Z 平均分子量	$\langle M_r \rangle_z = \dfrac{\sum n_i M_{r,i}^3}{\sum n_i M_{r,i}^2}$	(2.18)	沈降平衡法
粘度平均分子量	$\langle M_r \rangle_v = \left(\dfrac{\sum n_i M_{r,i}^{1+a}}{\sum n_i M_{r,i}} \right)^{1/a}$	(2.19)	粘度法

M_r, 分子量. N, 分子数. n, 物質量. m, 質量.

浸透圧法 (2・3・2)，**光散乱法**[†]，沈降平衡法 (2・3・3)，および粘度法 (2・3・4) によって得られる平均分子量は，それぞれ**数平均分子量**，**質量平均分子量**（**重量平均分子量**ともいう），Z **平均分子量**，および**粘度平均分子量**である．粘度平均分子量は数平均分子量と質量平均分子量の中間の値をとる．

─── 例題 2・14　いろいろな平均分子量の関係 ───

分子量 1.2×10^4 および 3.0×10^4 の 2 つの成分を物質量比で 2：1 含んでいる高分子試料がある．この試料の数平均分子量，重量平均分子量，Z 平均分子量，および粘度平均分子量（$a = 0.66$ として）を求めよ．

[解]　両成分を成分 1 および成分 2 とする．数平均分子量は，(2.16) 式により，

$$\langle M_r \rangle_n = \frac{n_1 M_r(1) + n_2 M_r(2)}{n_1 + n_2} = \frac{2 \times 1.2 \times 10^4 + 1 \times 3.0 \times 10^4}{2 + 1} = 1.8 \times 10^4$$

以下，同様にして，(2.17)〜(2.19) 式により，

$$\langle M_r \rangle_m = \frac{n_1 M_r(1)^2 + n_2 M_r(2)^2}{n_1 M_r(1) + n_2 M_r(2)}$$

$$= \frac{2 \times (1.2 \times 10^4)^2 + 1 \times (3.0 \times 10^4)^2}{2 \times 1.2 \times 10^4 + 1 \times 3.0 \times 10^4} = 2.2 \times 10^4$$

$$\langle M_r \rangle_z = \frac{n_1 M_r(1)^3 + n_2 M_r(2)^3}{n_1 M_r(1)^2 + n_2 M_r(2)^2}$$

$$= \frac{2 \times (1.2 \times 10^4)^3 + 1 \times (3.0 \times 10^4)^3}{2 \times (1.2 \times 10^4)^2 + 1 \times (3.0 \times 10^4)^2} = 2.6 \times 10^4$$

[†] 高分子化合物は普通の溶液の溶質分子にくらべると大きいので，光を散乱する．散乱強度 I は溶質粒子のモル質量 M に比例するから，散乱光を測定して平均分子量を求めることができる．その関係は入射強度を I_0，溶液の濃度を c，散乱角を θ とするとき，次の式で与えられる（A は定数）．

$$I = A I_0 c M (1 + \cos^2 \theta)$$

$$\langle M_\mathrm{r}\rangle_v = \left(\frac{n_1 M_\mathrm{r}(1)^{1+\alpha} + n_2 M_\mathrm{r}(2)^{1+\alpha}}{n_1 M_\mathrm{r}(1) + n_2 M_\mathrm{r}(2)}\right)^{1/\alpha}$$

$$= \left(\frac{2 \times (1.2\times10^4)^{1.66} + 1 \times (3.0\times10^4)^{1.66}}{2 \times 1.2\times10^4 + 1 \times 3.0\times10^4}\right)^{1/0.66} = 2.1\times10^4$$

3章

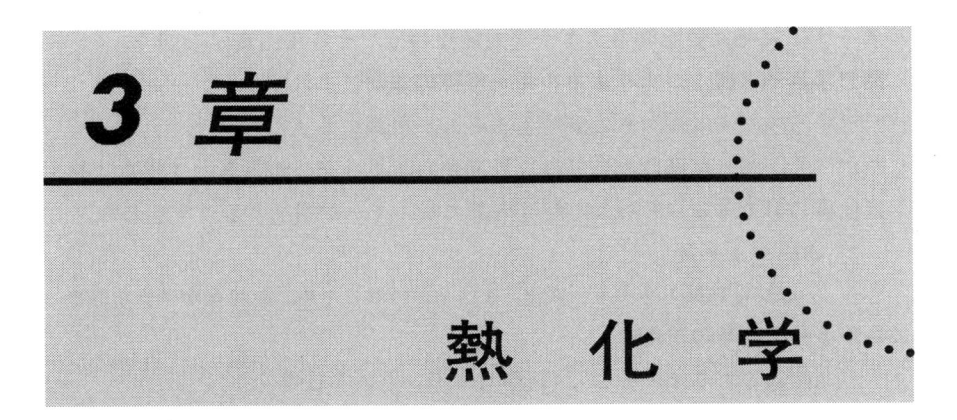

熱 化 学

§3・1 内部エネルギーとエンタルピー

3・1・1 系 の 分 類

物質の集まりを**系**といい，これに対する系以外の世界を**外界**という．系は外界との関係によっていろいろな名称でよばれている．そのおもなものを以下にあげる．

開いた系（**開放系**ともいう）．——外界との間に，物質の出入りもエネルギーの出入りもある系．

閉じた系（**閉鎖系**ともいう）．——物質の出入りはなく，エネルギーの出入りはある系．

断熱系．——物質の出入りはなく，熱以外のエネルギー（例えば，仕事）の出入りはあるが，熱の出入りはない系．

孤立系．——物質の出入りもエネルギーの出入りもない系．

本章ではおもに閉じた系を扱う．断熱系や孤立系は閉じた系の特殊な形と考えることができる．

3・1・2 熱力学第一法則

系が内部にもっているエネルギーを**内部エネルギー**といい，記号 U で表わす．微視的にいえば，系に含まれる分子の運動エネルギー，分子を構成している原子どうしの結合エネルギー，等，の和が内部エネルギーである．内部エネ

ルギー[†] U は絶対値を知ることが不可能なので，その変化 ΔU を扱う．

熱力学第一法則，つまり**エネルギー保存の法則**によれば，

> エネルギーは無から生成することも，消滅することもない．

したがって，閉じた系においては，外界からエネルギーが入ると（普通は熱または仕事の形で入る）そのぶんだけ内部エネルギーが増加する．すなわち，

$$\Delta U = q + w \tag{3.1}$$

ΔU は内部エネルギー変化，q は系が吸収した熱，w は系がされた仕事

エネルギーの符号の正負は

> 系に入るエネルギーを正（仕事も，系がされる仕事を正）

と約束する．

孤立系では，$q = w = 0$ だから，$\Delta U = 0$．したがって，熱力学第一法則は次のように表現することもできる．

> 孤立系の内部エネルギーはつねに一定である．

3・1・3　定積変化と定圧変化

系に変化がおこっても体積が変わらない場合，その変化を**定積変化**（または**定容変化**）という．この場合，系は膨張も収縮もしないから，外界に対して仕事をすることも，仕事をされることもない．したがって，(3.1) 式で $w = 0$ だから，

$$q_V = \Delta U \tag{3.2}$$

q_V は系が定積変化のさいに吸収した熱，ΔU は内部エネルギー変化

つまり，系が吸収した熱はぜんぶ内部エネルギーとして蓄積される．

これに対し，一定圧力下でおこる**定圧変化**では，系の体積が変化することが多い．この場合は系が吸収する熱の一部は体積増加の仕事に使われる．系が圧力 p にさからって体積を ΔV 増加させるとき，外界に対してする仕事は，

$$-w = p \Delta V \tag{3.3}$$

$-w$ は系が外界に対してする仕事，p は圧力，ΔV は体積変化

[†] 系全体としての運動エネルギーやポテンシャルエネルギーは内部エネルギーには含まれない．例えば，ひとつのボールを系として見るとき，それが動いていても止まっていても内部エネルギーは変わらない．

この式で与えられる w を (3.1) 式に代入すれば，$\Delta U = q - p\Delta V$．ここで，$q = q_p$ と書き，$\Delta U + p\Delta V = \Delta H$ とおけば，次の式が得られる．

$$q_p = \Delta H = \Delta U + p\Delta V \tag{3.4}$$

q_p は系が定圧変化のさいに吸収した熱，ΔH はエンタルピー変化，ΔU は内部エネルギー変化，p は圧力，ΔV は体積変化

ここで，**エンタルピー**とは

$$H = U + pV \tag{3.5}$$

H はエンタルピー，U は内部エネルギー，p は圧力，V は体積

で定義される量である．

(3.2), (3.4) 両式を比べれば明らかなように，定圧変化におけるエンタルピーの増加は，定積変化における内部エネルギーの増加に対応する．われわれは定圧下の変化を扱うことが多いが，そのさいには，エンタルピーを中心において考察をすすめるのが普通である．

エンタルピー H も，内部エネルギーと同じく絶対値を知ることができないから，考察を行なうときには一般にその変化 ΔH を問題にする．

――― 例題 3·1　エンタルピー変化と内部エネルギー変化の関係 ―――
100℃，1 atm のもとで水が完全に水蒸気になるには，1 mol あたり 40.66 kJ の熱が必要である．この過程におけるエンタルピー変化および内部エネルギー変化を求めよ．この条件下での 1 mol の水および水蒸気のモル体積は 18.8 cm³ および 30.13 dm³ である．

[解]　エンタルピーの増加は，(3.4) 式により，

$$\Delta H = q_p = 40.66 \text{ kJ}$$

変化のさいに系が外界に対してする仕事は，(3.3) 式により，

$$p\Delta V = 1 \text{ atm} \times (30.13 - 0.019) \times 10^{-3} \text{ m}^3$$
$$= 30.11_1 \times 10^{-3} \text{ m}^3 \text{ atm} \times 101.325 \text{ kJ (m}^3 \text{ atm)}^{-1}$$
$$= 3.051 \text{ kJ} \text{ [注]}$$

内部エネルギーの増加は，(3.4) 式により，

$$\Delta U = \Delta H - p\Delta V = 40.66 \text{ kJ} - 3.051 \text{ kJ} = 37.61 \text{ kJ}$$

[注]　エネルギー単位の換算は，12·3·3．

§3・2 温度変化にともなう熱の出入り

3・2・1 熱容量

系の温度を1K上昇させるのに必要な熱を，その系の**熱容量**（記号，C）という．物質1 molあたりの熱容量を**モル熱容量**（記号，C_m）といい，単位質量あたりの熱容量を**比熱容量**または**比熱**（記号，c）という．

物質の温度を定圧下で上昇させる場合は，普通は体積の変化（多くの場合は膨張）を伴う．したがって，定圧下での熱容量（**定圧熱容量**，記号，C_p）は定積下での熱容量（**定積熱容量**，記号，C_V）よりも，膨張のための仕事に相当するぶんだけ大きい．ことに気体は温度変化にともなう体積変化が大きいから，定圧熱容量と定積熱容量の差が大きい．

3・2・2 理想気体の熱容量

理想気体の定圧熱容量と定積熱容量の差は次の式で与えられる[†1]．

$$C_{p,m} - C_{V,m} = R \tag{3.6}$$

$C_{p,m}$ は定圧モル熱容量，$C_{V,m}$ は定積モル熱容量，R は気体定数

一方，理想気体単原子分子の**定積モル熱容量**は気体分子運動論から求めることができる[†2]．すなわち，

$$C_{V,m}(単原子分子) = \frac{3}{2}R \tag{3.7}$$

$C_{V,m}$ は定積モル熱容量，R は気体定数

定圧モル熱容量は，この式と (3.6) 式から，

[†1] 1 molの気体を一定圧力 p のもとで加熱して温度を ΔT だけ上昇させるときに，系が外界に対してする仕事 $-w$ は，(3.3) 式により $p\Delta V_m$．したがって，温度1Kあたりの仕事は $p\Delta V_m/\Delta T$ である．理想気体の場合は，(1.1a) 式により $p\Delta V_m = R\Delta T$ という関係があるから，$p\Delta V_m/\Delta T = R$．これが定圧モル熱容量と定積モル熱容量の差である．

[†2] 気体分子の質量を m_m，速度を u とすれば，気体分子1個のもつ運動エネルギー（厳密には**並進運動のエネルギー**）は $\frac{1}{2}m_m u^2$ だから，分子1 molあたりの運動エネルギー E_k は $\frac{1}{2}M\overline{u^2}$（$M$ はモル質量，$\overline{u^2}$ は平均二乗速度）．これに 1・2・2 の ① 式を適用すれば

$$E_k = \frac{1}{2}M\overline{u^2} = \frac{3}{2}pV_m = \frac{3}{2}RT$$

したがって，1 molの気体の温度が1K上昇するときの分子運動エネルギーの増加は $\frac{3}{2}R$ に等しい．つまり，1 molの気体の温度を定積的に1K上昇させるには，これだけのエネルギーを外界から与える必要がある．

$$C_{p,\mathrm{m}}(\text{単原子分子}) = \frac{3}{2}R + R = \frac{5}{2}R \qquad (3.7\mathrm{a})$$

$C_{p,\mathrm{m}}$ は定圧モル熱容量，R は気体定数

二原子分子のモル熱容量は単原子分子のそれよりも大きく，次のようになる[†]．

$$C_{V,\mathrm{m}}(\text{二原子分子}) = \frac{5}{2}R \qquad (3.8)$$

$$C_{p,\mathrm{m}}(\text{二原子分子}) = \frac{5}{2}R + R = \frac{7}{2}R \qquad (3.8\mathrm{a})$$

記号は (3.7)～(3.7a) 式に同じ

---- 例題 3・2 理想気体の温度変化にともなう熱の出入り ----

1 mol のヘリウムを定積的および定圧的に 273 K から 373 K まで加熱するときの，系が吸収する熱，系のエンタルピー変化，および内部エネルギー変化を求めよ．

[解] 温度の上昇は 100 K．ヘリウムは単原子分子だから，定積的に加熱するときに系が吸収する熱は，(3.7) 式により，

$$q_V = 100\,\mathrm{K} \times C_{V,\mathrm{m}} = 100\,\mathrm{K} \times \frac{3}{2}R = 100\,\mathrm{K} \times \frac{3}{2} \times 8.315\,\mathrm{J\,K^{-1}\,mol^{-1}}$$
$$= 1.25\,\mathrm{kJ\,mol^{-1}}$$

定圧的に加熱するときに吸収する熱は，(3.7a) 式により，

$$q_p = 100\,\mathrm{K} \times C_{p,\mathrm{m}} = 2.08\,\mathrm{kJ\,mol^{-1}}$$

エンタルピー変化と内部エネルギー変化は，(3.4)，(3.2) 両式により，

$$\Delta H = q_p = 2.08\,\mathrm{kJ\,mol^{-1}}$$
$$\Delta U = q_V = 1.25\,\mathrm{kJ\,mol^{-1}}$$

---- 例題 3・3 熱容量からの分子を構成する原子数の推定 ----

ある単体気体の定圧比熱容量および定積比熱容量は 0.245 および 0.175 cal K^{-1} g^{-1} である．熱容量の比から，この気体分子を構成する原子数を推定せよ．

[†] 二原子分子は並進運動のほかに，単原子分子とはちがって**回転運動**も行っているから，温度を上げる，つまり分子の運動エネルギーを増加させるには，単原子分子よりも大きなエネルギーが必要である．

[考え方] (3.7) 式と (3.7a) 式の比，および，(3.8) 式と (3.8a) 式の比をとると，

$$\gamma(\text{単原子分子}) = 1.67 \tag{3.9}$$
$$\gamma(\text{二原子分子}) = 1.40 \tag{3.9a}$$

γ は定圧モル熱容量と定積モル熱容量の比（$= C_{p,m}/C_{V,m}$）

となる．それゆえ，γ のこの差を利用して気体分子の構成原子数を推定することができる[注]．なお，この問題ではモル熱容量 C ではなく比熱容量 c が与えられているが，両者は $C = Mc$（M はモル質量）の関係にあるから，c_p/c_v がそのまま γ となる．

[解] 定義により γ を求めると，

$$\gamma = \frac{C_{p,m}}{C_{V,m}} = \frac{c_p}{c_v} = \frac{0.245 \text{ cal K}^{-1} \text{g}^{-1}}{0.175 \text{ cal K}^{-1} \text{g}^{-1}} = 1.40$$

この値は (3.9a) 式を満足するから，この単体は二原子分子と推定される．

[注] この方法は気体分子の構成原子数を推定する有効な手段として，かつてはしばしば利用された．

3・2・3　実在気体の熱容量

単原子分子気体の熱容量の実測値は気体分子運動論から導かれる理論値 (3.7 式～3.7a 式) とよく一致するが，それ以外の気体では，実測値は理論値とかなり異なるうえ，温度によって変化する．そこで，実際に即した計算では次の実験式が使われる[†]．

$$C_{p,m} = a + bT + cT^2 \tag{3.10}$$

$C_{p,m}$ は定圧モル比熱，$a \sim c$ は定数，T は温度

いくつかの物質についての定数 $a \sim c$ を資料 3-1 にあげる．

定圧モル熱容量から定積モル熱容量を求めるには，与えられた気体を近似的に理想気体と見なせば，(3.6) 式を使うことができる．

[†] $C_{p,m} = a + bT + c/T^2$ という実験式もしばしば使われる．この式の定数 $a \sim c$ は (3.10) 式の定数（資料 3-1) とはもちろん別である．

資料 3-1　定圧モル熱容量と温度の関係式 $c_{p,m} = a + bT + cT^2$ の定数

物 質		a/J K^{-1} mol^{-1}	b/10^{-3}J K^{-2} mol^{-1}	c/10^{-7}J K^{-3} mol^{-1}
気 体	単原子分子	20.79	0	0
	H_2	29.07	-0.836	20.1
	N_2	27.30	5.23	-0.04
	O_2	25.72	12.98	-38.6
	Cl_2	31.70	10.14	-40.38
	CO	26.86	6.97	-8.20
	CO_2	26.00	43.5	-148.3
	H_2O	30.36	9.61	11.8
	NH_3	25.89	33.0	-30.5
	CH_4	14.15	75.5	-180
液 体	H_2O	75.29	0	0
固 体	Al	20.69	12.38	0
	Cu	22.64	6.28	0
	NaCl	45.94	16.32	0

―― 例題 3・4　実在気体の温度変化にともなう熱の出入り ――

　1 mol の酸素を定圧的に 273 K から 373 K まで加熱するときに系が吸収する熱，および系のエンタルピー変化を求めよ．

[考え方]　(3.10) 式を使うが，この式をあらかじめ次のように積分しておいた方が便利であろう．系のエンタルピー変化はいうまでもなく，系が定圧的に吸収する熱に等しい．

$$\Delta H_{T_1 \to T_2} = q_{p,m} = \int_{T_1}^{T_2} C_{p,m} dT$$
$$= a(T_2 - T_1) + \frac{b}{2}(T_2^2 - T_1^2) + \frac{c}{3}(T_2^3 - T_1^3) \tag{3.11}$$

　$\Delta H_{T_1 \to T_2}$ は気体 1 mol が温度 T_1 から T_2 まで定圧変化するときのエンタルピー変化 (= 系が吸収する熱 $q_{p,m}$)，$a \sim c$ は定数 (資料 3-1)

[解]　資料 3-1 の定数および与えられた温度を (3.11) 式に代入して

$$q_{p,m} = \Delta H_{T_1 \to T_2} = a(T_2 - T_1) + \frac{b}{2}(T_2^2 - T_1^2) + \frac{c}{3}(T_2^3 - T_1^3)$$

$$= 25.73 \text{ J K}^{-1} \text{mol}^{-1} \times (373 - 273) \text{ K}$$

$$+ \frac{12.98 \times 10^{-3} \text{ J K}^{-2} \text{mol}^{-1}}{2} \times (373^2 - 273^2) \text{K}^2$$

$$+ \frac{-38.6 \times 10^{-7} \text{ J K}^{-3} \text{mol}^{-1}}{3} \times (373^3 - 273^3) \text{K}^3$$

$$= 2.95 \text{ kJ mol}^{-1}$$

3・2・4 液体と固体の熱容量

液体と固体の熱容量は実在気体と同じく (3.10) 式で与えられる（定数は p. 39 の資料 3-1）ので，温度変化のさいに吸収する熱は例題 3・4 に準じて計算すればよい．具体例は練習編 A 3・2．

§ 3・3 相変化にともなう熱の出入り

液体が沸騰して気体になるときに系が外界から吸収する熱を**蒸発エンタルピー**または**蒸発熱**といい，記号 $\Delta_{vap}H$ で表わす．"蒸発エンタルピー"とよぶのは，沸騰という現象は定圧下でおこるので，吸収した熱のぶんだけ系のエンタルピーが増加するからである．同様に，固体が直接気体になるときに吸収する熱を**昇華エンタルピー**または**昇華熱**（記号，$\Delta_{sub}H$），固体が液体になるときのそれを**融解エンタルピー**または**融解熱**（記号，$\Delta_{fus}H$），固体間の転移，つまりひとつの固相から別の固相に（例えば，斜方硫黄から単斜硫黄に）転移するときのそれを**転移エンタルピー**または**転移熱**（記号，$\Delta_{trs}H$）という．

これらの相変化のさいに系が吸収する熱は，大部分が内部エネルギーとして蓄積され，一部が体積増加の仕事に使われる．その関係は (3.4) 式で与えられるが，$p\Delta V$ を $p(V_{II} - V_{I})$ と書きなおすと，次のようになる．

$$\Delta H = \Delta U + p(V_{II} - V_{I}) \tag{3.12}$$

ΔH は系が圧力 p のもとで相変化するときのエンタルピー変化（＝系が吸収する熱），ΔU は内部エネルギー変化，V_{I} および V_{II} は変化前後のモル体積

沸騰または昇華の場合は $V_{II} \gg V_{I}$ だから，V_{I} を省略し，気体の体積である V_{II} に $pV_{m} = RT$ の関係を適用すれば，

$$\Delta_{vap}H = \Delta U + pV_{II} = \Delta U + RT_{b} \tag{3.13}$$

$$\Delta_{sub}H = \Delta U + RT_{s} \tag{3.13 a}$$

$\Delta_{vap}H$ は蒸発エンタルピー，$\Delta_{sub}H$ は昇華エンタルピー，ΔU は内部エネルギーの増加，R は気体定数，T_{b} は沸点の温度，T_{s} は昇華点の温度

融解と転移の場合は，$V_{II} \gg V_{I}$ ではないから，このような省略はできない．厳密には (3.12) 式を使うことになるが，$(V_{II} - V_{I})$ は一般にかなり小

さいから，$\Delta H \approx \Delta U$ と見なしうる場合が少なくない（例題 3·6）．

例題 3·5　沸騰・昇華のさいのエンタルピー変化と内部エネルギー変化

373 K，1 atm における水のモル蒸発熱は 40.66 kJ mol^{-1} である．この条件下で 1 mol の水が水蒸気になるときのエンタルピー変化および内部エネルギー変化を求めよ．

[解]　与えられた蒸発熱が系のエンタルピーの増加である．すなわち，
$$\Delta_{\text{vap}} H = 40.66 \text{ kJ mol}^{-1}$$
内部エネルギー変化は，(3.13) 式により，
$$\Delta U = \Delta_{\text{vap}} H - RT_{\text{b}} = 40.66 \text{ kJ mol}^{-1} - 8.315 \text{ J K}^{-1} \text{ mol}^{-1} \times 373 \text{ K}$$
$$= 40.66 \text{ kJ mol}^{-1} - 3.101 \text{ kJ mol}^{-1}$$
$$= 37.56 \text{ kJ mol}^{-1}$$

例題 3·6　融解・転移のさいのエンタルピー変化と内部エネルギー変化

0 ℃，1 atm における氷のモル融解熱は 6.01 kJ mol^{-1}，氷および水の密度は 0.917 および 0.999 8 g cm^{-3} である．この条件下で 1 mol の氷が水になるときのエンタルピー変化および内部エネルギー変化を求めよ．

[考え方]　この変化には気体が含まれていないので，(3.12) 式の V_{I} は省略できない．

[解]　与えられた融解熱が系のエンタルピーの増加である．すなわち，
$$\Delta_{\text{fus}} H = 6.01 \text{ kJ mol}^{-1}$$
内部エネルギー変化を求めるために，まず (3.12) 式の $p(V_{\text{II}} - V_{\text{I}})$ を計算する．氷のモル体積は，$V_{\text{I}} = 18.016 \text{ g mol}^{-1} / 0.917 \text{ g cm}^{-3} = 19.6_5 \text{ cm}^3 \text{ mol}^{-1}$．水のモル体積は，$V_{\text{II}} = 18.016 \text{ g mol}^{-1} / 0.999 8 \text{ g cm}^{-3} = 18.02 \text{ cm}^3 \text{ mol}^{-1}$．ゆえに（エネルギー単位の換算は，例題 12.5），
$$p(V_{\text{II}} - V_{\text{I}}) = 1 \text{ atm} \times (18.02 - 19.6_5) \times 10^{-6} \text{ m}^3 \text{ mol}^{-1}$$
$$= 1.63 \times 10^{-6} \text{ m}^3 \text{ atm mol}^{-1} \times 1.013 \times 10^5 \text{ J (m}^3 \text{ atm)}^{-1}$$
$$= 0.17 \text{ J mol}^{-1}$$
(3.12) 式において $p(V_{\text{II}} - V_{\text{I}}) = 0.17 \times 10^{-3} \text{ kJ mol}^{-1}$ であり，この値は $\Delta_{\text{fus}} H = 6.01 \text{ kJ mol}^{-1}$ に比べてきわめて小さいから無視できる．ゆえに，
$$\Delta U = \Delta_{\text{fus}} H = 6.01 \text{ kJ mol}^{-1}$$

§ 3・4　化学変化にともなう熱の出入り
3・4・1　反応エンタルピーと定積反応熱

化学反応が定圧下でおこるとき，系が吸収する熱を**反応エンタルピー**または**定圧反応熱**といい，$\Delta_r H$ で表す．これに対し，反応が定積下でおこるとき系が吸収する熱を**定積反応熱**といい，$\Delta_r U$ で表す．系の内部エネルギーの増加は定積反応熱に等しい．反応エンタルピーと定積反応熱との間には，温度変化や相変化の場合と同じく，(3.4) 式と同じ関係が成立する．すなわち，

$$\Delta_r H = \Delta_r U + p\Delta V \tag{3.14}$$

$\Delta_r H$ は反応エンタルピー，$\Delta_r U$ は定積反応熱，p は圧力，ΔV は体積の増加

気体の発生または消失が伴わない反応では ΔV はきわめて小さいから，$\Delta_r H \approx \Delta_r U$，つまり，反応エンタルピーと定積反応熱は等しいと見なしてさし支えない．気体の発生または消失を伴う反応では，発生する気体の物質量を Δn_g とすると，(1.1) 式により $p\Delta V = \Delta n_g RT$ の関係があるから，(3.14) 式は次のようになる．

$$\Delta_r H = \Delta_r U + (\Delta n_g/\text{mol})RT \tag{3.15}$$

$\Delta_r H$ は反応エンタルピー，$\Delta_r U$ は定積反応熱，Δn_g は反応によって増加する気体の物質量，R は気体定数，T は温度

例題 3・7　反応エンタルピーと定積反応熱の関係

下式はナフタレンの燃焼反応の式である．298.15 K における反応エンタルピーから，同じ温度における定積反応熱を求めよ．

$$C_{10}H_8(s) + 12\,O_2(g) \rightarrow 10\,CO_2(g) + 4\,H_2O(l) \qquad \Delta_r H = -5\,157\,\text{kJ mol}^{-1}$$

[考え方]　化学式のあとのカッコ内の s，l および g は，それぞれの物質の状態が，固体，液体，および，気体，であることを示す[†]．この反応では反応物中の気体が O_2 の 12 mol であるのに対し，生成物中のそれは CO_2 の 10 mol だから，$\Delta n_g = -2$ mol である．

[†]　多形が存在する場合には，S(斜方)，S(単斜)，のように形態を記す．

[解] (3.15) 式により,

$$\Delta_r U = \Delta_r H - (\Delta n_g/\text{mol})RT$$
$$= -5\,157 \text{ kJ mol}^{-1} - (-2 \times 8.31 \text{ J K}^{-1}\text{ mol}^{-1} \times 298 \text{ K})$$
$$= -5\,157 \text{ kJ mol}^{-1} + 4.95 \text{ kJ mol}^{-1} = -5\,152 \text{ kJ mol}^{-1}$$

3・4・2 標準反応エンタルピー

反応エンタルピーはその反応がおこる温度,圧力によって異なる.そこで,反応物と生成物とがともに標準状態である場合のそれを**標準反応エンタルピー**(記号,$\Delta_r H^\ominus$)とし,これにもとづいて考察を行うことが多い.ここで,

　　物質の**標準状態**とは圧力 10^5 Pa ($= 1$ bar) における状態をいう.

温度の方は 298.15 K ($= 25°C$) とすることが多いが,そのように規定されているわけではない.したがって,データには原則として温度を併記する.

3・4・3 ヘスの法則

化学反応にともなう熱の出入りに関して,**ヘスの法則**または**総熱量不変の法則**とよばれる次の関係がある.すなわち,

　　化学反応において発生または吸収される熱は,その反応の前後の状態だけで決まり,途中の経路には無関係である.

この法則は熱力学第一法則を,エネルギーの一部である熱の場合に限定して述べたものにほかならない.

ヘスの法則を利用すると,直接測定が困難な反応エンタルピーを,既知の反応エンタルピーから計算によって求めることができる.

例題 3・8　ヘスの法則による未知の反応エンタルピーの求め方

下記の反応 ④ の標準反応エンタルピーを,反応 ① ~ ③ のデータから求めよ.データはすべて 298.15 K のものである.

C(黒鉛) $+ \frac{1}{2}O_2(g) \to CO(g)$	$\Delta_r H_1^\ominus = -110.53 \text{ kJ mol}^{-1}$	①
$H_2(g) + \frac{1}{2}O_2(g) \to H_2O(l)$	$\Delta_r H_2^\ominus = -285.83 \text{ kJ mol}^{-1}$	②
$H_2O(l) \to H_2O(g)$ [注①]	$\Delta_r H_3^\ominus = 44.02 \text{ kJ mol}^{-1}$	③
C(黒鉛) $+ H_2O(g) \to CO(g) + H_2(g)$		④

[考え方] 例えば，反応系 A から C に到達するのに次の 2 つの経路

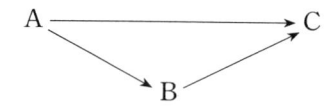

```
A ――――――→ C
  ↘       ↗
    → B
```

がある場合，反応式 A → B は反応式 A → C から B → C を引くことによって得られるが，反応 A → B のエンタルピー変化もまた，ヘスの法則から明らかなように，反応 A → C のエンタルピー変化から反応 B → C のそれを引いた値に等しい．この関係を一般化していえば，

> ある反応の化学反応式が複数の反応のそれらを足し引きすることによって得られる場合は，前者の反応エンタルピーは後者のそれらを同様の順序で足し引きすることによって得られる値に等しい．

本例題の $\Delta_r H_4$ を求めるには，与えられた $\Delta_r H_1 \sim \Delta_r H_3$ をこの原則にもとづいて適宜足し引きすればよい．化学反応式どうしの足し引きは，14·3·2 を参照．

[解] 与えられた反応式 ① ～ ③ について ① − ② − ③ の計算を行えば反応式 ④ が得られる[注②]．したがって，反応 ④ の標準反応エンタルピーは，ヘスの法則により，

$$\Delta_r H_4^\ominus = \Delta_r H_1^\ominus - \Delta_r H_2^\ominus - \Delta_r H_3^\ominus$$
$$= \{-110.53 - (-285.93) - 44.02\} \text{ kJ mol}^{-1} = 131.28 \text{ kJ mol}^{-1}$$

[注①] 反応式 ③ は化学反応式の形で書かれているが，蒸発という物理的変化を表わしている．$\Delta_r H_3^\ominus$ は水の標準蒸発エンタルピーにほかならない．

[注②] ①式 − ②式 − ③式を計算すると，$C + \frac{1}{2}O_2 - (H_2 + \frac{1}{2}O_2) - H_2O(l) \rightarrow CO - H_2O(l) - H_2O(g)$．これを整理すれば ④ 式が得られる．

3·4·4 生成エンタルピー

1 mol の物質が構成元素の単体から生じるときの反応エンタルピーを**生成エンタルピー**（記号，$\Delta_f H$）といい，反応物と生成物がともに標準状態にあるときのそれを**標準生成エンタルピー**という．単体の形態としては標準状態において最も安定なもの，すなわち，$H_2(g)$, $O_2(g)$, $N_2(g)$, $Cl_2(g)$, $F_2(g)$, $Br_2(l)$, $I_2(s)$, C(黒鉛), S(斜方), 等，を基準に選ぶ．標準生成エンタルピーはまた，"標準状態における最も安定な単体のエンタルピーを基準として（つまり，

0として）表わした，各物質の標準状態におけるエンタルピー"と定義することもできる（p. 46, 図 3-1 参照）．

前述のように，各物質のエンタルピーは絶対値を決めることはできない（3・1・3）．しかし，この標準生成エンタルピーは，それに代わる値として使うことができる．例えば，任意の反応の標準反応エンタルピーは，ヘスの法則にもとづいて次式で求めることができる．

$$\Delta_r H^\ominus = \sum \nu_i \Delta_f H_i^\ominus \tag{3.16}$$

$\Delta_r H^\ominus$ は標準反応エンタルピー，$\Delta_f H^\ominus$ は標準生成エンタルピー，ν は化学量論係数

ここで，**化学量論係数の符号の正負**は

化学量論係数 ν を $\sum$ 記号で計算するときは，生成物のそれを正，反応物のそれを負

と約束する．

いくつかの物質の標準生成エンタルピーのデータを資料 3-2 にあげる．標準生成エンタルピーが直接測定ができない物質のそれは，既知の反応エンタルピーの組み合わせから例題 3・8 に準じて求める（計算例は練習編 A 3・4）．

資料 3-2　標準生成エンタルピー $\Delta_f H^\ominus$（298.15 K）

物　質	$\Delta_f H^\ominus /\text{kJ mol}^{-1}$	物　質	$\Delta_f H^\ominus /\text{kJ mol}^{-1}$
AgCl(s)	-127.07	NO(g)	90.25
Al$_2$O$_3$(s)	-1675.7	NO$_2$(g)	33.18
C(ダイヤモンド)	1.8966	NaCl(s)	-411.15
CO(g)	-110.53	NaOH(s)	-425.61
CO$_2$(g)	-393.51	S(単斜)	0.33
CaO(s)	-635.09	SO$_2$(g)	-296.83
Fe$_2$O$_3$(s)	-824.2		
HBr(g)	-36.40	CH$_4$(g)	-74.81
HCl(g)	-92.31	CH$_3$OH(l)	-238.66
HI(g)	26.48	C$_2$H$_2$(g)	226.73
H$_2$O(g)	-241.84	C$_2$H$_4$(g)	52.26
H$_2$O(l)	-285.83	C$_2$H$_6$(g)	-84.68
H$_2$S(g)	-20.63	C$_2$H$_5$OH(l)	-277.69
H$_2$SO$_4$(l)	-813.99	CH$_3$COOH(l)	-484.5
Hg$_2$Cl$_2$(s)	-265.22	C$_3$H$_8$(g)	-103.85
KCl(s)	-436.75	C$_6$H$_6$(l)	49.0
NH$_3$(g)	-46.11		

例題 3·9　生成エンタルピーからの反応エンタルピーの求め方

次の反応の 298.15 K における標準反応エンタルピーを各物質の標準生成エンタルピーから求めよ．

$$C_2H_4(g) + 3\,O_2(g) \rightarrow 2\,CO_2(g) + 2\,H_2O(g)$$

[考え方]　標準反応エンタルピーと各物質の標準生成エンタルピーの関係を図 3-1 に示す．各物質の $\Delta_fH^\ominus$ は資料 3-2 (p. 45)，$O_2(g)$ のそれは 0 である．

[解]　(3.16) 式により

$$\Delta_rH^\ominus = 2\,\Delta_fH(CO_2)^\ominus + 2\,\Delta_fH(H_2O, g)^\ominus - \Delta_fH(C_2H_4)^\ominus - 3\,\Delta_fH(O_2)^\ominus$$
$$= \{2 \times (-393.51) + 2 \times (-241.84) - 52.26 - 0\}\,\text{kJ mol}^{-1}$$
$$= -1\,322.96\,\text{kJ mol}^{-1}$$

3·4·5　いろいろな反応エンタルピー

反応エンタルピーには反応の種類によっていろいろな名称が付けられている．以下，しばしば出てくる名称を（物理的変化に属するものを含めて）紹介する．これら各種のエンタルピーに関する問題は練習編 B 3·2 ～ 3·4 で取りあげる．

燃焼エンタルピー（定圧燃焼熱とよばれることもある）．――1 mol の物質が完全に酸化されるときの反応エンタルピー．反応物に含まれる C は $CO_2(g)$，H は $H_2O(l)$，N は $N_2(g)$ に変化するものとする．

中和エンタルピー．――1 mol の酸と 1 mol の塩基（酸および塩基としての 1 mol．例えば，硫酸なら

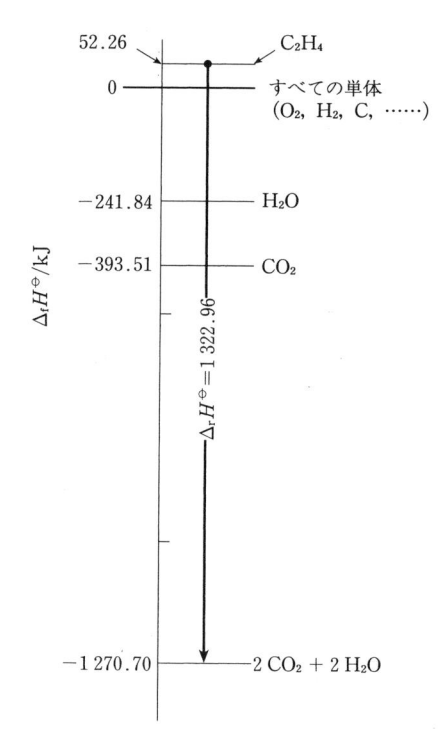

図 3-1　Δ_fH と Δ_rH の関係の説明図
（例題 3·9 の場合）

ば，1 mol の $\frac{1}{2}\mathrm{H_2SO_4}$．§14・2 参照) が中和するときのエンタルピー変化．

溶解エンタルピー．―― 1 mol の物質が一定量の溶媒に溶けるときのエンタルピー変化．溶媒の量によって値が変わるから，溶媒量を記す必要がある．記載がない場合は，無限大量（それ以上の溶媒を加えてもエンタルピー変化がおこらないほど大きな量）の溶媒を加えた場合を指すことが多い．

希釈エンタルピー．―― 1 mol の溶質を含む溶液に一定量または無限大量の溶媒を加えるときのエンタルピー変化．

電離エンタルピー．―― 1 mol の電解質が完全に電離するときのエンタルピー変化．

結合解離エンタルピー．―― §11・2 に述べる（p. 158）．

図 3-2 $\Delta_\mathrm{r}H$ の温度変化の説明図

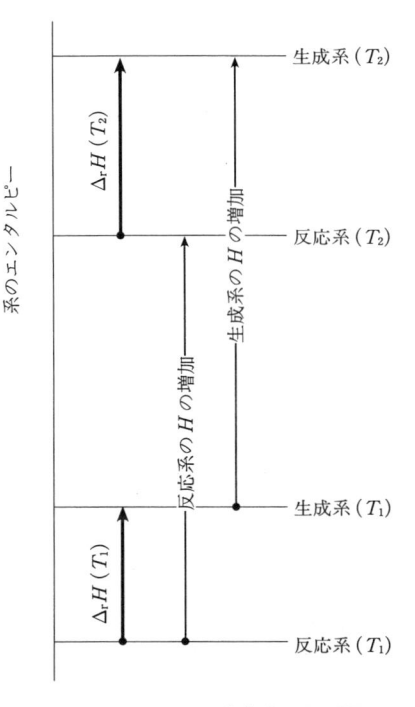

$\Delta_\mathrm{r}H(T_2) - \Delta_\mathrm{r}H(T_1) =$ 生成系の H の増加 $-$ 反応系の H の増加 $= \sum(\nu \times$ 各物質の H の増加)

3・4・6 反応エンタルピーの温度変化

各物質のエンタルピーは温度によって変化するから，生成物のエンタルピーと反応物のエンタルピーとの差である反応エンタルピーもまた温度によって変化する．2つの温度における反応エンタルピーの間には，図 3-2 の説明図に示すように次の関係がある．

$$\Delta_\mathrm{r}H(T_2) - \Delta_\mathrm{r}H(T_1) = \sum \nu_i \Delta H_{T_1 \to T_2, i} \tag{3.17}$$

$\Delta_\mathrm{r}H$ は各温度における反応エンタルピー，ν は化学量論係数（生成物が正，反応物が負），$\Delta H_{T_1 \to T_2}$ は温度が T_1 から T_2 まで変化するときの各物質のエンタルピー変化

上式の $\Delta H_{T_1 \to T_2}$ は (3.11) 式で求めることができる．

―― 例題 3・10　温度変化にともなう反応エンタルピーの変化 ――

$NH_3(g)$ の標準生成エンタルピー（資料 3-2）と反応に関連する各物質のモル熱容量データ（資料 3-1）とを使って，$NH_3(g)$ の標準生成エンタルピーを温度の関数として表わし，また，750 K における標準生成エンタルピーを求めよ．

[考え方]　(3.17) 式の右辺は，(3.11) 式を適用すると次のように変形できる．このような形にしたうえで $\Sigma \nu_i a_i$ などをあらかじめ求めておくと，あとの計算に便利であろう．すなわち，

$$\Sigma \nu_i \Delta H_{T_1 \to T_2, i} = (T_2 - T_1) \Sigma \nu_i a_i + (T_2{}^2 - T_1{}^2) \frac{\Sigma \nu_i b_i}{2} + (T_2{}^3 - T_1{}^3) \frac{\Sigma \nu_i c_i}{3}$$
(3.18)

$a \sim c$ は (3.10) 式の定数，他の記号は (3.17) 式に同じ

[解]　NH_3 の生成反応は $\frac{1}{2} N_2 + \frac{3}{2} H_2 \to NH_3$．この式の ν と資料 3-1 (p.39) の $a \sim c$ のデータから，(3.18) 式の $\Sigma \nu_i a_i$ などを求めると，

$$\begin{aligned}
\Sigma \nu_i a_i &= a(NH_3) - \frac{1}{2} a(N_2) - \frac{3}{2} a(H_2) \\
&= (25.89 - \frac{1}{2} \times 27.30 - \frac{3}{2} \times 29.07) \, J\,K^{-1}\,mol^{-1} \\
&= -31.36_5 \, J\,K^{-1}\,mol^{-1}
\end{aligned}$$

$\Sigma \nu_i b_i = 31.6_4 \times 10^{-3} \, J\,K^{-2}\,mol^{-1}$

$\Sigma \nu_i c_i = -60.6_3 \times 10^{-7} \, J\,K^{-3}\,mol^{-1}$

(3.17)，(3.18) 両式を組み合わせ，$\Delta_r H = \Delta_f H^\ominus$，$T_2 = T$ とおいて整理すると，

$$\begin{aligned}
\Delta_f H(T)^\ominus &= \Delta_f H(T_1)^\ominus + (T_2 - T_1) \Sigma \nu_i a_i \\
&\quad + (T_2{}^2 - T_1{}^2) \frac{\Sigma \nu_i b_i}{2} + (T_2{}^3 - T_1{}^3) \frac{\Sigma \nu_i c_i}{3} \\
&= \Delta_f H(T_1)^\ominus - \left(T_1 \Sigma \nu_i a_i + T_1{}^2 \frac{\Sigma \nu_i b_i}{2} + T_1{}^3 \frac{\Sigma \nu_i c_i}{3} \right) \\
&\quad + \left(T \Sigma \nu_i a_i + T^2 \frac{\Sigma \nu_i b_i}{2} + T^3 \frac{\Sigma \nu_i c_i}{3} \right)
\end{aligned}$$

右辺第 2 項を $T_1 = 298.15 \, K$ とおいて計算すると次のようになる．

$$T_1 \Sigma \nu_i a_i + T_1{}^2 \frac{\Sigma \nu_i b_i}{2} + T_1{}^3 \frac{\Sigma \nu_i c_i}{3}$$

$$
\begin{aligned}
&= \Big\{298.15 \times (-31.36_5) + (298.15)^2 \times \frac{31.6_4 \times 10^{-3}}{2} \\
&\quad + (298.15)^3 \times \Big(\frac{-60.6_3 \times 10^{-7}}{3}\Big)\Big\} \text{ J mol}^{-1} \\
&= -7.99_9 \times 10^3 \text{ J mol}^{-1}
\end{aligned}
$$

したがって，生成エンタルピーと温度の関係式は

$$
\begin{aligned}
\Delta_f H(T)^\ominus &= -46.11 \text{ kJ mol}^{-1} - (-7.99_9 \text{ kJ mol}^{-1}) \\
&\quad + \Big(T\Sigma\nu_i a_i + T^2\frac{\Sigma\nu_i b_i}{2} + T^3\frac{\Sigma\nu_i c_i}{3}\Big) \\
&= (-38.11 - 3.137 \times 10^{-2}\, T/\text{K} + 1.58 \times 10^{-5}\, T^2/\text{K}^2 \\
&\quad - 2.02 \times 10^{-9}\, T^3/\text{K}^2)\text{ kJ mol}^{-1}
\end{aligned}
$$

750 K における標準生成エンタルピーは，この式に $T = 750$ K を代入して，

$$\Delta_f H(750 \text{ K})^\ominus = -53.60 \text{ kJ mol}^{-1}$$

4章 熱力学

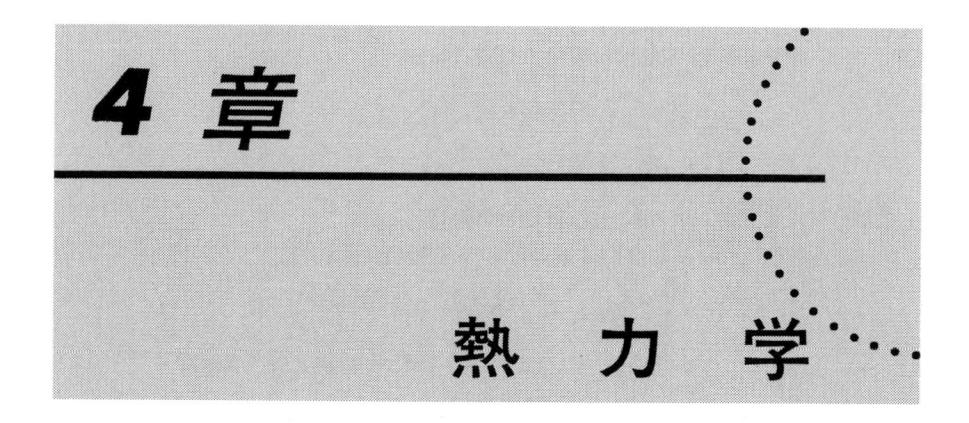

§4・1 エントロピー変化

4・1・1 熱力学第二法則

孤立系では内部エネルギーはつねに一定不変，つまり $\Delta U = 0$ である（3・1・2. 熱力学第一法則）が，この系の内部で自発的な変化がおこると，系内の"エントロピー"とよばれる物理量はかならず増大する．すなわち，

> 孤立系で自発的な変化がおこるとエントロピーはかならず増大する

あるいは，式に書いて，

$$\Delta S_{\text{tot}} > 0 \tag{4.1}$$

S_{tot} は孤立系のすべての部分のエントロピーの和

この経験法則を**熱力学第二法則**（または**エントロピー増大の法則**）という．

エントロピーにはいろいろな定義がある[†]が，本章では次の熱力学的な定義をもとにして考察を進める．すなわち，ある系が可逆的に熱を吸収するときに

$$dS = \frac{dq_{\text{rev}}}{dT} \tag{4.2}$$

dS はエントロピー変化，dq_{rev} は系が可逆的に吸収する熱，T は温度で与えられる物理量 S をエントロピーと定義する．エントロピーのSI単位は，熱容量と同じく J K^{-1} である．

[†] エントロピーの統計的な定義は，$S = k \ln W$．k は**ボルツマン定数**（$= R/N_{\text{A}}$），W は系のミクロな状態の数，である．系の状態が無秩序になればなるほど W は増加し，したがって S が増加する．つまり，この定義によれば，エントロピー S は系の"無秩序さ"の尺度である．

系が不可逆的に熱を吸収するときのエントロピーの増加は，同じ量の熱を可逆的に吸収した場合よりも大きい．すなわち，

$$dS > \frac{dq_{irr}}{dT} \tag{4.3}$$

dq_{irr} は系が不可逆的に吸収する熱，他の記号は (4.2) 式に同じ

4・1・2　理想気体の定温体積変化にともなうエントロピー変化

系が一定温度のもとで可逆的に熱を吸収する場合，(4.2) 式は次のように書くことができる．

$$\Delta S = \frac{\Delta q_{rev}}{T} \tag{4.4}$$

ΔS はエントロピー変化，Δq_{rev} は系が可逆的に吸収する熱，T は温度

物質量 n の理想気体の体積が温度 T において V_1 から V_2 まで変化する（圧力は p_1 から p_2 まで変化する）ときに，系が外界に対してする仕事は

$$-w = \int_{V_1}^{V_2} p\,dV = nRT \int_{V_1}^{V_2} \frac{dV}{V} = nRT \ln\frac{V_2}{V_1} = nRT \ln\frac{p_1}{p_2} \qquad ①$$

で与えられる[†]．系が一定温度を保つためには，系は外界に対してした仕事 $-w$ に等しい熱を吸収しなければならないから，(4.4) 式の Δq_{rev} は①式の $-w$ に等しい．ゆえに，①式を T で割って，

$$\Delta S = nR \ln\frac{V_2}{V_1} = nR \ln\frac{p_1}{p_2} \tag{4.5}$$

ΔS はエントロピー変化，n は物質量，R は気体定数，V_1, V_2 および p_1, p_2 は変化前後における体積および圧力

例題 4・1　理想気体の定温体積変化にともなうエントロピー変化

0℃，10 atm の理想気体 0.5 mol を圧力が 1 atm になるまで定温可逆的に膨張させた．このときのエントロピー変化を求めよ．

[解]　(4.5) 式により，

$$\Delta S = nR \ln\frac{p_1}{p_2} = 0.5\,\text{mol} \times 8.315\,\text{J K}^{-1}\,\text{mol}^{-1} \times \ln 10 = 9.57\,\text{J K}^{-1}$$

[†] 系が圧力 p にさからって dV だけ膨張するとき，外界に対してする仕事は $p\,dV$．この系は理想気体だから，(1.1) 式により $p = nRT/V$，つまり $p\,dV = nRT\,dV/V$ となる．また，温度が一定だから，(1.4) 式により $V_2/V_1 = p_1/p_2$．

―― 例題 4・2　混合エントロピーの求め方 ――

0 ℃，1 atm において，1 mol の理想気体 A と 3 mol の理想気体 B を混合した．このときのエントロピー変化を求めよ．

[考え方]　気体 A，B を混合すれば両方とも膨張するから，両方ともエントロピーが増加する．A，B それぞれの膨張に伴う ΔS を (4.5) 式で求めて合計すれば，それが混合という不可逆過程によるエントロピーの増加，つまり**混合エントロピー**である．計算には次のような式を導いておくと便利であろう．すなわち，A および B の混合前の体積を V_A および V_B とすれば，混合後の体積は $V_A + V_B$. 混合による A のエントロピーの増加は，(4.5) 式により $\Delta S_A = n_A R \ln\{(V_A + V_B)/V_A\}$. B も同様．したがって，系全体のエントロピーの増加は，

$$\Delta_{mix}S = \Delta S_A + \Delta S_B = R\left(n_A \ln\frac{V_A + V_B}{V_A} + n_B \ln\frac{V_A + V_B}{V_B}\right)$$

式中の $V_A/(V_A + V_B)$ などは体積分率であり，(1.7) 式により物質量分率 y_A などに等しいから，

$$\Delta_{mix}S = -R(n_A \ln y_A + n_B \ln y_B) \tag{4.6}$$

$\Delta_{mix}S$ は混合エントロピー，R は気体定数，n および y は成分気体 A，B の物質量および物質量分率

[解]　(4.6) 式により，

$$\begin{aligned}\Delta_{mix}S &= -R(n_A \ln y_A + n_B \ln y_B) \\ &= -8.315 \,\text{J K}^{-1}\,\text{mol}^{-1} \times \left(1\,\text{mol} \times \ln\frac{1}{4} + 3\,\text{mol} \times \ln\frac{3}{4}\right) \\ &= 18.7 \,\text{J K}^{-1}\end{aligned}$$

4・1・3　相変化にともなうエントロピー変化

純物質の相変化が定圧下でおこるときは，変化が始まってから終わるまで温度は一定である．したがって，相変化にともなうエントロピー変化は (4.4) 式で求めることができる．

―― 例題 4・3　相変化にともなうエントロピー変化 ――

373.15 K，1 atm で $H_2O(l)$ が沸騰するときのエントロピー変化を求めよ．この温度における $H_2O(l)$ の標準蒸発エンタルピーは $40.66\,\mathrm{kJ\,mol^{-1}}$ である．

[解]　(4.4) 式により，
$$\Delta S = \frac{\Delta q_{rev}}{T} = \frac{\Delta_{vap} H}{T} = \frac{40.66 \times 10^3\,\mathrm{J\,mol^{-1}}}{373.15\,\mathrm{K}} = 109.0\,\mathrm{J\,K^{-1}\,mol^{-1}}$$

―― 例題 4・4　相変化のさいの外界のエントロピー変化 ――

例題 4・3 の相変化のさい，外界の温度が 378.15 K で一定であったとして，外界のエントロピー変化を求めよ．

[考え方]　前例題とは逆に外界のエントロピーを求める問題である．外界に関しては，$\Delta q = -40.66 \times 10^3\,\mathrm{J\,mol^{-1}}$ となる．

[解]　(4.4) 式により，
$$\Delta S = \frac{\Delta q}{T} = \frac{-40.66 \times 10^3\,\mathrm{J\,mol^{-1}}}{378.15\,\mathrm{K}} = -107.5\,\mathrm{J\,K^{-1}\,mol^{-1}}$$

[注]　378.15 K の外界から 373.15 K の水に熱が移るのは不可逆過程だから，(4.3) 式により，系のエントロピーは増加するはずである．しかし，上の計算にみるように外界のエントロピーは減少した．このような結果がおこるのは"外界"が孤立系ではない（外界から水に熱が移動した）からであって，熱力学第二法則と矛盾するわけではない．水プラス外界をひとつの系と考えれば，これは孤立系であり（系内部では熱が移動するが全体としては $\Delta q = 0$)，次の計算

$$\Delta S_{tot} = \Delta S(水) + \Delta S(外界) = 1.5\,\mathrm{J\,K^{-1}\,mol^{-1}} > 0$$

から明らかなように，(4.1) 式の関係は満たされている．

4・1・4　トルートンの規則

多くの液体の沸点の温度と蒸発エンタルピーとの間には次の関係がある．

$$\frac{\Delta_{vap} H}{T_b} \approx 85\,\mathrm{J\,K^{-1}\,mol^{-1}} \tag{4.7}$$

$\Delta_{vap}H$ は蒸発エンタルピー，T_b は沸点の温度

この関係を**トルートンの規則**という．ただし，ヘリウムや水素のような沸点が

非常に低い液体では $\Delta_{vap}H/T_b$ は $85\,\mathrm{J\,K^{-1}\,mol^{-1}}$ よりもかなり小さく,水やエタノールのような水素結合によって会合している液体ではかなり大きく,どちらもこの規則は当てはまらない.

なお,$\Delta_{vap}H/T_b$ は,エントロピーの定義から明らかなように,蒸発のさいのエントロピー変化,つまり**蒸発エントロピー**にほかならない.

例題 4・5　沸点からの蒸発エンタルピーの推定

臭素の沸点は $59\,°\mathrm{C}$ である.蒸発エンタルピーを推定せよ[注].

[**解**]　(4.7) 式により,

$$\Delta_{vap}H \approx 85\,\mathrm{J\,K^{-1}\,mol^{-1}} \times T_b = 85\,\mathrm{J\,K^{-1}\,mol^{-1}} \times 332\,\mathrm{K} = 28\,\mathrm{kJ\,mol^{-1}}$$

[**注**]　実測値は,$29.45\,\mathrm{kJ\,mol^{-1}}$.

4・1・5　温度変化にともなうエントロピー変化

系の温度が変化するさいのエントロピー変化を求めるには,(4.2) 式を $dq_{rev} = C dT$ とおいて積分した次の式を使う.

$$\Delta S_{T_1 \to T_2} = \int_{T_1}^{T_2} C \frac{dT}{T} \tag{4.8}$$

ΔS は系の温度が T_1 から T_2 まで変化するときのエントロピー変化,C は系の熱容量

熱容量 C が温度に無関係に一定な場合は,(4.8) 式は次のようになる.

$$\Delta S_{T_1 \to T_2} = C \ln \frac{T_2}{T_1} \tag{4.8a}$$

記号は (4.8) 式に同じ

例題 4・6　温度変化にともなうエントロピー変化

1 mol の酸素を定圧下で $273\,\mathrm{K}$ から $773\,\mathrm{K}$ まで加熱した.(1) 理想気体と仮定してエントロピー変化を求めよ.(2) 熱容量の実験式(3.10 式)を使ってエントロピー変化を求めよ.

[**考え方**]　(1) は,(3.8a) 式の $C_{p,m} = \frac{7}{2}R$ を使う.この $C_{p,m}$ は温度に関係なく一定だから (4.8a) 式で計算すればよい.(2) は,(3.10) 式の $C_{p,m}$ が温度の関数だから (4.8) 式で計算する.

[**解**]　(1)　二原子分子理想気体の熱容量は (3.8a) 式により $C_{p,m} = \frac{7}{2}R$.

これを (4.8a) 式の C に代入して,

$$\Delta S = C \ln\frac{T_2}{T_1} = \frac{7}{2} R \ln\frac{T_2}{T_1} = \frac{7}{2} \times 8.315 \text{ J K}^{-1} \text{ mol}^{-1} \times \ln\frac{773 \text{ K}}{273 \text{ K}}$$

$$= 30.3 \text{ J K}^{-1} \text{ mol}^{-1}$$

(2) (4.8) 式の C に (3.10) 式の $C_{p,m} = a + bT + cT^2$ を代入する. 定数 $a \sim c$ は資料 3-1 (p. 39) により,

$$\Delta S = \int_{T_1}^{T_2} C \frac{\mathrm{d}T}{T} = \int_{T_1}^{T_2} \frac{a + bT + cT^2}{T} \mathrm{d}T$$

$$= a \ln\frac{T_2}{T_1} + b(T_2 - T_1) + \frac{c}{2}(T_2{}^2 - T_1{}^2)$$

$$= 25.72 \text{ J K}^{-1} \text{ mol}^{-1} \times \ln\frac{773 \text{ K}}{273 \text{ K}}$$

$$+ 12.98 \times 10^{-3} \text{ J K}^{-2} \text{ mol}^{-1} \times (773 - 273)\text{K}$$

$$- \frac{38.6 \times 10^{-7} \text{ J K}^{-3} \text{ mol}^{-1}}{2} \times (773^2 - 273^2)\text{K}^2$$

$$= 32.3 \text{ J K}^{-1} \text{ mol}^{-1}$$

§ 4・2　第三法則エントロピー

エントロピーは，内部エネルギーやエンタルピーとはちがって，絶対値を決めることができる．**熱力学第三法則**によれば,

　　0 K における純物質の結晶のエントロピーは 0 である．

したがって，各物質の 0 K から任意の温度までの，温度変化と相変化にともなうエントロピーの増加を測定すれば，その和がその温度におけるエントロピーとなる．この値を**第三法則エントロピー**といい（たんに"エントロピー"ということが多い），標準状態（10^5 Pa = 1 bar）における第三法則エントロピーを**標準第三法則エントロピー**または**標準エントロピー**という．資料 4-1 (p. 56) にいくつかの物質の標準エントロピー $S^\ominus$ をあげる．

任意の反応におけるエントロピー変化（**反応エントロピー**という）は，反応に関与する各物質の第三法則エントロピーから求めることができる．すなわち

$$\Delta_r S^\ominus = \sum \nu_i S^\ominus{}_i \tag{4.9}$$

$\Delta_r S^\ominus$ は標準反応エントロピー，ν は化学量論係数（生成物を正, 反応物を負．3・4・4），$S^\ominus$ は標準エントロピー

資料 4-1　標準第三法則エントロピー $S^{\ominus}$ と標準生成ギブズエネルギー $\Delta_f G^{\ominus}$
（いずれも 298.15K）

物　質	$\dfrac{S^{\ominus}}{\mathrm{J\,K^{-1}\,mol^{-1}}}$	$\dfrac{\Delta G_f^{\ominus}}{\mathrm{kJ\,mol^{-1}}}$	物　質	$\dfrac{S^{\ominus}}{\mathrm{J\,K^{-1}\,mol^{-1}}}$	$\dfrac{\Delta G_f^{\ominus}}{\mathrm{kJ\,mol^{-1}}}$
Ag(s)	42.55	0	K(s)	64.18	0
AgCl(s)	96.2	−109.79	KCl(s)	82.59	−409.14
Al(s)	28.33	0	N_2(g)	191.61	0
Al_2O_3(s)	50.92	−1582.3	NH_3(g)	192.45	−16.45
C(黒鉛)	5.74	0	NO(g)	210.76	86.55
C(ダイアモンド)	2.38	2.90	NO_2(g)	240.06	51.31
CO(g)	197.69	−137.17	Na(s)	51.21	0
CO_2(g)	213.74	−394.36	NaCl(s)	72.13	−384.14
Ca(s)	41.42	0	NaOH(s)	64.46	−379.49
CaO(s)	39.75	−604.03	O_2(g)	205.14	0
Cl_2(g)	223.07	0	S(斜方)	31.80	0
Fe(s)	27.28	0	S(単斜)	32.6	0.10
Fe_2O_3(s)	87.40	−742.2	SO_2(g)	248.22	−300.19
H_2(g)	130.69	0	CH_4(g)	186.26	−50.72
HBr(g)	198.70	−53.45	CH_3OH(l)	126.8	−166.27
HCl(g)	186.91	−95.30	C_2H_2(g)	200.44	209.20
HI(g)	206.59	1.70	C_2H_4(g)	219.56	68.15
H_2O(g)	188.83	−228.57	C_2H_6(g)	229.60	−32.82
H_2O(l)	69.91	−237.13	C_2H_5OH(l)	160.7	−174.78
H_2S(g)	205.79	−33.56	CH_3COOH(l)	159.8	−389.9
H_2SO_4(l)	156.90	−690.00	C_3H_8(g)	269.91	−23.49
Hg(l)	76.02	0	C_6H_6(l)	124.3	173.3
Hg_2Cl_2(s)	192.5	−210.75			

この式は，生成エンタルピーから反応エンタルピーを求める (3.16) 式と同形である．

例題 4・7　標準反応エントロピーの求め方

反応 $\mathrm{Fe(s)} + \dfrac{3}{4}\mathrm{O_2(g)} \rightarrow \dfrac{1}{2}\mathrm{Fe_2O_3(s)}$ の 298.15 K における標準反応エントロピーを，各物質の標準エントロピーから求めよ．

[解]　(4.9) 式に資料 4-1 の $S^{\ominus}$ データを代入して，

$$\Delta S^{\ominus} = \dfrac{1}{2} S(\mathrm{Fe_2O_3})^{\ominus} - S(\mathrm{Fe})^{\ominus} - \dfrac{3}{4} S(\mathrm{O_2})^{\ominus}$$

$$= \left(\dfrac{1}{2} \times 87.40 - 27.28 - \dfrac{3}{4} \times 205.14\right) \mathrm{J\,K^{-1}\,mol^{-1}}$$

$$= -137.44\ \mathrm{J\,K^{-1}\,mol^{-1}}$$

───── 例題 4・8　化学反応のさいの外界のエントロピー変化 ─────
　前例題の反応の標準反応エンタルピーは $\Delta_r H^\ominus (298.15\,\text{K}) = -412.1$ kJ mol^{-1} である．この反応にともなう外界のエントロピー変化を求めよ．

[考え方]　反応系が出す熱，つまり外界が受ける熱は，$-\Delta_r H^\ominus = 412.1$ kJ mol^{-1}．これを (4.4) 式の Δq に代入する．例題 4・4 参照．

[解]　(4.4) 式により，

$$\Delta S = \frac{\Delta q}{T} = \frac{412.1\,\text{kJ mol}^{-1}}{298.15\,\text{K}} = 1\,382\,\text{J K}^{-1}\,\text{mol}^{-1}$$

[注]　鉄を空気中に放置するとさびが進行し，もとには戻らない．つまり，反応 Fe(s) + $\frac{3}{4}$O$_2$(g) → $\frac{1}{2}$Fe$_2$O$_3$(s) は常温常圧において自発的かつ不可逆的に進行する．しかし，例題 4・7 で見たように，この反応の $\Delta_r S$ は負であった．不可逆変化でありながらエントロピーが減少することは一見熱力学第二法則に反するようであるが，それはこの反応系が孤立系でないからであり，反応系と外界を合わせた全体（孤立系である）を考えればエントロピーは増加する（$\Delta S_{\text{tot}} = 1\,382.2$ J K^{-1} -137.4 J K^{-1} = 1\,245 J K^{-1} > 0）．つまり，孤立系で不可逆変化が起こるときは $\Delta S_{\text{tot}} > 0$ であるという，(4.1) 式の熱力学第二法則は満たされているわけである．以上は一例にすぎないが，反応が自発的に進行するときは，反応系と外界を合わせた全体のエントロピー変化はつねに正（$\Delta S_{\text{tot}} > 0$）になる．例題 4・4 [注] 参照．

§ 4・3　ギブズエネルギー

4・3・1　ギブズエネルギーとエントロピーの関係

　例題 4・8 [注] に述べたように，反応が自発的に進行するときは，反応系と外界を合わせた全体のエントロピー変化は正（$\Delta S_{\text{tot}} > 0$）となる．この関係を逆に使えば，ある反応が定温定圧で進行しうるか否かを ΔS_{tot} の正負から推定することが可能になる（$\Delta S_{\text{tot}} > 0$ である反応は進行しうる）．
　ここで，次式で定義される**反応ギブズエネルギー**という量

$$\Delta_r G = \Delta_r H - T\Delta_r S \tag{4.10}$$

$\Delta_r G$ は反応ギブズエネルギー，$\Delta_r H$ は反応エンタルピー，T は温度，

$\Delta_r S$ は反応エントロピー

を導入すると，$\Delta_r G$ と ΔS_{tot} は正負の符号が逆になる[†1]から，**反応の進行**に関して次のようにまとめることができる．

定圧下で反応が自発的に進行しうる[†2]条件は $\Delta_r G < 0$ である．反応ギブズエネルギー $\Delta_r G < 0$ の反応を**発エルゴン反応**，$\Delta_r G > 0$ の反応を**吸エルゴン反応**という．

なお，**ギブズエネルギー**とは，

$$G = H - TS \tag{4.11}$$

G はギブズエネルギー，H はエンタルピー，T は温度，S はエントロピー

で定義される量であり，**ギブズ関数**，**ギブズの自由エネルギー**ともよばれる．ある変化が定温でおこるとき，その変化にともなうギブズエネルギー変化は，

$$\Delta G = \Delta H - T\Delta S \tag{4.12}$$

ΔG はギブズエネルギー変化，ΔH はエンタルピー変化，T は温度，ΔS はエントロピー変化

で与えられる．(4.10) 式は (4.12) 式の特殊な形にほかならない．

───**例題 4・9** エンタルピーとエントロピーとギブズエネルギーの関係

反応 $CH_4(g) + 2\,O_2(g) \to CO_2(g) + 2\,H_2O(l)$ の 298.15 K における標準反応エンタルピーおよび標準反応エントロピーは $-890.4\,\text{kJ mol}^{-1}$ および $-243.0\,\text{J K}^{-1}\,\text{mol}^{-1}$ である．標準反応ギブズエネルギーを求めよ．

[解] (4.10) 式により，

$$\begin{aligned}\Delta_r G^\ominus &= \Delta_r H^\ominus - T\Delta_r S^\ominus \\ &= -890.4\,\text{kJ mol}^{-1} - 298.15\,\text{K} \times (-243.0 \times 10^{-3}\,\text{kJ K}^{-1}\,\text{mol}^{-1}) \\ &= -817.9\,\text{kJ mol}^{-1}\end{aligned}$$

[†1] 反応エンタルピーを $\Delta_r H$，反応エントロピーを $\Delta_r S$ とすると，反応のさいに外界が受ける熱は $-\Delta_r H$ だから，外界のエントロピー変化は $-\Delta_r H/T$，反応系と外界のエントロピー変化の合計は $\Delta_r S - \Delta_r H/T$ となる．$\Delta S_{tot} = \Delta_r S - \Delta_r H/T > 0$ の関係が成立するためには，$T\Delta_r S - \Delta_r H > 0$，ゆえに $\Delta_r G = \Delta_r H - T\Delta_r S < 0$ でなければならない．

[†2] $\Delta_r G < 0$ であっても反応が無条件で進行するわけではない．$\Delta_r G$ の正負から判定できるのは，進行しうるか否かの可能性だけである．§8・4．

4・3・2 生成ギブズエネルギー

化合物 1 mol が構成元素の単体（標準状態において最も安定な形態のもの）から生じるときの反応ギブズエネルギーを**生成ギブズエネルギー**（記号，$\Delta_f G$）といい，反応物と生成物がともに標準状態にあるときのそれを**標準生成ギブズエネルギー**という．反応エンタルピー $\Delta_r H$ に対する生成エンタルピー $\Delta_f H$ と同様の関係である（3・4・4）．いくつかの物質の標準生成ギブズエネルギーを資料 4-1 (p. 56) にあげる．

反応ギブズエネルギーと生成ギブズエネルギーとの間には (3.16) 式と同形の次の式が成立する．

$$\Delta_r G^\ominus = \sum \nu_i \Delta_f G_i^\ominus \tag{4.13}$$

$\Delta_r G^\ominus$ は標準反応ギブズエネルギー，ν は化学量論係数（生成物が正，反応物が負），$\Delta_f G^\ominus$ は標準生成ギブズエネルギー

例題 4・10 生成ギブズエネルギーからの反応ギブズエネルギーの求め方

反応 $CH_4(g) + 2\,O_2(g) \rightarrow CO_2(g) + 2\,H_2O(l)$ の 298.15 K における標準反応ギブズエネルギーを，各物質の標準生成ギブズエネルギーから求めよ．

[**解**] 資料 4-1 (p. 56) のデータを (4.13) 式に代入して，

$$\begin{aligned}\Delta_r G^\ominus &= \Delta_f G(CO_2)^\ominus + 2\,\Delta_f G(H_2O, l)^\ominus - \Delta_f G(CH_4)^\ominus - 2\,\Delta_f G(O_2)^\ominus \\ &= \{-394.36 + 2 \times (-237.13) - (-50.72) - 0\}\,\text{kJ mol}^{-1} \\ &= -817.90\,\text{kJ mol}^{-1}\end{aligned}$$

5章 化学平衡

§5・1 質量作用の法則

5・1・1 平衡定数と平衡混合物の組成

化学反応式のどちらの辺から出発しても進行できる反応を**可逆反応**という．反応が可逆的であることを示すには記号 ⇄ を使って，次のように書く．

$$\nu_A A + \nu_B B + \cdots \rightleftarrows \nu_L L + \nu_M M + \cdots \tag{5.1}$$

ν は化学量論係数

ここで，→ 方向の反応を**正反応**，その逆の，← 方向の反応を**逆反応**という．

可逆反応は左右どちらの側から出発しても，やがて正反応の速さと逆反応の速さが等しくなり，見かけ上反応が停止した状態に達する．この状態を**化学平衡**という．系が平衡にあることを示すには，記号 ⇄ を ⇌ に代えて，

$$\nu_A A + \nu_B B + \cdots \rightleftharpoons \nu_L L + \nu_M M + \cdots \tag{5.1a}$$

のように記す．

化学平衡にある系では，各成分の濃度の間に次式の関係が成立する．すなわち，

$$\frac{c_L{}^{\nu_L} c_M{}^{\nu_M} \cdots}{c_A{}^{\nu_A} c_B{}^{\nu_B} \cdots} = K_c \tag{5.2}$$

c および ν は各成分の物質量濃度および化学量論係数，K_c は濃度平衡定数

この関係を**質量作用の法則**といい，この式の定数 K_c を**濃度平衡定数**という．平衡定数は（濃度平衡定数にかぎらず，後述の質量モル濃度平衡定数や圧平衡

定数も）各反応に固有の定数であり，温度によって変化する（5・3・1）．

化学平衡はまた，(5.2) 式の物質量濃度のかわりに質量モル濃度を使って，次のように表わすこともある．

$$\frac{b_L{}^{\nu_L} b_M{}^{\nu_M} \cdots\cdots}{b_A{}^{\nu_A} b_B{}^{\nu_B} \cdots\cdots} = K_b \tag{5.3}$$

b および ν は各成分の質量モル濃度および化学量論係数，K_b は**質量モル濃度平衡定数**

(5.2)〜(5.3) 式の関係が厳密に成立するのは濃度が低い場合だけである．この関係が広い濃度範囲で成立するようにするには，物質量濃度や質量モル濃度の代わりに活量[†]を使う必要がある．

---- **例題 5・1 平衡混合物の組成からの平衡定数の求め方** ----

アセナフテン（Aと記す）とトリニトロベンゼン（Bと記す）は四塩化炭素中で化合物ABをつくる．A，Bの濃度がともに $0.200 \text{ mol dm}^{-3}$ である溶液を 20 ℃に放置したところ，それぞれの 27.8% が AB になったところで平衡に達した．平衡定数を求めよ．

[解] 与えられた平衡は，$A + B \rightleftharpoons AB$．したがって，(5.1a) 式と対比させると，$\nu_A = \nu_B = 1$，$\nu_L = \nu_{AB} = 1$．また，(5.2) 式において，$c_A = c_B = 0.722 \times 0.200 \text{ mol dm}^{-3}$，$c_{AB} = 0.278 \times 0.200 \text{ mol dm}^{-3}$．ゆえに，

$$K_c = \frac{c_L{}^{\nu_L}}{c_A{}^{\nu_A} c_B{}^{\nu_B}} = \frac{c_{AB}}{c_A c_B} = \frac{0.278 \times 0.200 \text{ mol dm}^{-3}}{(0.722 \times 0.200 \text{ mol dm}^{-3})^2} = 2.67 \text{ dm}^3 \text{ mol}^{-1}$$

[注] 平衡定数の単位は (5.2)〜(5.3) 式から明らかなように，濃度（圧平衡定数の場合は，圧力）の $\sum \nu$ 乗（$\sum \nu =$ "生成物の化学量論係数の和" − "反応物の化学量論係数の和"．3・4・4）である．この例題では $\sum \nu = 1 - 2 = -1$ だから，K_c の単位は $(\text{mol dm}^{-3})^{-1}$，つまり $\text{dm}^3 \text{mol}^{-1}$ であるが，次の例題では $\sum \nu = 2 - 2 = 0$ だから K_c は単位をもたない．このように，$\sum \nu$ の異なる反応では平衡定数の単位が違う．また，同じ反応でも反応式の書き方によって $\sum \nu$ が変われば，平衡定数の単位が違ってくる（練習編 A 5・2）．

[†] 活量とは，いわば "実効濃度" である．詳しくは，§7・3 参照．活量 a を使うときは，質量作用の法則の式は次のようになる．

$$\frac{a_L{}^{\nu_L} a_M{}^{\nu_M} \cdots\cdots}{a_A{}^{\nu_A} a_B{}^{\nu_B} \cdots\cdots} = K_a$$

─── 例題 5・2 平衡定数からの平衡混合物の組成の推定 ───

可逆反応 $CH_3COOH + C_2H_5OH \rightleftarrows CH_3COOC_2H_5 + H_2O$ (AcOH + EtOH $\rightleftarrows$ AcOEt + H_2O と略記する) の，ある温度における濃度平衡定数は 3.92 である．2 mol の AcOH と 1 mol の EtOH を混合して，平衡に達するまでこの温度に放置したとき，どれだけの AcOEt が生成するか．

[解] 平衡混合物の体積を V，生成した AcOEt の物質量を n とすると，混合物中の AcOH，EtOH，AcOEt および H_2O の濃度は，$(2\,\text{mol} - n)/V$，$(1\,\text{mol} - n)/V$，n/V および n/V．これらを (5.2) 式に代入して，

$$K_c = \frac{c(\text{AcOEt})\,c(\text{H}_2\text{O})}{c(\text{AcOH})\,c(\text{EtOH})} = \frac{(n/V)^2}{\{(2\,\text{mol}-n)/V\}\{(1\,\text{mol}-n)/V\}} = 3.92$$

両辺の逆数をとって整理すると，

$$\frac{(2\,\text{mol}-n)(1\,\text{mol}-n)}{n^2} = 0.255\,1$$

これを解いて，

$n = 3.18\,\text{mol}$，または，$0.843\,\text{mol}$

前者は題意に合わないから捨てる．ゆえに，AcOEt の生成量は，

$n = 0.843\,\text{mol}$

─── 例題 5・3 濃度変化にともなう平衡の移動 ───

例題 5・2 の平衡混合物にさらに 1 mol の H_2O を加えたのち，ふたたび平衡に達するまで同じ温度に保った．AcOEt の量はどう変化するか．

[考え方] 可逆反応は反応のどちら側から出発しても，また反応のどの点から出発しても，平衡に達したときの混合物の組成は変わらない．この例題も，"平衡混合物にさらに 1 mol の H_2O を加える" と考えて計算するよりも，"2 mol の AcOH + 1 mol の EtOH + 1 mol の H_2O" を出発点として AcOEt の生成量を求める方が解きやすい．

[解] 生成した AcOEt の物質量を n' として，平衡混合物中の各成分の濃度を (5.2) 式に代入すると，

$$\frac{c(\text{AcOEt})\,c(\text{H}_2\text{O})}{c(\text{AcOH})\,c(\text{EtOH})} = \frac{(n'/V)\{n'(1\,\text{mol}+n')/V\}}{\{(2\,\text{mol}-n')/V\}\{(1\,\text{mol}-n')/V\}} = 3.92$$

これを前例題に準じて解くと，

$$n' = 0.740 \text{ mol}$$

前例題では $n = 0.843$ mol だったから,

$$n' - n = 0.740 \text{ mol} - 0.843 \text{ mol} = -0.103 \text{ mol}$$

つまり,AcOEt は 0.103 mol 減少した.

5・1・2 気相化学平衡

気相における化学平衡は濃度の代わりに分圧で表わすことが多い.すなわち,

$$\frac{p_L{}^{\nu_L} p_M{}^{\nu_M} \cdots}{p_A{}^{\nu_A} p_B{}^{\nu_B} \cdots} = K_p \tag{5.4}$$

p および ν は各成分の分圧および化学量論係数,K_p は**圧平衡定数**

この式の関係が完全に成立するのは理想気体についてだけであり,実在気体では,厳密には分圧のかわりに**フガシティー**[1]を使う必要がある.ただし,低圧においては,多くの気体では分圧とフガシティーとがほぼ等しくなるから,(5.4) 式をそのまま使ってもさし支えない.

例題 5・4　圧平衡定数と平衡混合物の組成の関係

N_2 と H_2 の 1:3 (物質量比) 混合物を触媒存在下で 50.0 atm, 620 K に保ったところ,NH_3 の物質量分率が 0.230 になったところで平衡に達した.反応 $N_2 + 3H_2 \rightleftarrows 2NH_3$ の圧平衡定数を求めよ.

[**解**] 平衡混合物中の NH_3 の物質量分率を y とすると,N_2 および H_2 のそれは,$y(N_2) = (1-y)/4$,$y(H_2) = 3(1-y)/4$.各成分の分圧は (1.10) 式により物質量分率 y と全圧 p の積で与えられるから,(5.4) 式は次のようになる.

$$K_p = \frac{p(NH_3)^2}{p(N_2)\, p(H_2)^3} = \frac{y(NH_3)^2 p^2}{y(N_2) p \, y(H_2)^3 p^3} = \frac{4^4 \times y^2}{3^3 \times (1-y)^4} \frac{1}{p^2}$$

この式に,$y = 0.230$,$p = 50.0$ atm を代入して,

$$K_p = \frac{4^4 \times 0.230^2}{3^3 \times (1-0.230)^4 \times (50 \text{ atm})^2} = 5.71 \times 10^{-4} \text{ atm}^{-2}$$

---
[1] フガシティーとは,いわば"実効圧力"であり,圧力と同じ単位をもつ.フガシティーを f,圧力を p で表すとき,$f = \phi p$ で定義される ϕ を**フガシティー係数**という.フガシティー係数は同一の気体でも温度,圧力によって異なる.

―― 例題 5·5　圧力変化にともなう平衡の移動 ――
　例題 5·4 の平衡混合物を温度を変えずに 250 atm に加圧した．平衡混合物中の NH_3 の物質量分率はどう変化するか．

[解]　前例題で導いた式に $p = 250$ atm を代入し，NH_3 の新しい物質量分率を y' とおくと，

$$\frac{4^4 \times y'^2}{3^3 \times (1-y')^4} \frac{1}{(250 \text{ atm})^2} = 5.71 \times 10^{-4} \text{ atm}^{-2}$$

これを解いて，

$$y' = 2.02, \text{ または, } y' = 0.495$$

前者は題意に合わないから捨てる．前例題では $y = 0.230$ だったから，

$$y' - y = 0.495 - 0.230 = 0.265$$

つまり，NH_3 の物質量分率は 0.265 増加した．

―― 例題 5·6　圧平衡定数と濃度平衡定数の関係 ――
　例題 5·4 で得られた反応 $N_2 + 3H_2 \rightleftarrows 2NH_3$ の 620 K における圧平衡定数 5.71×10^{-4} atm^{-2} を濃度平衡定数になおせ．

[考え方]　各成分気体を理想気体と見なすと，(1.1) 式により，分圧 p と物質量濃度 c との間には $p = (n/V)RT = cRT$ という関係がある．この p を (5.4) 式に代入すれば，K_p と K_c の関係式が得られる．すなわち，

$$K_p = \frac{p_L{}^{\nu_L} p_M{}^{\nu_M} \cdots}{p_A{}^{\nu_A} p_B{}^{\nu_B} \cdots} = \frac{(c_L RT)^{\nu_L}(c_M RT)^{\nu_M} \cdots}{(c_A RT)^{\nu_A}(c_B RT)^{\nu_B} \cdots} = K_c (RT)^{\Sigma \nu} \quad (5.5)$$

　K_p は圧平衡定数，K_c は濃度平衡定数，R は気体定数，T は温度，ν は化学量論係数（生成物が正，反応物が負）

[解]　(5.5) 式において，$\Sigma \nu = 2 - 1 - 3 = -2$．ゆえに，

$$K_c = K_p (RT)^{-\Sigma \nu} = 5.71 \times 10^{-4} \text{ atm}^{-2} \times (8.206 \times 10^{-5} \text{ m}^3 \text{ atm K}^{-1} \text{ mol}^{-1} \times 620 \text{ K})^2$$

$$= 1.48 \times 10^{-6} \text{ m}^6 \text{ mol}^{-2} = 1.48 \text{ dm}^6 \text{ mol}^{-2}$$

5·1·3　互いに関連のある反応の平衡定数の関係

　ある可逆反応の反応式が複数の反応式の組み合わせによって導ける場合 (14·3·2)，前者の平衡定数は後者の平衡定数から求めることができる．この方法を使えば，測定困難な平衡定数を計算で求めることがしばしば可能になる．

───── 例題 5・7 既知の平衡定数の組合せによる未知の平衡定数の求め方 ─────
反応 ①, ② の 1120 ℃ における平衡定数は下記のとおりである.これを利用して, 同じ温度における反応 ③ の圧平衡定数 $K_{p,3}$ を求めよ.

$CO_2 + H_2 \rightleftarrows CO + H_2O$　　　$K_{p,1} = 2.0$　　　　　　　　　①
$2CO_2 \rightleftarrows 2CO + O_2$　　　　　$K_{p,2} = 1.4 \times 10^{-12}$ atm　　②
$2H_2O \rightleftarrows 2H_2 + O_2$　　　　　$K_{p,3}$　　　　　　　　　　　　③

[**考え方**]　まず (5.4) 式を利用して, 反応 ③ の平衡定数を $K_{p,1}$ と $K_{p,2}$ の組み合せとして表わしてみる[注].

[**解**]　反応 ③ に (5.4) 式を適用し, その分子と分母に $p(CO)^2 p(CO_2)^2$ を掛けると,

$$K_{p,3} = \frac{p(H_2)^2 \, p(O_2)}{p(H_2O)^2} = \frac{p(CO_2)^2 \, p(H_2)^2}{p(CO)^2 p(H_2O)^2} \cdot \frac{p(CO)^2 \, p(O_2)}{p(CO_2)^2} = \frac{1}{K_{p,1}{}^2} K_{p,2}$$

この式の $K_{p,1}$ および $K_{p,2}$ に与えられたデータを代入して,

$$K_{p,3} = \frac{K_{p,2}}{K_{p,1}{}^2} = \frac{1.4 \times 10^{-12} \text{ atm}}{(2.0)^2} = 3.5 \times 10^{-13} \text{ atm}$$

[**注**]　本例題では, 与えられた各反応式の間に ② − 2×① = ③ という関係があった.この場合は, 平衡定数の関係は $K_2/K_1{}^2 = K_3$ となる.反応式の関係がもし, 例えば ① + 3×② = ③ ならば, 平衡定数の関係は $K_1 K_2{}^3 = K_3$ となる.

5・1・4　不均一系化学平衡

気相と固相からなる**不均一系**の化学平衡に (5.4) 式を適用する場合には, 固相成分の気相における分圧（つまり, 固体の蒸気圧）は固相の量に関係なく一定だから, 式から除外できる[†].気相と液相からなる不均一系の場合も同様である.

液相と固相からなる不均一系の平衡に (5.2)〜(5.3) 式を適用する場合も, 固相成分の液相における濃度（つまり, 固体の溶解度）は除外して, 液相成分の濃度だけを考慮すればよい.

[†] 例えば, $A(g) \rightleftarrows L(g) + M(s)$ という不均一系化学平衡に (5.4) 式をそのまま適用すると, $p_L p_M / p_A = K_p$ となる.しかし, p_M は固相成分 M の蒸気圧にほかならず, 固相の量の多少にかかわらず温度が一定ならば一定である.そこで, 一定値どうしの比である K_p/p_M を新たな平衡定数と見なせば, p_M を除外した p_L と p_A との間に (5.4) 式の関係 $p_L/p_A = K_p$ が成立する.

───── 例題 5・8　不均一系の平衡定数と平衡混合物の組成の関係 ─────
　可逆反応 $CO_2(g) + C(黒鉛) \rightleftarrows 2\,CO(g)$ が 1 000 ℃ で平衡に達したとき，CO および CO_2 の分圧は 7.80×10^4 および 3.15×10^4 Pa であった．平衡定数を求めよ．また，CO の分圧が 7.80×10^3 Pa のときの，CO_2 の分圧を求めよ．

[考え方]　C(黒鉛)は固体だから除外し，CO_2 と CO の分圧について (5.4) 式を適用する．

[解]　平衡定数は，(5.4) 式により，

$$K_p = \frac{p(CO)^2}{p(CO_2)} = \frac{(7.80 \times 10^4\,\text{Pa})^2}{3.15 \times 10^4\,\text{Pa}} = 1.93_1 \times 10^5\,\text{Pa} = 1.93 \times 10^5\,\text{Pa}$$

第 2 の平衡における CO_2 の分圧は，上で求めた K_p を用いて，

$$p(CO_2) = \frac{p(CO)^2}{K_p} = \frac{(7.80 \times 10^3\,\text{Pa})^2}{1.93_1 \times 10^5\,\text{Pa}} = 315\,\text{Pa}$$

───── 例題 5・9　不均一系化学平衡の成立のため必要な固相成分の量 ─────
　可逆反応 $2\,NaHCO_3(s) \rightleftarrows Na_2CO_3(s) + H_2O(g) + CO_2(g)$ の 100 ℃ における平衡定数は 0.23 atm^2 である．この温度で全圧 1 atm の湿った CO_2 を流して $NaHCO_3$ の分解を防ぐには，どの程度の水蒸気を含ませればよいか．

[考え方]　与えられた不均一系化学平衡に (5.4) 式を適用すると，

$$p(H_2O)\,p(CO_2) = K_p = 0.23\,\text{atm}^2$$

したがって，気相中の H_2O と CO_2 の分圧の積が 0.23 atm^2 以下のときは，それが 0.23 atm^2 に達するまで $NaHCO_3(s)$ の分解が続く．$NaHCO_3$ の分解を防ぐには，$p(H_2O)$ と $p(CO_2)$ の積を 0.23 atm^2 またはそれ以上に保てばよい．

[解]　H_2O の分圧を p とすると，CO_2 のそれは，$1\,\text{atm} - p$．ゆえに，反応が分解方向に進まないための条件は，

$$p(H_2O)\,p(CO_2) = p(1\,\text{atm} - p) \geqq 0.23\,\text{atm}^2$$

これを解いて，

$$0.36\,\text{atm} \leqq p(H_2O) \leqq 0.64\,\text{atm}$$

つまり，$NaHCO_3$ の分解を防ぐには，H_2O の分圧を 0.34〜0.64 atm の範囲

に，言いかえれば，H_2O のモル分率を 0.34〜0.64 の範囲に保つ必要がある．

§5・2　平衡定数とギブズエネルギー変化

4・3・1に述べたように，反応が自発的に進行しうる条件は $\Delta_r G < 0$ だから，ある反応が進行しうるか否かは，大ざっぱにいえば，標準反応ギブズエネルギー $\Delta_r G^\ominus$ の正負から推定が可能である．しかし，$\Delta_r G^\ominus$ の絶対値が小さな場合には反応の途中で $\Delta G = 0$ の状態になり，反応はそれ以上進まなくなる．これが化学平衡である．

標準反応ギブズエネルギーと平衡定数の間には次の関係がある．

$$\Delta_r G^\ominus = -RT \ln K^\ominus \tag{5.6}$$

$\Delta_r G^\ominus$ は標準反応ギブズエネルギー，R は気体定数，T は温度，$K^\ominus$ は熱力学的平衡定数

この式の**熱力学的平衡定数**[†1]と圧平衡定数の関係は次のとおりである．

$$K^\ominus = \frac{(p_L/p^\ominus)^{\nu_L}(p_M/p^\ominus)^{\nu_M}\cdots}{(p_A/p^\ominus)^{\nu_A}(p_B/p^\ominus)^{\nu_B}\cdots} = \frac{K_p}{(p^\ominus)^{\Sigma\nu}} \tag{5.7}$$

$K^\ominus$ は熱力学的平衡定数，p は分圧[†2]，$p^\ominus$ は標準圧力 ($= 10^5$ Pa)，K_p は圧平衡定数，ν は化学量論係数（生成物は正，反応物は負）

圧平衡定数 K_p が "圧力の $\Sigma\nu$ 乗" という単位をもつ（例題 5・1［注］）のに対し，熱力学的平衡定数 $K^\ominus$ は単位をもたない．

(5.7) 式から明らかなように，熱力学的平衡定数 $K^\ominus$ は "10^5 Pa を単位として表わした圧平衡定数 K_p の数値部分" である．そして，10^5 Pa は 101 325 Pa = 1 atm とほぼ等しいから，"atm を単位として表わした圧平衡定数 K_p の数値部分" を $K^\ominus$ の代わりに使っても，たいていの場合はさし支えない．

―― 例題 5・10　**標準反応ギブズエネルギーと平衡定数の関係** ――

気相反応 $N_2O_4 \rightleftarrows 2\,NO_2$ の 298.15 K における標準反応ギブズエネルギーは 4.73 kJ mol^{-1} である．この温度における圧平衡定数を求めよ．

[†1] 熱力学的平衡定数の定義は，$K^\ominus = \exp(-\Delta_r G^\ominus/RT)$．(5.6) 式はこの定義の形を変えた表現にほかならない．

[†2] 厳密には，分圧ではなくフガシティー (p. 63 脚注) を使う．しかし，低圧ではたいていの場合分圧を使ってもさし支えない．

[解] (5.6) 式により，

$$K^{\ominus} = \exp\left(-\frac{\Delta_r G^{\ominus}}{RT}\right) = \exp\left(-\frac{4.73\times10^3\,\text{J mol}^{-1}}{8.315\,\text{J K}^{-1}\,\text{mol}^{-1}\times 298.15\,\text{K}}\right) = 0.148$$

(5.7) 式において，$\sum \nu = 2-1 = 1$ だから，

$$K_p = K^{\ominus}(p^{\ominus})^{\Sigma\nu} = 0.148\times(10^5\,\text{Pa}) = 1.48\times 10^4\,\text{Pa}$$

§ 5·3　平衡定数の温度による変化

5·3·1　平衡定数の温度変化と反応エンタルピー

平衡定数の温度変化と反応エンタルピーの関係式は，前節の (5.6) 式から導くことができる．すなわち，(5.6) 式を変形して，

$$\ln K^{\ominus} = -\frac{\Delta_r G^{\ominus}}{RT}$$

この $\Delta_r G^{\ominus}$ に (4.10) 式の関係 $\Delta_r G^{\ominus} = \Delta_r H^{\ominus} + T\Delta_r S^{\ominus}$ を代入したうえ，$\Delta_r S^{\ominus}$ を定数と見なして $\Delta_r S^{\ominus}/R = C$ とおけば，

$$\ln K^{\ominus} = -\frac{\Delta_r H^{\ominus}}{RT} + C \tag{5.8}$$

> $K^{\ominus}$ は熱力学的平衡定数，$\Delta_r H^{\ominus}$ は標準反応エンタルピー，R は気体定数，T は温度，C は定数

これを**ファントホッフの平衡式**という[†]．平衡定数と温度との関係はこの式から明らかなように，$\Delta_r H^{\ominus} > 0$（吸熱反応）の場合には温度の上昇とともに $K^{\ominus}$ は増加し，$\Delta_r H^{\ominus} < 0$（発熱反応）の場合には減少する．

なお，(5.8) 式の $\Delta_r H^{\ominus}$ は温度の関数であるが，その変化は一般に大きくないので，温度範囲があまり広くない場合には定数として扱ってもさし支えはない．

例題 5·11　平衡定数の温度変化と反応エンタルピーの関係

五酸化リン蒸気の解離反応 $PCl_5 \rightleftarrows PCl_3 + Cl_2$ の 520 K における圧平衡定数は 1.78 atm である．600 K における圧平衡定数を求めよ．標準反応エンタルピーは 87.9 kJ mol^{-1} である．

[†] ファントホッフの平衡式は，普通は (5.8) 式を T で微分した次の形で示される．

$$\frac{d\ln K^{\ominus}}{dT} = \frac{\Delta_r H^{\ominus}}{RT^2}$$

[考え方] 異なる 2 つの温度における平衡定数を扱うのだから, (5.8) 式から次の式を導いておくとよい[注].

$$\ln \frac{K(T_2)^\ominus}{K(T_1)^\ominus} = -\frac{\Delta_r H^\ominus}{R}\left(\frac{1}{T_2} - \frac{1}{T_1}\right) \tag{5.9}$$

$K^\ominus$ は温度 T_1 および T_2 における熱力学的平衡定数, $\Delta_r H^\ominus$ は標準反応エンタルピー, R は気体定数
$K^\ominus(T_1)$ には $T_1 = 520\,\text{K}$ における K_p の数値部分 1.78 を代入する.

[解] (5.9) 式において, $T_1 = 520\,\text{K}$, $T_2 = 600\,\text{K}$. ゆえに,

$$K(T_2)^\ominus = K(T_1)^\ominus \exp\left\{-\frac{\Delta_r H^\ominus}{R}\left(\frac{1}{T_2} - \frac{1}{T_1}\right)\right\}$$

$$= 1.78 \times \exp\left\{-\frac{87.9 \times 10^3\,\text{J mol}^{-1}}{8.31\,\text{J K}^{-1}\,\text{mol}^{-1}}\left(\frac{1}{600\,\text{K}} - \frac{1}{520\,\text{K}}\right)\right\} = 27$$

600 K における圧平衡定数は

$$K_p(T_2) = 27\,\text{atm}$$

[注] T_1 のときの平衡定数を $K(T_1)^\ominus$, T_2 のときのそれを $K(T_2)^\ominus$ とすると, (5.8) 式から次の 2 式が得られ,

$$\ln K(T_1)^\ominus = -\frac{\Delta_r H^\ominus}{RT_1} + C, \quad \ln K(T_2)^\ominus = -\frac{\Delta_r H^\ominus}{RT_2} + C$$

第 2 式から第 1 式を引けば, (5.9) 式が得られる.

例題 5・12　平衡定数の温度変化と反応エンタルピーの関係

下表はある反応の平衡定数 K_p と温度 θ の関係である. この温度範囲における標準反応エンタルピーを求めよ.

$\theta/°\text{C}$	600	650	700	750	800
K_p/Torr	2.35	8.20	25.3	68.0	168.0

[考え方] 温度範囲があまり広くない場合は $\Delta_r H$ は定数と見なせるから, (5.8) 式から明らかなように, $\ln K^\ominus$ を T^{-1} に対してプロットすれば直線が得られ, その傾きは $-\Delta_r H^\ominus/R$ に等しいから, 傾きから $\Delta_r H^\ominus$ を求められる. $K^\ominus$ の値としては, 与えられた K_p の数値部分をそのまま使ってさし支えない[注①].

[解] 与えられたデータから絶対温度の逆数 T^{-1} と $\ln(K_p/\text{Torr})$ を計算すると,

$T^{-1}/10^{-4}\,{\rm K}^{-1}$	11.4₅	10.8₃	10.2₈	9.77	9.32
$\ln(K_p/{\rm Torr})$	0.85	2.10	3.23	4.22	5.12

これをプロットすると，下図が得られる[注②]．直線の傾きから，

$$\frac{-3.94}{2\times 10^{-4}\,{\rm K}^{-1}} = -1.97\times 10^4\,{\rm K} = -\frac{\Delta_{\rm r}H^{\ominus}}{R}$$

$$\Delta_{\rm r}H^{\ominus} = 1.97\times 10^4\,{\rm K} \times R = 1.97\times 10^4\,{\rm K} \times 8.315\,{\rm J\,K^{-1}\,mol^{-1}}$$

$$= 164\,{\rm kJ\,mol^{-1}}$$

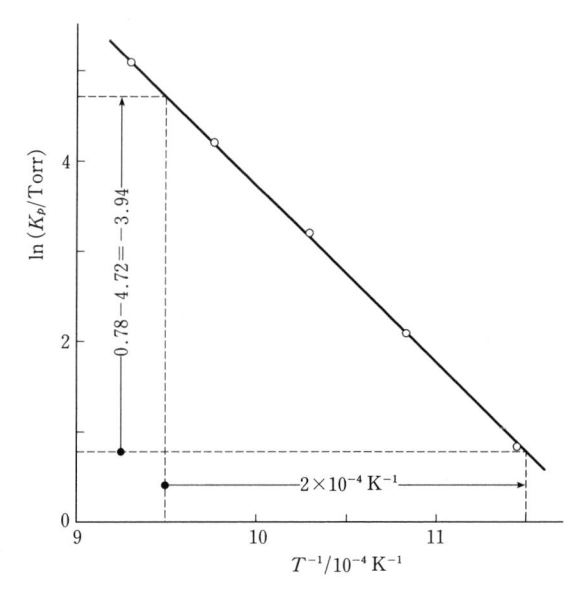

[注①] この例題は直線の傾きを求めることが骨子だから，$K^{\ominus}$ の代わりにそれに比例する数を使っても同じ結果が得られる．なぜならば，$K^{\ominus}$ の代わりにそれに比例する数 $K(= K^{\ominus} \times k)$ を使った場合，$\ln K = \ln K^{\ominus} + \ln k$ だから，直線は平行移動するだけで，傾きは変わらない．

[注②] 一連の測定値 (x_i, y_i) から式 $y = ax + b$ の定数の最も適切な値を求めるには，$\sum(ax_i + b - y_i)^2$ が最小になるように a, b を決めればよい．この方法を**最小二乗法**という．最小二乗法の計算は筆算だと面倒だが，コンピュータを使えば大した手間はかからない．詳しくは成書を参照のこと．なお，(5.8)式と上式の対応は，$y = \ln K^{\ominus}$, $x = T^{-1}$, $a = -\Delta_{\rm r}H^{\ominus}/R$, $b = C$ である．

5・3・2 蒸気圧の温度変化と蒸発エンタルピー・昇華エンタルピー

液体または固体の物質 X をあらかじめ真空にしてある容器に入れると，はじめは蒸発をするが，やがて液相または固相と気相（蒸気）との間に平衡

$$X(l, \text{ または s}) \rightleftharpoons X(g)$$

が成立し，それ以上蒸発をしなくなる．このときの気相の圧力 p を **飽和蒸気圧**，または略して，**蒸気圧**という．

上の平衡は不均一系平衡だから，これに (5.4) 式の質量作用の法則を適用するときは気相の圧力だけを考慮すればよい (5・1・4)．圧平衡定数は $K_p = p$ となる．したがって，熱力学的平衡定数は，(5.7) 式により $K^\ominus = p/p^\ominus$．これを (5.8) 式に代入し，反応エンタルピーを蒸発エンタルピーおよび昇華エンタルピーで置きかえると，次の各式が得られる．

$$\ln(p/p^\ominus) = -\frac{\Delta_{\text{vap}}H}{RT} + C \tag{5.10}$$

$$\ln(p/p^\ominus) = -\frac{\Delta_{\text{sub}}H}{RT} + C \tag{5.10 a}$$

p は蒸気圧，$p^\ominus$ は標準圧力($= 10^5$ Pa)，$\Delta_{\text{vap}}H$ は蒸発エンタルピー，$\Delta_{\text{sub}}H$ は昇華エンタルピー，R は気体定数，T は温度，C は定数

これらは蒸気圧の温度変化を示す式であり，**クラウジウス・クラペイロンの式** とよばれている[†]．

これらの式は，(5.8) 式から (5.9) 式が導かれたように，次のように変形することができる．

$$\ln \frac{p(T_2)}{p(T_1)} = -\frac{\Delta_{\text{vap}}H}{R}\left(\frac{1}{T_2} - \frac{1}{T_1}\right) \tag{5.11}$$

[†] クラウジウス・クラペイロンの関係は普通は次の式

$$\frac{dp}{dT} = \frac{\Delta H}{T(V_{m,\text{II}} - V_{m,\text{I}})}$$

ただし，$V_{m,\text{I}}$ および $V_{m,\text{II}}$ は変化前および変化後のモル体積，で示される．変化後の状態が気体ならば $V_{m,\text{II}} \gg V_{m,\text{I}}$ だから，これを理想気体と見なせば，$V_{m,\text{II}} - V_{m,\text{I}} \approx V_{m,\text{II}} = RT/p$．したがって，上の式は

$$\frac{1}{p}\frac{dp}{dT} = \frac{\Delta H}{RT^2}$$

となり，これを積分すれば，(5.10)～(5.10 a) 式になる．

$$\ln \frac{p(T_2)}{p(T_1)} = -\frac{\Delta_{\text{sub}}H}{R}\left(\frac{1}{T_2} - \frac{1}{T_1}\right) \tag{5.11 a}$$

p は温度 T_1 および T_2 における蒸気圧，他の記号は (5.10) に同じ

本項の各式は前項の各式と同型だから，同様に扱うことができる．具体例は練習編 B 5·6 で取りあげる．

§ 5·4　ルシャトリエの原理

平衡状態にある系において，平衡を決めている条件，つまり濃度，圧力，温度などに変化がおこると，平衡は移動する．このことについては，例題 5·3, 5·5, および 5·11 で定量的に扱った．しかし，平衡が移動する方向だけならば，それらの各例題のような計算をしなくても，次の**ルシャトリエの原理**（**平衡移動の法則**ともいう）によって容易に推定することができる．

> 平衡にある系において条件のひとつが変化すると，平衡は，その変化によって生じる影響をなるべく小さくする方向に移動する．

これを，個々の条件の変化に即して具体的にいえば，

> ① 系を構成するある成分の濃度（または分圧）を上げると，平衡はその成分の濃度（分圧）を下げようとする方向に移動する．
> ② 系の全圧を上げると，平衡は全圧を下げようとする方向に移動する．
> ③ 系の温度を上げると，平衡は温度を下げようとする方向に移動する．すなわち，発熱反応（$\Delta_r H > 0$）ならば左，吸熱反応（$\Delta_r H < 0$）ならば右に移動する．

例題 5·13　ルシャトリエの原理による平衡の移動の判定

平衡状態にある以下の各混合物にカッコ内の変化を与えると，平衡はどちらの方向に移動するか[注]．

(1)　$CH_3COOH(l) + C_2H_5OH(l) \rightleftharpoons CH_3COOC_2H_5(l) + H_2O(l)$　（H_2O を添加）
(2)　$N_2(g) + 3H_2(g) \rightleftharpoons 2NH_3(g)$　（圧縮）
(3)　$PCl_5(g) \rightleftharpoons PCl_3(g) + Cl_2(g)$, $\Delta_r H > 0$　（加熱）

[解]　(1)　H_2O を加えると，H_2O と $CH_3COOC_2H_5$ とが反応して H_2O の濃度が減少する方向，つまり ← 方向に平衡が移動する．

(2)　系の全圧を上げると，NH_3 が生成して系全体の物質量が減少し，全圧

が減少する方向，つまり → 方向に平衡が移動する．

(3) 吸熱反応だから，加熱すると熱を吸収する方向，つまり → 方向に平衡が移動する．

[注] 本例題は例題 5·3，5·5，および 5·11 と同じ内容を定性的に扱ったものである．両方を比較，確認されたい．

6章 電離平衡

§ 6・1 強電解質と弱電解質

　ある種の物質を水などの溶媒に溶かすと，一部または全部が解離して**イオン**を生じる．この種の解離を**電離**といい，電離をする物質を**電解質**という．これに対して，溶液にしても電離しない物質を**非電解質**という．

　電解質は強電解質と弱電解質に区別する．**強電解質**とはどのような濃度においてもほとんど完全に電離している物質をいい，強酸，強塩基およびそれらの塩はこれに該当する．**弱電解質**とは非解離分子とイオンとの間に質量作用の法則 (5・1・1) が成立する物質であり，したがって，濃度によって電離度がいちじるしく変化する．弱酸，弱塩基，水などがこれに該当する．本章では，弱電解質の化学平衡を中心に，電解質溶液の問題を取りあげる．

　なお，強電解質と弱電解質の区別は絶対的なものではなく，溶媒によって強弱が変化する．例えば，酢酸は水中では弱電解質だが液体アンモニア中では強電解質であるし，硝酸は水中では強電解質だが酢酸中では弱電解質である．

§ 6・2 弱酸と弱塩基

6・2・1 弱酸の電離平衡

　弱酸 HA の水溶液中では，次式のような**電離平衡**（非解離分子とイオンの間の化学平衡）が成立している．

$$HA \rightleftharpoons H^+ + A^- \tag{6.1}$$

(正確には[1]，$HA + H_2O \rightleftharpoons H_3O^+ + A^-$)

(6.1) 式の電離平衡に (5.2) 式の質量作用の法則を適用すると，

$$\frac{c(H^+)\,c(A^-)}{c(HA)} = K_a \tag{6.2}$$

　　　　c は物質量濃度，K_a は酸の電離定数

が得られる．電離平衡の平衡定数を**電離定数**という．

いま，酸の濃度を c_a，**電離度**を α とすると，各成分の濃度は，

$$c(H^+) = c(A^-) = \alpha c_a, \quad c(HA) = (1-\alpha)c_a \tag{6.3}$$

　　　　c はイオンおよび非解離分子の物質量濃度，α は電離度，c_a は酸の物質量濃度

これを (6.2) 式に代入すると，

$$\frac{(\alpha c_a)^2}{(1-\alpha)c_a} = \frac{\alpha^2 c_a}{1-\alpha} = K_a \tag{6.4}$$

　　　　α は電離度，c_a は酸の物質量濃度，K_a は酸の電離定数

電離度 α が非常に小さい場合には，α は 1 に対して無視できるから，

$$\alpha = \left(\frac{K_a}{c_a}\right)^{1/2} \tag{6.5}$$

　　　　記号は (6.4) 式に同じ

この α を (6.3) 式に代入すると，

$$c(H^+) = (K_a c_a)^{1/2} \tag{6.6}$$

　　　　c はイオンの物質量濃度，他の記号は (6.4) 式に同じ

── 例題 6・1　**電離定数からのイオン濃度の求め方** ──

　酢酸の 25 ℃ での電離定数は $1.75 \times 10^{-5}\,mol\,dm^{-3}$ である．この温度における $0.1\,mol\,dm^{-3}$ 水溶液の水素イオン濃度を求めよ．

---

[1] この化学平衡に (5.2) 式の質量作用の法則を適用すれば，

$$\frac{c(H_3O^+)\,c(A^-)}{c(HA)\,c(H_2O)} = K$$

しかし，水溶液中の H_2O の濃度は非常に高い（例えば，25 ℃ の純水の場合で $c(H_2O)$ は $55\,mol\,dm^{-3}$ 強）ので，平衡が移動して H_2O が生成または消失しても，その濃度は実質的には一定と見なすことができる．したがって，$c(H_2O)K$ は一定と見なせるのでこれを K_a とおき，一方，$c(H_3O^+)$ を $c(H^+)$ と書けば，(6.2) 式が得られる．

　本書では，以下，酸の電離平衡を (6.1) 式のように記すことにする．

[考え方] 近似値を手軽に求めたいときは (6.6) 式を使う．より精密な値が必要ならば，(6.4) 式で a を求めたのち，それを (6.3) 式に代入して $c(\mathrm{H}^+)$ を求める[注]．

[解①　近似値を求める場合]　(6.6) 式により，
$$c(\mathrm{H}^+) = (K_a c_a)^{1/2} = (1.75 \times 10^{-5} \text{ mol dm}^{-3} \times 0.1 \text{ mol dm}^{-3})^{1/2}$$
$$= 1.32 \times 10^{-3} \text{ mol dm}^{-3}$$

[解②　精密な値を求める場合]　(6.4) 式により，
$$1.75 \times 10^{-5} \text{ mol dm}^{-3} = \frac{a^2 \times 0.1 \text{ mol dm}^{-3}}{1-a}$$
$$a = 1.31_4 \times 10^{-2}$$

この a を (6.3) 式に代入して，
$$c(\mathrm{H}^+) = a c_a = 1.31_4 \times 10^{-2} \times 0.1 \text{ mol dm}^{-3} = 1.31 \times 10^{-3} \text{ mol dm}^{-3}$$

[注]　この例題の場合は，[解①] の方法で求めた近似値と [解②] の方法で求めた精密な値との差は 1 % 弱であった．両者の差は当然，K_a/c_a の大小によって違ってくる．$K_a/c_a = 10^{-5}$ のときは約 0.16 %，10^{-4} のときは約 0.5 %，10^{-3} のときは約 1.6 % となるから，これを目安にどちらの解法をとるか決めるとよい．

6・2・2　弱塩基の電離平衡

弱塩基 BOH の電離平衡[†]
$$\mathrm{BOH} \rightleftharpoons \mathrm{B}^+ + \mathrm{OH}^- \tag{6.1a}$$
に (5.2) 式の質量作用の法則を適用すると，次式が得られる．
$$\frac{c(\mathrm{B}^+)\, c(\mathrm{OH}^-)}{c(\mathrm{BOH})} = K_b \tag{6.2a}$$

c は物質量濃度，K_b は塩基の電離定数

この式は (6.2) 式と同形だから，以下，前項と同様にして，(6.3)～(6.6) 式に対応する (6.3a)～(6.6a) 式を導くことができる．すなわち，

[†] 塩基の定義 (**アレニウスの定義**) は "水中で OH^- を出す物質" であり，かならずしも NaOH のような，分子式に OH を含む物質である必要はない．例えば，NH_3 も塩基であるが，その電離平衡 $\mathrm{NH}_3 + \mathrm{H}_2\mathrm{O} \rightleftharpoons \mathrm{NH}_4^+ + \mathrm{OH}^-$ に，$\mathrm{H}_2\mathrm{O}$ 濃度が一定であることを考慮しつつ質量作用の法則を適用すれば (p. 75 脚注)，(6.2a) と同形の式 $c(\mathrm{NH}_4^+) c(\mathrm{OH}^-)/c(\mathrm{NH}_3) = K_b$ が得られる．この式を (6.2a) 式と比べれば明らかなように，分子式に OH を含まない塩基に関して (6.3a)～(6.6a) の各式を使う場合には，例えば，$c(\mathrm{BOH})$ を $c(\mathrm{NH}_3)$，$c(\mathrm{B}^+)$ を $c(\mathrm{NH}_4^+)$ と読みかえればよい．

$$c(\text{OH}^-) = c(\text{B}^+) = \alpha c_b, \quad c(\text{BOH}) = (1-\alpha)c_b \tag{6.3 a}$$

$$K_b = \frac{\alpha^2 c_b}{(1-\alpha)c_b} \tag{6.4 a}$$

c_b は塩基の物質量濃度，K_b は塩基の電離定数，他の記号は (6.3)〜(6.4) 式に同じ．

電離度 α が非常に小さい場合には，

$$\alpha = \left(\frac{K_b}{c_b}\right)^{1/2} \tag{6.5 a}$$

$$c(\text{OH}^-) = (K_b c_b)^{1/2} \tag{6.6 a}$$

記号は (6.3 a)〜(6.4 a) 式に同じ．

───── 例題 6・2　塩基の電離定数からのイオン濃度の求め方 ─────

ベロナールの 2×10^{-2} mol dm^{-3} 水溶液の水酸化物イオン濃度を求めよ．電離定数は 1.82×10^{-8} mol dm^{-3} である．

[考え方]　与えられたデータから，$K_b/c_b \approx 10^{-6}$. したがって，前例題の解②に準じて精密な値を求めても，近似値との差は 0.05 % 程度にすぎないと考えられる (例題6・1 [注])．とくべつな理由がないかぎり，(6.6 a) 式で近似値を求めればよいであろう．

[解]　(6.6 a) 式により，

$$c(\text{OH}^-) = (K_b c_b)^{1/2} = (1.82 \times 10^{-8} \text{ mol dm}^{-3} \times 2 \times 10^{-2} \text{ mol dm}^{-3})^{1/2}$$
$$= 1.91 \times 10^{-5} \text{ mol dm}^{-3}$$

6・2・3　弱酸水溶液の pH

水溶液中の水素イオンの濃度は，

$$\text{pH} = -\log(c(\text{H}^+)/c^\ominus) \tag{6.7}$$

$c(\text{H}^+)$ は H$^+$ の物質量濃度，$c^\ominus$ は標準物質量濃度 ($= 1$ mol dm^{-3}) で定義される **pH** という尺度[†]で記述されることが多い．$c(\text{H}^+)/c^\ominus$ とはつまり，"mol dm^{-3} 単位で表わした H$^+$ 濃度の数値部分" のことである．

[†] (6.7) 式は pH の本来の定義であったが，現在では実験方法にもとづく定義が使われている．7・4・7，とくに例題7・15 [注] 参照．弱電解質の希薄溶液では (6.7) 式による計算値と実測値の差はあまり大きくないが，それ以外では両者の差は無視できない．

(6.7) 式に (6.6) 式を代入すると次の式が得られる.

$$\mathrm{pH} = \frac{1}{2}\{\mathrm{p}K_\mathrm{a} - \log(c_\mathrm{a}/c^\ominus)\} \tag{6.8}$$

K_a は酸の電離定数, c_a は酸の物質量濃度, $c^\ominus$ は標準物質量濃度 ($= 1\ \mathrm{mol\ dm^{-3}}$)

ここで, **pK_a** とは,

$$\mathrm{p}K_\mathrm{a} = -\log(K_\mathrm{a}/c^\ominus) \tag{6.9}$$

K_a は酸の電離定数, $c^\ominus$ は標準物質量濃度 ($= 1\ \mathrm{mol\ dm^{-3}}$)

で定義される尺度である. $K_\mathrm{a}/c^\ominus$ とは, "$\mathrm{mol\ dm^{-3}}$ 単位で表わした酸の電離定数 K_a の数値部分"にほかならない. いくつかの酸の pK_a を塩基の pK_b とともに資料 6-1 にあげる.

資料 6-1 弱酸の電離定数 pK_a と弱塩基の電離定数 pK_b(いずれも 298.15K)

酸	化学式	pK_a	酸	化学式	pK_a
硫 酸 (2)	HSO_4^-	1.92	シュウ酸 (1)	$(COOH)_2$	1.23
リン酸 (1)	H_3PO_4	2.12	(2)	$HOOCCOO^-$	4.19
(2)	$H_2PO_4^-$	7.21	ギ 酸	$HCOOH$	3.75
(3)	HPO_4^{2-}	12.67	乳 酸	$CH_3CHOHCOOH$	3.86
亜硝酸	HNO_2	3.29	安息香酸	C_6H_5COOH	4.21
炭 酸 (1)	H_2CO_3	6.37	酢 酸	CH_3COOH	4.76
(2)	HCO_3^-	10.32	プロピオン酸	C_2H_5COOH	4.87
シアン化水素	HCN	9.31	フェノール	C_6H_5OH	9.89

塩 基	化学式	pK_b	塩 基	化学式	pK_b
アンモニア	NH_3	4.75	ヒドラジン	H_2NNH_2	5.77
メチルアミン	CH_3NH_2	3.34	ピリジン	C_5H_5N	8.75
トリメチルアミン	$(CH_3)_3N$	3.27	アニリン	$C_6H_5NH_2$	9.37

例題 6・3　弱酸水溶液の pH の計算

次の水溶液の pH を計算せよ.
(1) $c(\mathrm{H^+}) = 5.20\times10^{-4}\ \mathrm{mol\ dm^{-3}}$ の溶液.
(2) 濃度 $0.1\ \mathrm{mol\ dm^{-3}}$ の酢酸溶液 (p$K_\mathrm{a} = 4.76$ [注]).

[解]　(1) (6.7) 式により,
$$\mathrm{pH} = -\log(c(\mathrm{H^+})/c^\ominus) = -\log(5.20\times10^{-4}) = 3.28$$
(2) (6.8) 式により,

$$\mathrm{pH} = \frac{1}{2}\{\mathrm{p}K_\mathrm{a} - \log(c_\mathrm{a}/c^\ominus)\} = \frac{1}{2}(4.76 - \log 0.1) = 2.88$$

[注] この電離定数を真数で表わせば次のようになる.

$$K_\mathrm{a} = 10^{-4.76}\,\mathrm{mol\,dm^{-3}} = 1.74 \times 10^{-5}\,\mathrm{mol\,dm^{-3}}$$

6・2・4　弱塩基水溶液の pH

塩基水溶液の pH を考えるときには，水じたいの電離平衡

$$\mathrm{H_2O} \rightleftharpoons \mathrm{H^+} + \mathrm{OH^-} \tag{6.10}$$

（正確には，$2\,\mathrm{H_2O} \rightleftharpoons \mathrm{H_3O^+} + \mathrm{OH^-}$）

を考慮する必要がある．この電離平衡は著しく左に傾いており，生成するイオンの間には次の関係がある．

$$c(\mathrm{H^+})\,c(\mathrm{OH^-}) = K_\mathrm{w} = 10^{-14}\,\mathrm{mol^2\,dm^{-6}} \tag{6.11}$$

　　c は物質量濃度，K_w は水のイオン積

平衡定数 K_w（**水のイオン積**という）は温度によって変化する[†]が，普通は 25 ℃の実測値を丸めた，(6.11) 式に記した値が使われる．

(6.11) 式の両辺を $\mathrm{mol^2\,dm^{-6}}$ で割ったのち，対数の逆数をとると，

$$\log(c(\mathrm{H^+})/c^\ominus) + \log(c(\mathrm{OH^-})/c^\ominus) = -14$$

ゆえに，

$$\mathrm{pH} = 14 + \log(c(\mathrm{OH^-})/c^\ominus) \tag{6.7 a}$$

　　$c(\mathrm{OH^-})$ は $\mathrm{OH^-}$ の物質量濃度，$c^\ominus$ は標準物質量濃度 ($= 1\,\mathrm{mol\,dm^{-3}}$)

以下，前項と同様にして，次の式が得られる．

$$\mathrm{pH} = 14 - \frac{1}{2}\{\mathrm{p}K_\mathrm{b} - \log(c_\mathrm{b}/c^\ominus)\} \tag{6.8 a}$$

　　K_b は塩基の電離定数，c_b は塩基の物質量濃度，$c^\ominus$ は標準物質量濃度 ($= 1\,\mathrm{mol\,dm^{-3}}$)

式中の $\mathrm{p}K_\mathrm{b}$ の定義は (6.9) 式に準じる．データは資料 6-1 (p. 78)．

[†] K_w の 10, 25, および 40 ℃における値は，0.292×10^{-14}，1.008×10^{-14}，および $2.917 \times 10^{-14}\,\mathrm{mol^2\,dm^{-6}}$．

―― 例題 6・4　弱塩基水溶液の pH の計算 ――――――――――――

次の水溶液の pH を計算せよ.
(1)　$c(\mathrm{OH}^-) = 5.20 \times 10^{-4}\ \mathrm{mol\ dm^{-3}}$ の水溶液.
(2)　濃度 $2 \times 10^{-2}\ \mathrm{mol\ dm^{-3}}$ のベロナール溶液（$\mathrm{p}K_\mathrm{b} = 7.74$）.

[解]　(1)　(6.7a) 式により

$$\mathrm{pH} = 14 + \log(c(\mathrm{OH}^-)/c^\circ) = 14 + \log(5.20 \times 10^{-4}) = 10.72$$

(2)　(6.8a) 式により

$$\mathrm{pH} = 14 - \frac{1}{2}\{\mathrm{p}K_\mathrm{b} - \log(c_\mathrm{b}/c^\circ)\}$$

$$= 14 - \frac{1}{2}\{7.74 - \log(2 \times 10^{-2})\} = 9.28$$

6・2・5　弱塩基の $\mathrm{p}K_\mathrm{a}$ と $\mathrm{p}K_\mathrm{b}$

本書では弱塩基の電離定数は $\mathrm{p}K_\mathrm{b}$ の値を記した（p. 78 の資料 6-1）が，データブックなどでは $\mathrm{p}K_\mathrm{a}$ の値が与えられることがある．この K_a は，その塩基の"共役酸[†1]の電離定数"を意味する．つまり，電離平衡

$$\mathrm{B} + \mathrm{H_2O} \rightleftharpoons \mathrm{BH}^+ + \mathrm{OH}^- \tag{6.12}$$

において，K_b は塩基 B の，K_a はその共役酸 BH^+ の電離定数を指す.

この場合の $\mathrm{p}K_\mathrm{a}$ と $\mathrm{p}K_\mathrm{b}$ の間には次の関係がある[†2].

$$\mathrm{p}K_\mathrm{a} + \mathrm{p}K_\mathrm{b} = \mathrm{p}K_\mathrm{w} = 14 \tag{6.13}$$

K_a および K_b は互いに共役な酸および塩基の電離定数

―― 例題 6・5　塩基の $\mathrm{p}K_\mathrm{a}$ と $\mathrm{p}K_\mathrm{b}$ の関係 ――――――――――――

トリエチルアミンの 25 ℃ での $\mathrm{p}K_\mathrm{a}$ は 10.76 である．$\mathrm{p}K_\mathrm{b}$ を計算せよ．

[†1]　**ブレンステッドの定義**では，"H^+ を相手に与える分子またはイオン"を酸，"H^+ を相手から受けとる分子またはイオン"を塩基とする．この定義に従えば，(6.12) 式の反応に関与する物質のうち，$\mathrm{H_2O}$ と BH^+ はともに酸，B と OH^- はともに塩基である．この場合，BH^+ を B の共役酸，OH^- を $\mathrm{H_2O}$ の共役塩基という．

[†2]　酸 BH^+ と塩基 B に (6.2) 式と (6.2a) 式を適用すれば，

$$K_\mathrm{a} K_\mathrm{b} = \frac{c(\mathrm{H}^+)c(\mathrm{B})}{c(\mathrm{BH}^+)} \frac{c(\mathrm{BH}^+)c(\mathrm{OH}^-)}{c(\mathrm{B})} = c(\mathrm{H}^+)c(\mathrm{OH}^-) = K_\mathrm{w}$$

この式の両辺を $\mathrm{mol^2\ dm^{-6}}$ で割ったのち逆数の対数をとれば (6.13) 式が得られる．

[解] (6.13)式により,
$$pK_b = 14 - pK_a = 14 - 10.76 = 3.24$$

6・2・6　電離が多段階にわたる場合

電離が多段階にわたる場合のイオン濃度の求め方を,二塩基酸を例に考える.二塩基酸の弱酸 H_2A は2段階にわたって次のように電離する.

　　第1段電離：　　$H_2A \rightleftharpoons H^+ + HA^-$ (電離定数, $K_{a,1}$)
　　第2段電離：　　$HA^- \rightleftharpoons H^+ + A^{2-}$ (電離定数, $K_{a,2}$)

各段階の電離平衡に質量作用の法則を適用すると,

$$\frac{c(H^+)\,c(HA^-)}{c(H_2A)} = K_{a,1} \qquad ①$$

$$\frac{c(H^+)\,c(A^{2-})}{c(HA^-)} = K_{a,2} \qquad ②$$

二塩基酸は一塩基酸とはちがい,H^+ は第1,第2の両段階で生成するし,HA^- は第1段階で生成したものの一部が第2段階で消滅するから,水溶液中の各イオンの濃度を求めるには,厳密にいえば①,②両式を同時に考慮する必要がある[1].しかし,多塩基酸の電離定数は一般に $K_{a,1} \gg K_{a,2} \gg \cdots\cdots$ であり[2],このような場合には第2段で生成する H^+ と消失する HA^- の量は無視できる程度に小さい(例題6・6 [注])から,実際の計算にあたっては,各段階の電離平衡を独立に扱っても問題はない.

なお,第1段階が強酸である場合は練習編B6・2で取りあげる.

───── 例題6・6　多塩基酸水溶液中のイオン濃度の求め方 ─────
　資料6-1のデータを使って,$3.0\times10^{-3}\,\mathrm{mol\,dm^{-3}}$ の炭酸水溶液中の,(1) 水素イオン濃度,および,(2) 炭酸イオン濃度を計算せよ.

[考え方]　(1)　第2段電離で生じる H^+ は無視し[注],第1段電離だけを考える.例題6・1に準じて求めればよい.

---

[1] 以下のような省略をせずに解くには,①,②両式に
　　水のイオン積：　$c(H^+)c(OH^-) = K_w = 10^{-14}\,\mathrm{mol^2\,dm^{-6}}$
　　物質バランス：　$c(H_2A) + c(HA^-) + c(A^{2-}) = c_a$
　　電荷バランス：　$c(HA^-) + 2c(A^{2-}) + c(OH^-) = c(H^+)$
を加えた5式を連立させて,未知数である各イオンと非解離分子の濃度を求める.
[2] 酸素酸の多塩基酸では,$K_{a,1} : K_{a,2} : K_{a,3}$ が $1:10^{-5}:10^{-10}$ 程度であることが多い.

(2) 第2段電離で生成する H^+ と消失する HA^- を無視して，第1段電離だけを考えれば，$c(H^+) = c(HA^-)$. この関係をそのまま②式に適用すれば，
$$c(A^{2-}) = K_{a,2} \tag{6.14}$$
　　　c は物質量濃度，$K_{a,2}$ は酸の第2段電離定数

[解] (1) 資料6-1 (p.78) により，$pK_{a,1} = 6.37$. したがって，$K_{a,1} = 10^{-6.37}\,\text{mol dm}^{-3} = 4.27 \times 10^{-7}\,\text{mol dm}^{-3}$. (6.6) 式により，
$$c(H^+) = (K_a c_a)^{1/2} = (4.27 \times 10^{-7}\,\text{mol dm}^{-3} \times 3.0 \times 10^{-3}\,\text{mol dm}^{-3})^{1/2}$$
$$= 3.6 \times 10^{-5}\,\text{mol dm}^{-3}$$

(2) $pK_{a,2} = 10.32$ だから，$K_{a,2} = 4.79 \times 10^{-11}\,\text{mol dm}^{-3}$. (6.14) 式により，
$$c(CO_3^{2-}) = 4.8 \times 10^{-11}\,\text{mol dm}^{-3}$$

[注] 第2段階電離で生成する H^+ および消失する HCO_3^- はいずれも 4.8×10^{-11} mol dm^{-3}. 第1段階で生成する H^+ および HCO_3^-（濃度 3.6×10^{-5} mol dm^{-3}）の 10^{-6} 程度にすぎない．

§ 6・3　塩

6・3・1　加水分解

構成成分の一方または両方が弱電解質である塩を水に溶かすと，生じた弱電解質のイオンは水分子と反応して非解離の弱電解質分子を生じる．この現象を**加水分解**という．以下，構成成分の組み合わせにより3つに分けて説明する．

(1) 弱酸と強塩基の塩 YA（例，$NaCH_3COO$）

YA は水中でほぼ完全に Y^+ と A^- に電離するが，生成した A^- は弱酸のイオンだから，一部は水分子と反応して非解離の酸分子 HA を形成する．すなわち，
$$A^- + H_2O \rightleftharpoons HA + OH^- \tag{6.15}$$
弱酸と強塩基の塩の水溶液がアルカリ性を示すのは，上の反応によって生じる OH^- のためである．

(6.15) 式の平衡に質量作用の法則を適用すると次式が得られる[†]．
$$\frac{c(HA)\,c(OH^-)}{c(A^-)} = K_h = \frac{K_w}{K_a} \tag{6.16}$$

[†] $\dfrac{c(HA)\,c(OH^-)}{c(A^-)} = \dfrac{c(HA)}{c(H^+)\,c(A^-)} c(H^+)\,c(OH^-) = \dfrac{1}{K_a} K_w$

c は物質量濃度, K_h は **加水分解定数**, K_a は酸の電離定数, K_w は水のイオン積

ここで, **加水分解度**（塩が加水分解を受けた割合）を h とすると, 各成分の濃度は, $c(\mathrm{HA}) = c(\mathrm{OH}^-) = hc_s$, $c(\mathrm{A}^-) = (1-h)c_s$ となる. これを (6.16) 式に代入して,

$$\frac{h^2 c_s^2}{(1-h)c_s} = \frac{h^2 c_s}{1-h} = K_h = \frac{K_w}{K_a} \tag{6.17}$$

h は加水分解度, c_s は塩の物質量濃度, 他の記号は (6.16) 式に同じ

加水分解度 h が非常に小さいときは, h は 1 に対して無視できるから,

$$h = \left(\frac{K_h}{c_s}\right)^{1/2} = \left(\frac{K_w}{K_a c_s}\right)^{1/2} \tag{6.18}$$

記号は (6.17) 式に同じ

したがって, $c(\mathrm{OH}^-) = hc_s = (K_w c_s/K_a)^{1/2}$. これを (6.7 a) 式に代入し, $K_w = 10^{-14}\,\mathrm{mol^2\,dm^{-6}}$ を考慮しつつ整理すると, 次式が得られる.

$$\mathrm{pH} = 7 + \frac{1}{2}\{\mathrm{p}K_a + \log(c_s/c^\ominus)\} \tag{6.19}$$

K_a は酸の電離定数, c_s は塩の濃度, $c^\ominus$ は標準物質量濃度 ($=1\,\mathrm{mol\,dm^{-3}}$)

(2) 強酸と弱塩基の塩 BX （例, $\mathrm{NH_4Cl}$）

BX は水中でほぼ完全に B^+ と X^- に電離するが, このとき生成する B^+ は弱塩基のイオンだから, 一部は水分子と反応して非解離の塩基分子 BOH を形成する. すなわち,

$$\mathrm{B}^+ + \mathrm{H_2O} \rightleftharpoons \mathrm{H}^+ + \mathrm{BOH} \tag{6.15 a}$$

強酸と弱塩基の塩の水溶液が酸性を示すのは, 上の反応によって生じる H^+ のためである.

この平衡に関する, (6.16)～(6.19) 式に対応する各式を, 一括して表 6-1 (p. 84) に示す. 誘導の方法は練習編 A 6・5 で取りあげる.

(3) 弱酸と弱塩基の塩 BA （例, $\mathrm{NH_4CH_3COO}$）

BA を水に溶かしたときに生じる B^+ および A^- はともに弱電解質のイオンだから, 一部は次の反応によって非解離分子 BOH および HA を形成する. すなわち,

$$\mathrm{B}^+ + \mathrm{A}^- + \mathrm{H_2O} \rightleftharpoons \mathrm{HA} + \mathrm{BOH} \tag{6.15 b}$$

表 6-1 塩の加水分解に関する式

強酸と弱塩基の塩 ($B^+ + H_2O \rightleftharpoons H^+ + BOH$)	弱酸と弱塩基の塩 ($B^+ + A^- + H_2O \rightleftharpoons HA + BOH$)
$\dfrac{c(H^+)\,c(BOH)}{c(B^+)} = K_h$ (6.16 a)	$\dfrac{c(HA)\,c(BOH)}{c(B^+)\,c(A^-)} = K_h$ (6.16 b)
$K_h = \dfrac{K_w}{K_b} = \dfrac{h^2 c_s}{1-h}$ (6.17 a)	$K_h = \dfrac{K_w}{K_a K_b} = \dfrac{h^2}{(1-h)^2}$ (6.17 b)
$h \ll 1$ のときは， $h = (K_w/K_b c_s)^{1/2}$ (6.18 a)	$h \ll 1$ のときは， $h = (K_w/K_a K_b)^{1/2}$ (6.18 b)
$pH = 7 - \dfrac{1}{2}\{pK_b + \log(c_s/c^\ominus)\}$ (6.19 a)	$pH = 7 + \dfrac{1}{2}(pK_a - pK_b)$ (6.19 b)

c_s, 塩の濃度．h, 加水分解度．K_h, 加水分解定数．K_a, 酸の電離定数．K_b, 塩基の電離定数．K_w, 水のイオン積．$c^\ominus$, 標準物質量濃度 ($= 1$ mol dm^{-3}).

弱酸と弱塩基の塩の水溶液が酸性を示すかアルカリ性を示すかは一概にはいえない．(6.19 b) 式から明らかなように，pK_a と pK_b の大小によって決まる．

この平衡に関する各式も一括して表 6-1 に示し，誘導の方法は練習編 A 6・5 で取りあげる．

―― 例題 6・7　加水分解度の求め方 ――

0.1 mol dm^{-3} の，(1) 塩化アンモニウム，および，(2) 酢酸アンモニウムの 25 ℃ における加水分解度を求めよ．この温度におけるアンモニアおよび酢酸の電離定数は 1.79×10^{-5} および 1.75×10^{-5} mol dm^{-3} である．

[解] (1) (6.11) 式により，$K_w = 10^{-14}$ mol^2 dm^{-6}．(6.18 a) 式にこの値および与えられたデータを代入して，

$$h = \left(\frac{K_w}{K_b c_s}\right)^{1/2} = \left(\frac{10^{-14}\,\text{mol}^2\,\text{dm}^{-6}}{1.79 \times 10^{-5}\,\text{mol dm}^{-3} \times 0.1\,\text{mol dm}^{-3}}\right)^{1/2}$$
$$= 7.47 \times 10^{-5}$$

(2) (6.18 b) 式により，

$$h = \left(\frac{K_w}{K_a K_b}\right)^{1/2} = \left(\frac{10^{-14}\,\text{mol}^2\,\text{dm}^{-6}}{1.79 \times 10^{-5}\,\text{mol dm}^{-3} \times 1.75 \times 10^{-5}\,\text{mol dm}^{-3}}\right)^{1/2}$$
$$= 5.65 \times 10^{-3}\,^{[注]}$$

[注] (6.18 b) 式から明らかなように，弱酸と弱塩基の塩の加水分解度は塩の

濃度に無関係につねに一定である．

例題 6・8　加水分解をうけた塩水溶液の pH

次の各塩の $10^{-2}\,\mathrm{mol\,dm^{-3}}$ 水溶液の pH を求めよ．
(1) 弱酸 ($pK_a = 5.00$) と強塩基の塩．
(2) 強酸と弱塩基 ($pK_b = 6.00$) の塩．
(3) 弱酸 ($pK_a = 5.00$) と弱塩基 ($pK_b = 6.00$) の塩．

[解]　(1)　(6.19) 式により，

$$\mathrm{pH} = 7 + \frac{1}{2}\{pK_a + \log(c_s/c^\ominus)\} = 7 + \frac{1}{2}(5.00 + \log 10^{-2}) = 8.50$$

(2)　(6.19 a) 式により，

$$\mathrm{pH} = 7 - \frac{1}{2}\{pK_b + \log(c_s/c^\ominus)\} = 7 - \frac{1}{2}(6.00 + \log 10^{-2}) = 5.00$$

(3)　(6.19 b) 式により，

$$\mathrm{pH} = 7 + \frac{1}{2}(pK_a - pK_b) = 7 + \frac{1}{2}(5.00 - 6.00) = 6.50^{[注]}$$

[注]　(6.19 b) 式から明らかなように，弱酸と弱塩基の塩の pH は，前例題の加水分解度と同じく塩の濃度に無関係に一定である．

6・3・2　緩衝溶液

弱酸とその塩の混合溶液，および，弱塩基とその塩の混合溶液は，H^+ または OH^- を加えても pH が変動しにくい．このような溶液を **緩衝溶液** といい，pH の変動に抵抗する性質を **緩衝作用** という．

緩衝溶液の pH の計算式は次のようにして導くことができる．

(1)　弱酸とその塩からなる緩衝溶液

弱酸 HA とその塩 YA が共存する溶液では，イオン A^- は塩と酸の両方から生じる．すなわち，

$$\mathrm{YA \rightarrow Y^+ + A^-} \qquad ①$$
$$\mathrm{HA \rightleftharpoons H^+ + A^-} \qquad ②$$

ここで，酸の濃度を c_a，電離度を α，塩の濃度を c_s とすると，A^- の濃度は $c(A^-) = c_s + \alpha c_a$．電離平衡② に (6.2) 式を適用すれば，

$$K_a = \frac{c(H^+)\,c(A^-)}{c(HA)} = \frac{c(H^+)(c_s + \alpha c_a)}{(1-\alpha)c_a}$$

電離度 α がきわめて小さいときには，α は 1 に対して，αc_a は c_s に対して無視できるから，

$$c(H^+) = K_a \frac{c_a}{c_s}$$

両辺を $\mathrm{mol\,dm^{-3}}$ で割ったのち，逆数の対数をとれば，

$$\mathrm{pH} = \mathrm{p}K_a + \log \frac{c_s}{c_a} \tag{6.20}$$

K_a は酸の電離定数，c_s は塩の濃度，c_a は酸の濃度

(2) 弱塩基とその塩からなる緩衝溶液

上と同様にして，次の pH 計算式を導くことができる．

$$\mathrm{pH} = 14 - \left(\mathrm{p}K_b + \log \frac{c_s}{c_b}\right) \tag{6.20a}$$

K_b は塩基の電離定数，c_s は塩の濃度，c_b は塩基の濃度

―― 例題 6・9　緩衝溶液の成分と pH の関係 ――

　濃度 $0.1\,\mathrm{mol\,dm^{-3}}$ のリン酸二水素ナトリウム水溶液と同濃度のリン酸水素二ナトリウム水溶液を混合して，25 ℃ の pH が 7.00 の緩衝溶液をつくりたい．どのような比に混合すればよいか．

[考え方]　それぞれの塩は完全に電離して（$\mathrm{NaH_2PO_4} \to \mathrm{Na^+} + \mathrm{H_2PO_4^-}$，$\mathrm{Na_2HPO_4} \to 2\,\mathrm{Na^+} + \mathrm{HPO_4^{2-}}$），生成したイオンの間で平衡

$$\mathrm{H_2PO_4^-} \rightleftharpoons \mathrm{H^+} + \mathrm{HPO_4^{2-}}$$

が成立する．したがって，$\mathrm{NaH_2PO_4}$ を弱酸，$\mathrm{Na_2HPO_4}$ をその塩と考えて，(6.20) 式を適用すればよい．

[解]　(6.20) 式において，pH = 7.00，$\mathrm{p}K_a = 7.21$（p.78 の資料 6-1，"リン酸 (2)"）．ゆえに，

$$\log \frac{c_s}{c_a} = \mathrm{pH} - \mathrm{p}K_a = 7.00 - 7.21 = -0.21$$

$$\frac{c_s}{c_a} = 10^{-0.21}$$

$\mathrm{NaH_2PO_4}$ 溶液と $\mathrm{Na_2HPO_4}$ 溶液を，$1:10^{-0.21} = 0.62:0.38$ の体積比で混合すればよい．

── 例題 6・10　緩衝溶液の pH の移動の計算 ──
　　前例題の緩衝溶液 $1\,\mathrm{dm}^3$ に $1\,\mathrm{mol\,dm}^{-3}$ の塩酸 $1\,\mathrm{cm}^3$ を添加した．pH はどれだけ移動するか．

[**考え方**]　NaH_2PO_4 と Na_2HPO_4 との混合溶液に H^+ を加えると，反応 $HPO_4^{2-} + H^+ \rightarrow H_2PO_4^{-}$ が進行するため，溶液中の酸濃度 ($H_2PO_4^{-}$ 濃度) が増加し，塩濃度 (HPO_4^{2-} 濃度) が減少する．塩酸添加後の溶液の酸濃度と塩濃度を計算し，(6.20) 式で pH を求める．塩酸の添加量はわずかなので，緩衝溶液の体積増加は無視してよい．

[**解**]　もとの緩衝溶液中の酸濃度は $0.62 \times 0.1\,\mathrm{mol\,dm}^{-3} = 0.062\,\mathrm{mol\,dm}^{-3}$，塩濃度は $0.38 \times 0.1\,\mathrm{mol\,dm}^{-3} = 0.038\,\mathrm{mol\,dm}^{-3}$．塩酸の添加により，酸濃度は $1 \times 10^{-3}\,\mathrm{mol\,dm}^{-3}$ 増加し，塩濃度は同じだけ減少する．ゆえに，(6.20) 式により，

$$\mathrm{pH} = \mathrm{p}K_a + \log \frac{c_s}{c_a} = 7.21 + \log \frac{(0.038 - 0.001)\,\mathrm{mol\,dm}^{-3}}{(0.062 + 0.001)\,\mathrm{mol\,dm}^{-3}} = 6.98$$

ゆえに，pH の移動は，$6.98 - 7.00 = -0.02$ [注]．

[注]　純水 $1\,\mathrm{dm}^3$ に $1\,\mathrm{mol\,dm}^{-3}$ の塩酸 $1\,\mathrm{cm}^3$ を添加すると，pH は 7 から 3 まで移動する．これと上の計算結果を比較すると，緩衝溶液の pH がいかに変化しにくいか，わかるであろう．

§ 6・4　溶解度積

難溶性の電解質 X_mY_n は飽和溶液でも濃度がきわめて低いから，完全に電離していると考えてよい．それゆえ，X_mY_n の沈殿が飽和溶液と共存している場合には，沈殿と溶液中のイオンの間に次の平衡が成立する．

$$X_mY_n(s) \rightleftharpoons mX^{z+} + nY^{z-}$$

この不均一系平衡に質量作用の法則を適用する (5・1・4) と，

$$c_+^m c_-^n = K_{sp} \tag{6.21}$$

　　c_+ および c_- は陽イオンおよび陰イオンの物質量濃度，K_{sp} は溶解度積が得られる．平衡定数 K_{sp} を**溶解度積**という．溶解度積は伝導率の測定などから実験的に決定することができる (例題 7・4)．

---- 例題 6・11　溶解度からの溶解度積の計算 ----

クロム酸銀の 25 ℃における溶解度は 8×10^{-5} mol dm^{-3} である．溶解度積を求めよ．

[解]　クロム銀の電離は $Ag_2CrO_4 \rightarrow 2Ag^+ + CrO_4^{2-}$．それゆえ，塩の溶解度を s とすると，(6.21) 式において，$c_+ = 2s$, $c_- = s$, $m = 2$, $n = 1$．ゆえに，

$$K_{sp} = c_+{}^m c_-{}^n = (2s)^2 s = 4s^3$$
$$= 4 \times (8\times10^{-5}\text{ mol dm}^{-3})^3 = 2\times10^{-12}\text{ mol}^3\text{ dm}^{-9}$$

---- 例題 6・12　共通イオンを添加したときの溶解度の変化 ----

塩化銀の 25 ℃における溶解度積は 1.56×10^{-10} mol^2 dm^{-6} である．塩化銀の飽和溶液に塩化ナトリウムを濃度が 10^{-3} mol dm^{-3} になるように添加した場合，当初溶けていた塩化銀のうちのどれだけが溶液中に残るか．

[解]　当初の塩化銀濃度を s_0 とすると，(6.21) 式において，$c_+ = c_- = s_0$ だから，

$$s_0 = K_{sp}{}^{1/2} = (1.56\times10^{-10}\text{ mol}^2\text{ dm}^{-6})^{1/2} = 1.24_9\times10^{-5}\text{ mol dm}^{-3}$$

塩化ナトリウム添加後の塩化銀濃度を s とすると，$c_+ = s$, $c_- = 10^{-3}$ mol dm^{-3} + s．(6.21) 式から，

$$1.56\times10^{-10}\text{ mol}^2\text{ dm}^{-6} = s(10^{-3}\text{ mol dm}^{-3} + s)$$

s はきわめて小さいので，10^{-3} mol dm^{-3} に対して無視すれば，

$$s = \frac{1.56\times10^{-10}\text{ mol}^2\text{ dm}^{-6}}{10^{-3}\text{ mol dm}^{-3}} = 1.56\times10^{-7}\text{ mol dm}^{-3}$$

したがって，溶液中に残る塩化銀の割合は，

$$\frac{s}{s_0} = \frac{1.56\times10^{-7}\text{ mol dm}^{-3}}{1.24_9\times10^{-5}\text{ mol dm}^{-3}} = 0.012\,5$$

7章 電気化学

§7・1 電気伝導

7・1・1 伝導率とモル伝導率

電解質溶液が電流を通すのはイオンが電荷を運ぶためである.

電解質溶液の電流の通しやすさは，電気の導体一般と同じく伝導率という尺度で表わす．**伝導率**は抵抗率の逆数であり，次の式によって定義される．

$$\kappa = \frac{1}{\rho} = \frac{l}{AR} \tag{7.1}$$

κ は伝導率, ρ は**抵抗率**, R は長さ l, 断面積 A の導体の電気抵抗

伝導率の SI 単位は $S\,m^{-1}$, つまり, $m^{-3}\,kg^{-1}\,s^3\,A^2$ である．S ("**ジーメンス**" と読む) はコンダクタンスの単位であり, Ω^{-1} (Ω は "**オーム**", 電気抵抗の単位. $1\,\Omega = 1\,V\,A^{-1} = 1\,m^2\,kg\,s^{-3}\,A^{-2}$) と定義されている．

伝導率を物質量濃度で割った値を**モル伝導率**という．すなわち,

$$\Lambda = \frac{\kappa}{c_B} \tag{7.2}$$

Λ はモル伝導率, κ は伝導率, c_B は溶質の物質量濃度

モル伝導率とは，いわば，"その濃度における電離度は変えずに，濃度だけを $1\,mol\,m^{-3}$ にしたときの仮想的な伝導率" であり，SI 単位は $S\,m^2\,mol^{-1}$, つまり $kg^{-1}\,mol^{-1}\,s^3\,A^2$ である．

---- 例題 7・1　伝導率とモル伝導率の関係 ----
ある塩の 2.14×10^{-5} mol dm^{-3} 水溶液の 25 ℃ における伝導率は 4.58×10^{-6} S cm^{-1}，同じ温度における水のそれは 1.52×10^{-6} S cm^{-1} であった．この水溶液における塩のモル伝導率を求めよ．

[考え方]　溶液の伝導率は溶質と溶媒の伝導率の和だから，与えられた溶液の伝導率から溶媒に起因するぶんを引いたものが，塩の伝導率である．

[解]　塩じたいに起因する伝導率は，$\kappa = (4.58 - 1.52)\times10^{-6}$ S cm^{-1} = 3.06×10^{-6} S cm^{-1} = 3.06×10^{-4} S m^{-1}．塩の濃度は 2.14×10^{-5} mol dm^{-3} = 2.14×10^{-2} mol m^{-3}．これらを (7.2) 式に代入して，

$$\Lambda = \frac{\kappa}{c_\mathrm{B}} = \frac{3.06\times10^{-4}\,\mathrm{S\,m^{-1}}}{2.14\times10^{-2}\,\mathrm{mol\,m^{-3}}} = 1.43\times10^{-2}\,\mathrm{S\,m^2\,mol^{-1}}$$

7・1・2　極限モル伝導率とイオンの伝導率

電解質溶液は，希薄になるほど溶質の電離度（強電解質の場合は，見かけの電離度）が大きくなるから，モル伝導率もそれにともなって大きくなり，溶液の希釈率が無限大になったとき最大値に達する．このモル伝導率の最大値を**極限モル伝導率**または**無限希釈におけるモル伝導率**という[†]．

無限希釈の状態においては，電解質は完全にイオンに電離し，かつ，イオンどうしは互いの制約なしに独立に動けるようになる．したがって，電解質の極限モル伝導率は，それを構成する**イオンのモル伝導率**（濃度 1 mol m^{-3} のイオンによって生じる伝導率．**イオンの伝導率**ともいう）の和に等しい．この関係を**コールラウシュのイオン独立移動の法則**という．すなわち，

$$\Lambda^\circ = \Sigma\lambda_+ + \Sigma\lambda_- \tag{7.3}$$

Λ° は極限モル伝導率，λ はイオンのモル伝導率

[†] 希釈率を無限大にすれば伝導率は無限小になるから，無限希釈における伝導率は直接の測定は不可能である．そこで，極限モル伝導率 Λ° とモル電導率 Λ，濃度 c_B との間の次の関係（**コールラウシュの法則**という）

$$\Lambda = \Lambda^\circ - k\,c_\mathrm{B}^{1/2}$$

を利用して（k は定数），Λ° を推定する．一連の測定値 Λ を $c_\mathrm{B}^{1/2}$ に対してプロットし，得られた直線を補外して $c_\mathrm{B}^{1/2} = 0$ のときの Λ を読めば，それが Λ° である．具体例は，練習編 B 7・2．

いくつかのイオンのモル伝導率を資料7-1にあげる．

資料7-1　イオンのモル伝導率 λ（298.15K）

陽イオン	$\lambda_+/10^{-4}\,\mathrm{S\,m^2\,mol^{-1}}$	陰イオン	$\lambda_-/10^{-4}\,\mathrm{S\,m^2\,mol^{-1}}$
H^+	349.6	OH^-	199.1
Li^+	38.7	Cl^-	76.35
Na^+	50.10	Br^-	78.1
K^+	73.50	I^-	76.8
Ag^+	61.9	NO_3^-	71.46
NH_4^+	73.5	$\frac{1}{2}SO_4^{2-}$	80.0
$\frac{1}{2}Mg^{2+}$	53.0	HCO_3^-	44.5
$\frac{1}{2}Cu^{2+}$	53.6	$\frac{1}{2}CO_3^{2-}$	69.3
$\frac{1}{2}Zn^{2+}$	52.8	CH_3COO^-	40.9

弱電解質の極限モル伝導率は測定が困難であるが，(7.3)式に構成イオンのモル伝導率を代入して計算することができる．また，いくつかの強電解質の極限モル伝導率を組み合わせて求めることも可能である（例題7・2）．

―― **例題 7・2　測定困難な極限モル伝導率の計算による求め方** ――
　塩酸，塩化ナトリウムおよび酢酸ナトリウムの25℃における極限モル伝導率は，426.1×10^{-4}，126.5×10^{-4} および $91.0 \times 10^{-4}\,\mathrm{S\,m^2\,mol^{-1}}$ である．酢酸の極限モル伝導率を求めよ．

[**考え方**] (7.3)式によれば，$\Lambda^\circ(HCl) = \lambda(H^+) + \lambda(Cl^-)$，$\Lambda^\circ(NaCl) = \lambda(Na^+) + \lambda(Cl^-)$，$\Lambda^\circ(CH_3COONa) = \lambda(Na^+) + \lambda(CH_3COO^-)$．したがって，
$$\Lambda^\circ(HCl) + \Lambda^\circ(CH_3COONa) - \Lambda^\circ(NaCl) = \lambda(H^+) + \lambda(CH_3COO^-)$$
$$= \Lambda^\circ(CH_3COOH)$$

[**解**]　上の式に与えられたデータを代入して，
$$\Lambda^\circ(CH_3COOH) = \Lambda^\circ(HCl) + \Lambda^\circ(CH_3COONa) - \Lambda^\circ(NaCl)$$
$$= (426.1 + 91.0 - 126.5) \times 10^{-4}\,\mathrm{S\,m^2\,mol^{-1}}$$
$$= 390.6 \times 10^{-4}\,\mathrm{S\,m^2\,mol^{-1}}$$

7・1・3　伝導率データの利用

伝導率の測定値から電解質溶液に関するいろいろな情報が得られる．本項では，伝導率を利用した電離度と溶解度の測定法を取りあげる．

電離度.——極限モル伝導率は電解質が完全にイオンに電離した場合のモル伝導率である．これに対して，モル伝導率は電離が不完全で α だけしか電離していない場合の伝導率だから，両者の間には次の関係がある．すなわち，

$$\Lambda = \alpha \Lambda^\circ \tag{7.4}$$

Λ はモル伝導率，α は電離度（または，見かけの電離度），Λ° は極限モル伝導率

伝導率の測定値からモル伝導率を求めるのは (7.2) 式による．

難溶性電解質の溶解度.——難溶性電解質は飽和溶液でも濃度が非常に低いから，完全に電離していると考えてよい．したがって，難溶性塩の飽和溶液では，(7.2) 式の Λ は電離が完全なときのモル伝導率，つまり極限モル伝導率 Λ° におきかえることができる．一方，溶解度とは飽和溶液の濃度にほかならないから，(7.2) 式の c_B を溶解度 s におきかえれば，

$$\kappa_{\text{sat}} = s\Lambda^\circ \tag{7.5}$$

κ_{sat} は飽和溶液の伝導率，s は溶解度，Λ° は極限モル伝導率

例題 7・3　伝導率からの電離度の求め方

酢酸の $10^{-2}\,\text{mol dm}^{-3}$ 水溶液の $25\,°C$ におけるモル伝導率は $16.5\,\text{S cm}^2\,\text{mol}^{-1}$ であった．資料 7-1 のデータを使って，この濃度における酢酸の電離度を求めよ．

[考え方]　この溶液のモル伝導率はかなり大きいから，例題 7・1 とはちがって水じたいの電気伝導は無視し，そのまま (7.4) 式の Λ に代入する．Λ° は (7.3) 式で求める．

[解]　(7.3) 式に資料 7-1 (p. 91) のデータを代入して，

$$\Lambda^\circ = \lambda(\text{H}^+) + \lambda(\text{CH}_3\text{COO}^-)$$
$$= (349.6 + 40.9) \times 10^{-4}\,\text{S m}^2\,\text{mol}^{-1} = 390.5 \times 10^{-4}\,\text{S m}^2\,\text{mol}^{-1}$$

酢酸のモル伝導率は $\Lambda = 16.5\,\text{S cm}^2\,\text{mol}^{-1} = 16.5 \times 10^{-4}\,\text{S m}^2\,\text{mol}^{-1}$．これらを (7.4) 式に代入して，

$$\alpha = \frac{\Lambda}{\Lambda^\circ} = \frac{16.5 \times 10^{-4}\,\text{S m}^2\,\text{mol}^{-1}}{390.5 \times 10^{-4}\,\text{S m}^2\,\text{mol}^{-1}} = 0.042\,3$$

例題 7・4　伝導率からの溶解度の求め方

$25\,°C$ における塩化銀飽和溶液の伝導率は $3.05 \times 10^{-4}\,\text{S m}^{-1}$，この溶液の

調製に使った水の伝導率は $1.32\times 10^{-4}\,\text{S m}^{-1}$ であった．資料 7-1 のデータを使って，この温度における塩化銀の溶解度および溶解度積を求めよ．

[考え方] 溶解度からの溶解度積の計算は例題 6・11 に準ずる．

[解] 例題 7・1 に準じて，塩化銀じたいの伝導率を求めると，
$$\kappa = (3.05 - 1.32)\times 10^{-4}\,\text{S m}^{-1} = 1.73\times 10^{-4}\,\text{S m}^{-1}$$

極限モル伝導率は，(7.3) 式に資料 7-1 (p. 91) のデータを代入して，
$$\Lambda^\circ = \lambda(\text{Ag}^+) + \lambda(\text{Cl}^-) = (61.9 + 76.35)\times 10^{-4}\,\text{S m}^2\,\text{mol}^{-1}$$
$$= 138.25\times 10^{-4}\,\text{S m}^2\,\text{mol}^{-1}$$

これらの値を (7.5) 式に代入して溶解度を求めると，
$$s = \frac{\kappa_{\text{sat}}}{\Lambda^\circ} = \frac{1.73\times 10^{-4}\,\text{S m}^{-1}}{138.25\times 10^{-4}\,\text{S m}^2\,\text{mol}^{-1}}$$
$$= 1.25_1\times 10^{-2}\,\text{mol m}^{-3} = 1.25_1\times 10^{-5}\,\text{mol dm}^{-3}$$

溶解度積は，(6.21) 式において，$m = n = 1$，$c(\text{Ag}^+) = c(\text{Cl}^-) = s$ だから，
$$K_{\text{sp}} = c(\text{Ag}^+)^m c(\text{Cl}^-)^n = s^2 = (1.25_1\times 10^{-5}\,\text{mol dm}^{-3})^2$$
$$= 1.57\times 10^{-10}\,\text{mol}^2\,\text{dm}^{-6}$$

§7・2 電気分解

電解質溶液に電流を通すと，溶液中のイオンが反対符号の極に移動，放電して析出する．ときには，放電した物質がさらに化学変化をおこし，二次生成物を生じる場合もある．これらの現象を**電気分解**または**電解**という．

電気分解において，与えた電気量と析出する物質の量との間には次の関係がある．この関係を**ファラデーの法則**という．すなわち，

$$n = \frac{Q}{|z|F} \tag{7.6}$$

n は析出物の物質量，Q は電気量，z は電荷数，F はファラデー定数

定数 F を**ファラデー定数**といい，1 mol の電子のもつ電荷に等しい．その値は次のとおりである．

$$F = 9.648\,53\times 10^4\,\text{C mol}^{-1} \tag{7.7}$$

析出物の量を質量で表わすには，(7.6) 式の両辺にモル質量を掛けて，

$$m = \frac{Q}{F}\frac{M}{|z|} \tag{7.8}$$

m は析出物の質量，M はモル質量，他の記号は (7.6) 式に同じ

$M/|z|$ は"単位電荷あたりのモル質量"であり，これを**電気化学当量**[†1]とよぶこともある．

── 例題 7・5　電気量と析出物の量との関係 ──────────

銀電量計に電流を通したところ 3.675 g の銀が析出した．通った電気量を求めよ．

[**考え方**]　**電量計**とは通過した電気量を電気分解を利用して測定する装置で，**クーロメーター**ともよばれる．析出物の質量から電気量を求めるのだから，計算には (7.8) 式を使えばよい．

[**解**]　Ag は 1 価だから，$|z| = 1$．(7.8) 式により，

$$Q = F\frac{|z|m}{M} = 9.6485\times10^4\,\text{C mol}^{-1} \times \frac{1\times 3.675\,\text{g}}{107.87\,\text{g mol}^{-1}} = 3287\,\text{C}$$

§7・3　活　　　量

7・3・1　濃度と活量

強電解質は水中ではほぼ完全に電離しているが，その溶液の蒸気圧降下，沸点上昇，凝固点降下，浸透圧などの値は，2・3・4 に述べたように，電離が完全であるとして期待される値よりも小さい．これは主として，電離によって生じたイオンどうしが静電的に拘束し合うため，あたかも濃度が減少したかのような効果を示すからである[†2]．この，いわば"実効濃度"を，**活量**または**相対活量**という．ただし，活量は濃度とはちがって無次元量である．

濃度にはいろいろな表わし方がある (2・1・1) が，活量もそれに対応していろいろな種類がある．いずれも，濃度に補正係数 (**活量係数**という) を掛けた次の各式で定義される．

─────────────────────
[†1] 電気化学当量 $M/|z|$ を単位として物質の量を表わすこともある．単位の名称はこの場合も "mol" であるが，モル質量 M を単位とする通常の "mol" と区別するために，"1 mol の $\frac{1}{2}$CuSO$_4$"，"1 mol の $\frac{1}{3}$FeCl$_3$"，などという表わし方をする ($CuSO_4$ は $|z| = 2$，$FeCl_3$ は $|z| = 3$)．"1 mol の $\frac{1}{2}$CuSO$_4$" は "$\frac{1}{2}$mol の CuSO$_4$" に等しい．§14・2 参照．
[†2] 非電解質溶液でも，濃度が高い場合は溶質粒子どうしの相互作用は無視できない．しかし，その程度は，電解質の場合よりもはるかに小さい．

$$a = \gamma \, b/b^\ominus \tag{7.9}$$
$$a_c = \gamma_c \, c/c^\ominus \tag{7.9a}$$
$$a_x = \gamma_x \, x \tag{7.9b}$$

a は活量, γ は活量係数, b は質量モル濃度, $b^\ominus$ は標準質量モル濃度 ($= 1\ \mathrm{mol\ kg^{-1}}$), c は物質量濃度, $c^\ominus$ は標準物質量濃度 ($= 1\ \mathrm{mol\ dm^{-3}}$), x はモル分率

本項では主として質量モル濃度に対応する活量 a を扱う．それ以外の定義による活量 a_c, a_x の扱いも本質的には同様である．

7・3・2 平均活量係数

強電解質 $X_m Y_n$ は，水中で

$$X_m Y_n \rightarrow m X^{z+} + n Y^{z-}$$

のように完全に電離するが，溶液中の個々のイオンの活量は測定できないから，それら各成分イオンの活量の幾何平均が電解質の活量に等しいと仮定する．すなわち，

$$a_\pm = (a_+^m a_-^n)^{1/(m+n)} \tag{7.10}$$

$a_\pm$ は強電解質 $X_m Y_n$ の活量, a_+ および a_- は成分イオンの活量

活量係数（電解質の活量係数を**平均活量係数**とよぶ）も同様で，次式によって与えられる．

$$\gamma_\pm = (\gamma_+^m \gamma_-^n)^{1/(m+n)} \tag{7.11}$$

$\gamma_\pm$ は強電解質 $X_m Y_n$ の平均活量係数, γ_+ および γ_- は成分イオンの活量係数

いくつかの塩の平均活量係数を資料7-2にあげる．この表に見るように，平均

資料 7-2 種々の質量モル濃度 b における電解質水溶液の平均活量係数 $\gamma_\pm$ (298.15K)

$b/\mathrm{mol\ kg^{-1}}$	HCl	NaCl	KCl	CaCl$_2$	H$_2$SO$_4$	CuSO$_4$	ZnSO$_4$
1×10^{-3}	0.966	0.966	0.965	0.89	0.830	0.74	0.700
5×10^{-3}	0.928	0.929	0.927	0.785	0.639	0.53	0.477
1×10^{-2}	0.904	0.904	0.901	0.725	0.544	0.41	0.387
5×10^{-2}	0.830	0.823	0.815	0.57	0.340	0.21	0.202
1×10^{-1}	0.796	0.780	0.769	0.515	0.266	0.16	0.150
5×10^{-1}	0.758	0.68	0.651	0.52	0.155	0.068	0.063
1	0.809	0.66	0.606	0.71	0.131	0.047	0.043

活量係数は濃度によって大きく変化する.

(7.10) 式の a_+ および a_- に (7.9) 式を代入すると,
$$a_\pm = (a_+{}^m a_-{}^n)^{1/(m+n)} = \{(\gamma_+{}^m \gamma_-{}^n)(b_+{}^m b_-{}^n)\}^{1/(m+n)}/b^\ominus$$

この式の γ に関する部分に (7.11) 式を適用すると,次の式が得られる.
$$a_\pm = \gamma_\pm (b_+{}^m b_-{}^n)^{1/(m+n)}/b^\ominus \tag{7.12}$$

$a_\pm$ は強電解質 $X_m Y_n$ の活量, $\gamma_\pm$ は平均活量係数, b は成分イオンの質量モル濃度, $b^\ominus$ は標準質量モル濃度 ($= 1\,\mathrm{mol\,kg^{-1}}$)

―― 例題 7・6　平均活量係数からの活量の求め方 ――――――

資料 7-2 のデータを使って,$0.01\,\mathrm{mol\,kg^{-1}}$ 塩化カルシウム水溶液の活量を計算せよ.

[解]　資料 7-2 (p. 95) から,$\gamma_\pm = 0.725$.塩化カルシウムの電離は,$\mathrm{CaCl_2} \rightarrow \mathrm{Ca^{2+}} + 2\,\mathrm{Cl^-}$.ゆえに,(7.12) 式において,$b_+ = 0.01\,\mathrm{mol\,kg^{-1}}$,$b_- = 2 \times 0.01\,\mathrm{mol\,kg^{-1}} = 0.02\,\mathrm{mol\,kg^{-1}}$,$m = 1$,$n = 2$.ゆえに,
$$a_\pm = \gamma_\pm (b_+{}^m b_-{}^n)^{1/(m+n)}/b^\ominus = 0.725 \times (0.01 \times 0.02^2)^{1/3} = 0.011\,5$$

7・3・3　平均活量係数の実測値

平均活量係数はファントホッフ係数から求めることができる.

強電解質は溶液中ではほぼ完全に解離しているから,質量モル濃度 b の強電解質 $X_m Y_n$ から生じるイオンの全濃度は $(m+n)b$.この溶液のファントホッフ係数を i とすると,イオンの有効な濃度は ib だから (2・2・4, 7・3・1),電離によって生じたイオンのうちの $i/(m+n)$ が有効にはたらいていることになる.したがってこの溶液の活量は,上の値を (7.9) 式の γ に代入して,$a_\pm = \{i/(m+n)\}(b/b^\ominus)$.これは (7.12) 式の b_+ に mb,b_- に nb を代入して得られる $a_\pm$ に等しいから,
$$a_\pm = \frac{i}{m+n}\frac{b}{b^\ominus} = \gamma_\pm \frac{(m^m n^n)^{1/(m+n)} b}{b^\ominus}$$

したがって,平均活量係数とファントホッフ係数との関係は,
$$\gamma_\pm = \frac{i}{(m+n)(m^m n^n)^{1/(m+n)}} \tag{7.13}$$

$\gamma_\pm$ は強電解質 $X_m Y_n$ の平均活量係数,i はファントホッフ係数

―― 例題 7・7　ファントホッフ係数からの平均活量係数の求め方 ――

塩化バリウムの 0.163 mol kg^{-1} 水溶液の凝固点降下から求めたファントホッフ係数は 2.45 であった．溶液中の塩化バリウムは完全に電離しているものとして，平均活量係数を求めよ．

[解]　電離は $BaCl_2 \rightarrow Ba^{2+} + 2\,Cl^-$ だから，(7.13) 式において，$m = 1$，$n = 2$. ゆえに，

$$\gamma_{\pm} = \frac{i}{(m+n)(m^m n^n)^{1/(m+n)}} = \frac{2.45}{3 \times (1 \times 2^2)^{1/3}} = 0.514$$

7・3・4　平均活量係数の理論値

強電解質の希薄水溶液における平均活量係数の理論値は**デバイ・ヒュッケルの法則**により，次の式で求めることができる．すなわち，

$$\log \gamma_{\pm} = -|z_+ z_-| A I^{1/2} \tag{7.14}$$

$\gamma_{\pm}$ は平均活量係数，z_+ および z_- は陽および陰イオンの電荷数，A は定数（298 K の水では，$0.509/(\text{mol kg}^{-1})^{1/2}$），$I$ はイオン強度

A は温度および溶媒の誘電率と密度に依存する定数で，298 K の水の場合は上記の値をとる．I は**イオン強度**とよばれる量で，次の式で定義される．

$$I = \frac{1}{2} \sum_i z_i^2 b_i \tag{7.15}$$

I はイオン強度，z_i および b_i は各イオンの電荷数および質量モル濃度

―― 例題 7・8　平均活量係数の理論値の求め方 ――

2:1 電解質の 25 ℃ の 10^{-3} mol kg^{-1} 水溶液中における平均活量係数の理論値を計算せよ．

[考え方]　NaCl のような陽イオンも陰イオンも 1 価の電解質を 1:1 電解質，$CaCl_2$ のような陽イオンが 2 価で陰イオンが 1 価の電解質を 2:1 電解質という．

[解]　(7.15) 式において，$z_+ = 2$，$z_- = -1$. 溶液の質量モル濃度を b とすると，陽イオンおよび陰イオンの質量モル濃度は $b_+ = b$ および $b_- = 2b$. ゆえに，イオン強度は，

$$I = \frac{1}{2}(z_+^2 b_+ + z_-^2 b_-) = \frac{1}{2}\{(2^2 \times b + (-1)^2 \times 2b)\} = 3b = 3\times 10^{-3}\text{ mol kg}^{-1}$$

これを (7.14) 式に代入して，

$$\log\gamma_\pm = -|z_+ z_-|AI^{1/2} = -|2\times(-1)|\times\frac{0.509}{(\text{mol kg}^{-1})^{1/2}}$$
$$\times(3\times 10^{-3}\text{ mol kg}^{-1})^{1/2} = -0.055\,76$$

$\gamma_\pm = 0.880$

§7・4 電　　池

7・4・1 化学電池

化学変化のさいに遊離するエネルギーを電気エネルギーとして取り出す装置を**化学電池**という．**電池**には，ほかに太陽電池，原子力電池などがあるが，本章ではおもに化学電池を扱う．

例えば，金属亜鉛を浸した Zn^{2+} 溶液と銅を浸した Cu^{2+} 溶液を素焼きなどの多孔質隔壁[注]をへだてて接触させた**ダニエル電池**では，金属どうしを導線で結ぶと，銅極から亜鉛極へ向かって電流が流れる．これは

　　負極で酸化反応：　$Zn \to Zn^{2+} + 2\,e^-$ 　　　　　　　　　　①

　　正極で還元反応：　$Cu^{2+} + 2\,e^- \to Cu$ 　　　　　　　　　　②

がおこり，反応 ① で生じた電子が亜鉛極から銅極へ向かって流れるからである．**電極の正負**は，

　　　電流が流れ出す極を**正極**，流れ込む極を**負極**

と定義する．電子の流れに即していえば，電子が流れ出す側が負極，流れ込む側が正極である．

上の ①，② 両式の両辺をそれぞれ加え合わせると，化学反応式

　　　$Zn + Cu^{2+} \to Zn^{2+} + Cu$ 　　　　　　　　　　　　　　③

が得られる．これは，金属亜鉛を Cu^{2+} を含む溶液に浸したときの，銅が析出して亜鉛が溶けだす反応で，自発的に進行する．上述のダニエル電池は，③

[注] 2つの電解質溶液を素焼きの隔壁などを距てて接触させると，直接界面に電位差（**液界電位差**という）を生じ，理論的に期待されるよりも小さな起電力しか得られない．この現象を防ぐには，KCl などの濃厚溶液を寒天やゼラチンでガラス管のなかに封じこんだ**塩橋**で電解質溶液を連結する，などの方法が用いられる．本書では液界電位差に関する問題は取りあげず，もっぱら理論的な起電力だけを扱う．

式の酸化還元反応のさいに遊離するエネルギーを電気エネルギーとして取り出す装置，にほかならない．

7・4・2 電　池　図

電池の構造を示す図を**電池図**いう．前項のダニエル電池を電池図に書けば，
$$\text{Zn} | \text{Zn}^{2+} \vdots \text{Cu}^{2+} | \text{Cu}$$
または，
$$\text{Zn} | \text{Zn}^{2+} \vdots\vdots \text{Cu}^{2+} | \text{Cu} \qquad\qquad\qquad ④$$
のようになる．図中の縦の実線（|）は相の境界を示す．混合しうる液体どうしの接触部を示すには縦の破線（⋮），塩橋などによって液界電位差が除かれていること（p. 98 脚注）を示すには縦の二重破線（⋮⋮）を使う．この二重破線は二重実線（||）で代用されることもある．なお，前述の電池図では省かれているが，相の状態，溶液の活量，気体の圧力などを示す必要がある場合には，それぞれの化学記号のあとにカッコを付けて記す．

電池の**起電力の正負**については，

　　酸化反応のおこる極を左に書いたときの起電力を正

と約束する．例えば，電池 ④ の標準的な起電力は 1.100 V であるが，逆に
$$\text{Cu} | \text{Cu}^{2+} \vdots\vdots \text{Zn}^{2+} | \text{Zn}$$
と書いた場合には，この図で示される電池の起電力は −1.100 V となる．

─── 例題 7・9　電池図からの化学反応式の書き方 ───

次の各電池でおこる反応を化学反応式で示せ．
(1)　$\text{Pb} | \text{Pb}^{2+} \vdots\vdots \text{Ag}^{+} | \text{Ag}$
(2)　$\text{Pt} | \text{Sn}^{2+}, \text{Sn}^{4+} \vdots\vdots \text{Fe}^{3+}, \text{Fe}^{2+} | \text{Fe}$
(3)　$\text{Pt} | \text{H}_2 | \text{H}^{+} \vdots\vdots \text{Cl}^{-} | \text{Hg}_2\text{Cl}_2(\text{s}) | \text{Hg}$

[**考え方**]　電池図の左側で酸化，右側で還元がおこる．それぞれの側でおこる反応を考え，それを総合して（電子 e^- が式の上から消えるように）全体の反応式を立てればよい．(2) の左側は Fe^{2+} と Fe^{3+} を含む溶液に白金（白金は電子を流す道具であって，反応には関与しない）を浸したもの，(3) の左側は，白金黒を付着させた白金を H^+ を含む溶液に浸してそれに水素ガスを通し，水

素ガスを白金と接触させたもの(**水素電極**という)である.

[**解**] (1) 負極, $Pb \to Pb^{2+} + 2\,e^-$. 正極, $Ag^+ + e^- \to Ag$. 電池全体としては, 両極の反応式から e^- を消去して,

$$Pb + 2\,Ag^+ \to Pb^{2+} + 2\,Ag$$

(2) 負極, $Sn^{2+} \to Sn^{4+} + 2\,e^-$. 正極, $Fe^{3+} + e^- \to Fe^{2+}$. ゆえに,

$$Sn^{2+} + 2\,Fe^{3+} \to Sn^{4+} + 2\,Fe^{2+}$$

(3) 負極, $H_2 \to 2\,H^+ + 2\,e^-$. 正極, $Hg_2Cl_2 + 2\,e^- \to 2\,Hg + 2\,Cl^-$. ゆえに,

$$H_2 + Hg_2Cl_2 \to 2\,H^+ + 2\,Hg + 2\,Cl^-$$

[**注**] 電池(2)の電極 ($Pt\,|\,Sn^{2+}, Sn^{4+}$, および, $Pt\,|\,Fe^{2+}, Fe^{3+}$) のような, 不活性な金属を2つの異なる酸化状態にあるイオンを含む溶液に浸したものを**酸化還元電極**, 電池(3)の左側の電極 ($Pt\,|\,H_2\,|\,H^+$) のような, 不活性な金属を気体の流れとそのイオンを含む溶液に接触させたものを**気体電極**, 電池(3)の右側の電極 ($Hg\,|\,Hg_2Cl_2(s)\,|\,Cl^-$) のような, 金属とその難溶性の塩が, 塩と共通な陰イオンを含む溶液と接触しているもの**金属–難溶性塩電極**という. これに対し, p. 99 ④ 式の電池の電極 ($Zn\,|\,Zn^{2+}$, および, $Cu\,|\,Cu^{2+}$) のような, 金属がそのイオンを含む溶液と接触しているものを**金属電極**という.

例題 7・10　化学反応式からの電池図の書き方

次の各反応にもとづく電池を電池図で示せ.

(1) $Cu + 2\,Fe^{3+} \to Cu^{2+} + 2\,Fe^{2+}$

(2) $H_2 + Cl_2 \to 2\,HCl(aq)$

(3) $2\,FeCl_2(aq) + Cl_2 \to 2\,FeCl_3(aq)$

[**考え方**] 前例題とは逆に, 与えられた反応でどの物質が酸化され, どの物質が還元されたかを考え, 酸化のおこった極が左側になるように電池図を書く. (2)では, 反応生成物は $2\,HCl(aq)$ つまり $2\,H^+ + 2\,Cl^-$ だから, おこった反応は, $H_2 \to 2\,H^+ + 2\,e^-$, および, $Cl_2 + 2\,e^- \to 2\,Cl^-$, である.

[**解**] (結果のみ記す)

(1) $Cu\,|\,Cu^{2+}\,\vdots\,Fe^{3+}, Fe^{2+}\,|\,Pt$

(2) $Pt\,|\,H_2\,|\,HCl(aq)\,|\,Cl_2\,|\,Pt$

(3) $Pt\,|\,Fe^{2+}, Fe^{3+}\,\vdots\,Cl^-\,|\,Cl_2\,|\,Pt$

7・4・3 標準電極電位と標準起電力

電池の起電力は，電極の種類，溶液の濃度（したがって，活量）および気体の圧力，温度などによって変化する．活量および圧力が標準状態（活量 = 1，圧力 = $10^5 \text{Pa}^{\dagger)}$）であるときの起電力を**標準起電力**という．温度はとくに定められていないが，25 °C（= 298.15 K）とすることが多い．

標準起電力は標準電極電位から計算によって求めることができる．すなわち，

$$E^{\ominus} = E_R^{\ominus} - E_L^{\ominus} \tag{7.16}$$

> $E^{\ominus}$ は標準起電力，$E_R^{\ominus}$ および $E_L^{\ominus}$ は電池図の右側および左側の電極の標準電位

ある電極の**標準電極電位**とは，"左側に標準水素電極，右側に標準状態（活量 $a = 1$，圧力 = 10^5 Pa）のその電極をおいた電池"の起電力をいう．例えば，$Cu^{2+}|Cu$ の標準電極電位とは，

$$\text{Pt}|\text{H}_2(1\,\text{atm})|\text{H}^+(a=1) \vdots \text{Cu}^{2+}|\text{Cu}$$

の起電力のことである．いくつかの標準電極電位のデータを資料 7-3（p. 102）にあげる．

例題 7・11　標準電極電位からの標準起電力の求め方

資料 7-3 のデータを使って，例題 7・9 の各電池の起電力を計算せよ．

[解]（1）資料 7-3 (p. 102) から，$\text{Ag}^+|\text{Ag}$，および，$\text{Pb}^{2+}|\text{Pb}$，の標準電極電位は，+ 0.799 V，および，− 0.126 V．ゆえに，(7.16) 式から，

$$E^{\ominus} = E_R^{\ominus} - E_L^{\ominus} = 0.799\,\text{V} - (-0.126\,\text{V}) = 0.925\,\text{V}$$

(2) 前問と同様に，

$$E^{\ominus} = E_R^{\ominus} - E_L^{\ominus} = 0.771\,\text{V} - 0.15\,\text{V} = 0.62\,\text{V}$$

(3) 同様に，

$$E^{\ominus} = E_R^{\ominus} - E_L^{\ominus} = 0.268\,\text{V} - 0\,\text{V} = 0.268\,\text{V}$$

---

†) 圧力に関しては，$p^{\ominus} = 1\,\text{atm}(= 101\,325\,\text{Pa})$ とすることもある．しかし，$p^{\ominus} = 10^5\,\text{Pa}$ とした場合との差はわずかなので，実際の計算においては無視することが多い．

資料 7-3　標準電極電位 $E^{\ominus}$ (298.15K)

電　極	電　極　反　応	$E^{\ominus}$/V
$Li^+ \mid Li$	$Li^+ + e^- \rightarrow Li$	-3.045
$K^+ \mid K$	$K^+ + e^- \rightarrow K$	-2.925
$Ba^{2+} \mid Ba$	$Ba^{2+} + 2\,e^- \rightarrow Ba$	-2.906
$Ca^{2+} \mid Ca$	$Ca^{2+} + 2\,e^- \rightarrow Ca$	-2.866
$Na^+ \mid Na$	$Na^+ + e^- \rightarrow Na$	-2.714
$Mg^{2+} \mid Mg$	$Mg^{2+} + 2\,e^- \rightarrow Mg$	-2.363
$Al^{3+} \mid Al$	$Al^{3+} + 3\,e^- \rightarrow Al$	-1.662
$Mn^{2+} \mid Mn$	$Mn^{2+} + 2\,e^- \rightarrow Mn$	-1.180
$Zn^{2+} \mid Zn$	$Zn^{2+} + 2\,e^- \rightarrow Zn$	-0.763
$Cr^{3+} \mid Cr$	$Cr^{3+} + 3\,e^- \rightarrow Cr$	-0.744
$Fe^{2+} \mid Fe$	$Fe^{2+} + 2\,e^- \rightarrow Fe$	-0.440
$Sn^{2+} \mid Sn$	$Sn^{2+} + 2\,e^- \rightarrow Sn$	-0.140
$Pb^{2+} \mid Pb$	$Pb^{2+} + 2\,e^- \rightarrow Pb$	-0.126
$H^+ \mid H_2 \mid Pt$	$2\,H^+ + 2\,e^- \rightarrow H_2$	0(定義)
$Sn^{4+}, Sn^{2+} \mid Pt$	$Sn^{4+} + 2\,e^- \rightarrow Sn^{2+}$	$+0.15$
$Cl^- \mid AgCl(s) \mid Ag$	$AgCl + e^- \rightarrow Ag + Cl^-$	$+0.222$
$Cl^- \mid Hg_2Cl_2(s) \mid Hg$	$Hg_2Cl_2 + 2\,e^- \rightarrow 2\,Hg + 2\,Cl^-$	$+0.268$
$Cu^{2+} \mid Cu$	$Cu^{2+} + 2\,e^- \rightarrow Cu$	$+0.337$
$Fe(CN)_6^{3-}, Fe(CN)_6^{4-} \mid Pt$	$Fe(CN)_6^{3-} + e^- \rightarrow Fe(CN)_6^{4-}$	$+0.36$
$Cu^+ \mid Cu$	$Cu^+ + e^- \rightarrow Cu$	$+0.530$
$I^- \mid I_2(s) \mid Pt$	$I_2 + 2\,e^- \rightarrow 2\,I^-$	$+0.536$
$Fe^{3+}, Fe^{2+} \mid Pt$	$Fe^{3+} + e^- \rightarrow Fe^{2+}$	$+0.771$
$Hg_2^{2+} \mid Hg$	$Hg_2^{2+} + 2\,e^- \rightarrow 2\,Hg$	$+0.788$
$Ag^+ \mid Ag$	$Ag^+ + e^- \rightarrow Ag$	$+0.799$
$Hg^{2+}, Hg_2^{2+} \mid Pt$	$2\,Hg^{2+} + 2\,e^- \rightarrow Hg_2^{2+}$	$+0.920$
$Br^- \mid Br_2(l) \mid Pt$	$Br_2 + 2\,e^- \rightarrow 2\,Br^-$	$+1.065$
$Cl^- \mid Cl_2(g) \mid Pt$	$Cl_2 + 2\,e^- \rightarrow 2\,Cl^-$	$+1.360$
$MnO_4^-, H^+, Mn^{2+} \mid Pt$	$MnO_4^- + 8\,H^+ + 5\,e^- \rightarrow Mn^{2+} + 4\,H_2O$	$+1.51$

7・4・4　電極電位の濃度による変化

電極電位は電解質の濃度（気体電極の場合は圧力）によって変化する．その関係は次の**ネルンストの式**で与えられる．すなわち，

$$E = E^{\ominus} - \frac{RT}{zF} \ln \frac{a_r^{\nu_r}}{a_o^{\nu_o}} \tag{7.17}$$

E は酸化種および還元種の活量が a_o および a_r のときの電極電位，$E^{\ominus}$ は標準電極電位，R は気体定数，T は温度，z は単位反応で移動する電子数，F はファラデー定数，ν_o および ν_r は酸化種および還元種の化学量論係数

式中の**酸化種**および**還元種**とは，同じ電極のなかで酸化状態および還元状態にある物質をいう．具体例は，例題 7・12 [考え方]．

電極電位は 25 ℃ (= 298.15 K) におけるそれを求めることが多いので，(7.17) 式の RT/F を，$T = 298.15$ K の場合についてあらかじめ計算しておくと便利である．すなわち，

$$E(298.15 \text{ K}) = E^\ominus - \frac{0.025\,69 \text{ V}}{z} \ln \frac{a_r^{\nu_r}}{a_o^{\nu_o}} \tag{7.17 a}$$

記号は (7.17) 式に同じ

気体が関与する電池では，圧力 p の標準圧力 $p^\ominus$ ($= 10^5$ Pa) に対する比を活量 a として用いる．

例題 7・12 電極電位の濃度による変化

次の電極の 25 ℃ における電極電位を求めよ．
(1) $Cu^{2+}(a = 0.01) | Cu$
(2) $H^+(a = 0.1) | H_2(10^5 \text{ Pa}) | Pt$
(3) $Cl^-(a = 0.1) | Cl_2(5 \times 10^4 \text{ Pa}) | Pt$
(4) $MnO_4^-(a = 1), H^+(a = 10^{-3}), Mn^{2+}(a = 1) | Pt$

[**考え方**] (1) Cu^{2+} が酸化種，Cu が還元種．Cu は純粋な固体と見なして，$a_r = 1$ とおく．$z = 2$．

(2) H^+ が酸化種，H_2 が還元種．$a_r = p(H_2)/p^\ominus = 10^5 \text{ Pa}/10^5 \text{ Pa} = 1$．反応式を $2H^+ + 2e^- \rightarrow H_2$ と考えれば[注]，$z = 2$，$\nu_o = 2$，$\nu_r = 1$．

(3) Cl_2 が酸化種，Cl^- が還元種．

(4) 反応式が $MnO_4^- + 8H^+ + 5e^- \rightarrow Mn^{2+} + 4H_2O$ だから，MnO_4^- と H^+ が酸化種，Mn^{2+} が還元種．この場合は酸化種が 2 種類あるから a_o は両者の積になる．つまり，$a_o = a(MnO_4^-)a(H^+)^8$．$z = 5$．

[**解**] いずれも (7.17 a) 式により ($E^\ominus$ は p. 102 の資料 7-3)，

(1) $E = E^\ominus - \dfrac{0.025\,69 \text{ V}}{z} \ln \dfrac{a_r^{\nu_r}}{a_o^{\nu_o}} = 0.377 \text{ V} - \dfrac{0.025\,69 \text{ V}}{2} \ln \dfrac{a(Cu)}{a(Cu^{2+})}$

$= 0.337 \text{ V} - \dfrac{0.025\,69 \text{ V}}{2} \ln \dfrac{1}{0.01} = 0.278 \text{ V}$

(2) $E = 0 \text{ V} - \dfrac{0.025\,69 \text{ V}}{2} \ln \dfrac{a(H_2)}{a(H^+)^2} = -\dfrac{0.025\,69 \text{ V}}{2} \ln \dfrac{1}{(0.1)^2} = -0.059\,2 \text{ V}$

(3) $E = 1.360 \text{ V} - \dfrac{0.025\ 69 \text{ V}}{2} \ln \dfrac{a(\text{Cl}^-)^2}{a(\text{Cl}_2)}$

$= 1.360 \text{ V} - \dfrac{0.025\ 69 \text{ V}}{2} \ln \dfrac{(0.1)^2}{0.5} = 1.410 \text{ V}$

(4) $E = 1.51 \text{ V} - \dfrac{0.025\ 69 \text{ V}}{5} \ln \dfrac{a(\text{Mn}^{2+})}{a(\text{MnO}_4^-)a(\text{H}^+)^8}$

$= 1.51 \text{ V} - \dfrac{0.025\ 69 \text{ V}}{5} \ln \dfrac{1}{1 \times (10^{-3})^8} = 1.23 \text{ V}$

[注] 反応式を $\text{H}^+ + \text{e}^- \to \frac{1}{2}\text{H}_2$ と考えれば，$z = 1$，$\nu_\text{o} = 1$，$\nu_\text{r} = 1/2$．しかし，計算は次のようになって，結果は変わらない．

$$E = 0 \text{ V} - \dfrac{0.025\ 69 \text{ V}}{1} \ln \dfrac{a(\text{H}_2)^{1/2}}{a(\text{H}^+)} = 0 \text{ V} - 0.025\ 69 \text{ V} \times \ln \dfrac{1^{1/2}}{0.1}$$

7・4・5 電池の起電力の濃度による変化

前項に述べたように電極電位は濃度によって変化するから，電極の組み合わせである電池の起電力も電極の濃度によって変化する．標準状態以外の電池の起電力も，(7.16) 式と同型の次の式で与えられる．

$$E = E_\text{R} - E_\text{L} \tag{7.18}$$

E は起電力，E_R および E_L は右側および左側の電極の電位

電極電位 E_R および E_L は (7.17) 式または (7.17 a) 式で求めればよい．

───── 例題 7・13　電極の濃度が異なる電池の起電力 ─────

次の電池の 25 ℃ における起電力を計算せよ．

(1) $\text{Zn}|\text{Zn}^{2+}(a = 3.87\times10^{-3})\,\vdots\,\text{Cu}^{2+}(a = 4.70\times10^{-2})|\text{Cu}$

(2) $\text{Pt}|\text{Fe}^{2+}(a = 0.01),\ \text{Fe}^{3+}(a = 1)\,\vdots\,\text{Cl}^-(a = 1)|\text{Cl}_2\ (10^5 \text{ Pa})|\text{Pt}$

[考え方] 電極電位の計算は例題 7・12 に準じる．(2) では，左側の電極は Fe^{2+} が還元種，Fe^{3+} が酸化種，右側は標準塩素電極である．

[解] (1) (7.17 a) 式により ($E^\ominus$ は p. 102 の資料 7-3)，

$$E_\text{R} = E^\ominus - \dfrac{0.025\ 69 \text{ V}}{z} \ln \dfrac{a_\text{r}^{\nu_\text{r}}}{a_\text{o}^{\nu_\text{o}}} = 0.337 \text{ V} - \dfrac{0.025\ 69 \text{ V}}{2} \ln \dfrac{a(\text{Cu})}{a(\text{Cu}^{2+})}$$

$$= 0.337 \text{ V} - \dfrac{0.025\ 69 \text{ V}}{2} \ln \dfrac{1}{4.70\times10^{-2}} = 0.297\ 7 \text{ V}$$

$$E_\text{L} = -0.763\text{ V} - \frac{0.025\ 69\text{ V}}{2} \ln \frac{a(\text{Zn})}{a(\text{Zn}^{2+})}$$

$$= -0.763\text{ V} - \frac{0.025\ 69\text{ V}}{2} \ln \frac{1}{3.87\times 10^{-3}} = -0.834\ _3\text{ V}$$

以上の計算結果を (7.18) 式に代入して，

$$E = E_\text{R} - E_\text{L} = 0.297\ _7\text{ V} - (-0.834\ _3\text{ V}) = 1.132\text{ V}$$

(2) 前問と同様に，

$$E_\text{R} = E^{\ominus} = 1.360\text{ V}$$

$$E_\text{L} = 0.771\text{ V} - \frac{0.025\ 69\text{ V}}{1} \ln \frac{a(\text{Fe}^{2+})}{a(\text{Fe}^{3+})}$$

$$= 0.771\text{ V} - 0.025\ 69\text{ V} \ln \frac{0.01}{1} = 0.889\ _3\text{ V}$$

$$E = E_\text{R} - E_\text{L} = 1.360\text{ V} - 0.889_3\text{ V} = 0.471\text{ V}$$

7・4・6 濃 淡 電 池

例えば，

$$\text{Cu}\,|\,\text{Cu}^{2+}(a_\text{L})\,\vdots\,\text{Cu}^{2+}(a_\text{R})\,|\,\text{Cu} \quad (a_\text{L} \neq a_\text{R})$$

のように，種類が同じで溶液の濃度が異なる2つの電極を接触させると，起電力を生じる．このような電池を**濃淡電池**という．濃淡電池の起電力を求める式は (7.17) のネルンストの式から導かれ，ほとんどの場合，次の形の式が適用できる[†]．

$$E = -\frac{RT}{zF} \ln \frac{a_\text{r,R}\,a_\text{o,L}}{a_\text{o,R}\,a_\text{r,L}} \tag{7.19}$$

> E は濃淡電池の起電力，R は気体定数，T は温度，z は単位反応で移動する電子数，F はファラデー定数，a_o および a_r は酸化種および還元種の活量，添字 R および L は電池図の右側および左側を示す

[†] (7.17) 式を (7.18) 式に代入すると，

$$E = E_\text{R} - E_\text{L} = E_\text{R}^{\ominus} - E_\text{L}^{\ominus} - \frac{RT}{F}\left(\frac{1}{z_\text{R}}\ln\frac{a_\text{r,R}^{\nu_\text{r,R}}}{a_\text{o,R}^{\nu_\text{o,R}}} - \frac{1}{z_\text{L}}\ln\frac{a_\text{r,L}^{\nu_\text{r,L}}}{a_\text{o,L}^{\nu_\text{o,L}}}\right)$$

濃淡電池では左右両側の電極は種類は同じだから，$E_\text{R}^{\ominus} = E_\text{L}^{\ominus}$，$z_\text{R} = z_\text{L}$，$\nu_\text{r,R} = \nu_\text{r,L}$，$\nu_\text{o,R} = \nu_\text{o,L}$. そこで，$\nu_\text{r} = \nu_\text{o} = 1$ になるように $z_\text{R} = z_\text{L} = z$ を決めれば（例題 7.12 ［注］参照），上式は

$$E = \frac{RT}{F}\left(\frac{1}{z}\ln\frac{a_\text{r,R}}{a_\text{o,R}} - \frac{1}{z}\ln\frac{a_\text{r,L}}{a_\text{o,L}}\right)$$

となり，この式を変形すれば (7.19) 式になる．

25 ℃ (= 298.15 K) の起電力を求める式は次のようになる.

$$E = -\frac{0.025\,69\text{ V}}{z}\ln\frac{a_{\text{r,R}}a_{\text{o,L}}}{a_{\text{o,R}}a_{\text{r,L}}} \tag{7.19 a}$$

記号は (7.19) 式に同じ

濃淡電池には，上例のような電解質の濃度差を利用した**電解質濃淡電池**のほか，電極である気体の濃度（つまり，圧力）を変えた，例えば，

$$\text{Pt}|\text{Cl}_2(p_\text{L})|\text{Cl}^-|\text{Cl}_2(p_\text{R})|\text{Pt} \quad (p_\text{L} \neq p_\text{R})$$

のような，**気体濃淡電池**がある．気体濃淡電池の場合は，圧力 p の標準圧力 $p^\ominus$ (= 10^5 Pa) に対する比を活量 a として用いればよい．

例題 7・14　濃淡電池の起電力

次の電池の 25 ℃ における起電力を求めよ．活量係数は資料 7-2 による．

(1) $\text{Zn}|\text{ZnSO}_4(1\times10^{-2}\text{ mol kg}^{-1})\,\vdots\vdots\,\text{ZnSO}_4(1\text{ mol kg}^{-1})|\text{Zn}$

(2) $\text{Pt}|\text{H}_2(5\times10^5\text{ Pa})|\text{H}_2\text{SO}_4(\text{aq})|\text{H}_2(1\times10^4\text{ Pa})|\text{Pt}$

[考え方]　(1) は両極とも酸化種が Zn^{2+}，還元種が Zn．Zn は純粋な固体と見なして，$a_{\text{r,R}} = a_{\text{r,L}} = 1$（例題 7・12 ［考え方］）．(2) は両極とも酸化種が H^+，還元種が H_2．H^+ 溶液つまり H_2SO_4 (aq) は両極に共通だから，$a_{\text{o,R}} = a_{\text{o,L}}$．

[解]　(1) 酸化種の活量は，資料 7-2 (p. 95) のデータを (7.9) 式の γ に代入して，

$$a_{\text{o,R}} = \gamma\,b/b^\ominus = 0.043 \times 1 = 0.043$$

$$a_{\text{o,L}} = 0.387 \times 1 \times 10^{-2} = 3.87\times 10^{-3}$$

これらを (7.19 a) 式に代入して，

$$E = -\frac{0.025\,69\text{ V}}{z}\ln\frac{a_{\text{r,R}}a_{\text{o,L}}}{a_{\text{o,R}}a_{\text{r,L}}} = -\frac{0.025\,69\text{ V}}{2}\ln\frac{1\times 3.87\times 10^{-3}}{0.043\times 1}$$
$$= 0.031\text{ V}$$

(2) (7.19a) 式において，$a_{\text{o,R}} = a_{\text{o,L}}$．$a_{\text{r,R}} = p(\text{H}_2)_\text{R}/p^\ominus = 1\times10^4\text{ Pa}/10^5\text{ Pa} = 0.1$，$a_{\text{r,L}} = 5\times10^5\text{ Pa}/10^5\text{ Pa} = 5$ を代入して，

$$E = -\frac{0.025\,69\text{ V}}{z}\ln\frac{a_{\text{r,R}}}{a_{\text{r,L}}} = -\frac{0.025\,69\text{ V}}{2}\ln\frac{0.1}{5} = 0.050\,2\text{ V}$$

7・4・7 濃淡電池を利用した活量の測定

濃淡電池の原理を利用すると，その起電力の測定値から，きわめて低い濃度の電解質溶液の活量を計算で求めることが可能になる．本項ではこの方法を利用した pH の測定法と溶解度積の測定法を取りあげる．

例題 7・15 濃淡電池を利用した pH の求め方

濃度未知の酸溶液 A を用いた水素電極 ($p = 10^5$ Pa) と標準水素電極からなる電池の 25 ℃ における起電力は 0.272 8 V であった．溶液 A の pH を求めよ．

[考え方] この例題で対象としているのは電解質濃淡電池

$$\text{Pt} | \text{H}_2(10^5\,\text{Pa}) | \text{H}^+(a_\text{L}) \vdots\vdots \text{H}^+(a=1) | \text{H}_2(10^5\,\text{Pa}) | \text{Pt}$$

である．(7.19 a) 式に与えられたデータを代入して $-\ln a_\text{L}$ を求めれば，それを常用対数に換算した $-\log a_\text{L}$ が pH である[注]．なお，この電池は H^+ に関する濃淡電池だから $z=1$ である (例題 7・14 (2) の電池は H_2 に関する濃淡電池だから $z=2$)．

[解] (7.19 a) 式により，

$$0.272\,8\,\text{V} = -\frac{0.025\,69\,\text{V}}{z}\ln\frac{a_{r,R}\,a_{o,L}}{a_{o,R}\,a_{r,L}} = -\frac{0.025\,69\,\text{V}}{1}\ln\frac{1\times a_\text{L}}{1\times 1}$$

$$-\ln a_\text{L} = 10.61_9$$

ゆえに，酸溶液の pH は，

$$\text{pH} = -\log a_\text{L} = \log e \times (-\ln a_\text{L}) = 0.434\,2\,9 \times 10.619 = 4.612$$

[注] 溶液の pH は，さきに H^+ の濃度にもとづく定義を述べた (6・2・3) が，濃度の代りに H^+ の活量を用いて，

$$\text{pH} = -\log a(\text{H}^+) \tag{⑤}$$

と定義することもできる．本例題はこの定義にもとづく測定法を扱った．

しかし，現在では **pH の定義** が変わり，次に述べる操作にもとづく定義が採用されている．すなわち，検体水溶液 X を用いた次の電池

$$\text{基準電極} | \text{濃 KCl 溶液} \vdots\vdots \text{溶液 X} | \text{H}_2 | \text{Pt}$$

の起電力が E_X であり，pH が pH(S) で与えられる標準水溶液 S (普通は，濃度が厳密に 0.05 kg mol^{-1} のフタル酸水素カリウム水溶液を使う．25 ℃ での pH(S) は 4.005) を用いた電池

基準電極|濃 KCl 溶液 ┊ 溶液 S|H_2|Pt

の，同条件下での起電力が E_S であるとき，式

$$\mathrm{pH(X)} = \mathrm{pH(S)} + (E_S - E_X)F/(RT \ln 10) \qquad ⑥$$

で与えられる値を溶液 X の pH とする．⑤式で定義された pH と ⑥ 式で求められる pH との差は，pH が 2～12 の溶液においては ±0.02 以内である．

なお，実際の測定では，Pt|H_2 電極は操作が面倒なので，**ガラス電極**（ガラスの薄膜でつくった球の内部に pH 一定の溶液を入れ，これに銀-塩化銀電極をさし込んだもの）で代用するのが普通である．

例題 7・16　濃淡電池を利用した溶解度積の求め方

次の電池の 25 ℃における起電力は 0.455 V であった．この温度における AgCl の溶解度積を計算せよ．

$$\mathrm{Ag}|\mathrm{AgCl(s)}|\mathrm{KCl}(a=0.077) \┊ \mathrm{AgNO_3}(a=0.072)|\mathrm{Ag}$$

[考え方]　AgCl は水にわずかに溶けるから，左側の極の KCl 溶液にはごく微量の Ag^+ が溶けている．したがって，この電池は Ag^+ に関する電解液濃淡電池であり，(7.19 a) 式の $a_{o,L}$ が KCl 溶液中の Ag^+ の活量である．還元種は両極とも Ag だから，$a_{r,R} = a_{r,L} = 1$．溶解度積は (6.21) 式の物質量濃度 c の代りに活量 a を使って計算する．

[解]　(7.19 a) 式により，

$$0.455 \text{ V} = -\frac{0.025\,69 \text{ V}}{z} \ln \frac{a_{r,R} a_{o,L}}{a_{o,R} a_{r,L}} = -\frac{0.025\,69 \text{ V}}{1} \ln \frac{1 \times a_{o,L}}{0.072 \times 1}$$

$$a_{o,L} = 0.072 \times \exp\left(-\frac{0.455 \text{ V}}{0.025\,69 \text{ V}}\right) = 1.46 \times 10^{-9}$$

(6.21) 式の c を活量 a と読みかえ，$a(\mathrm{Ag}^+)$ に上で求めた $a_{o,L}$ を代入して，

$$K_{sp} = a(\mathrm{Ag}^+) a(\mathrm{Cl}^-) = 1.46 \times 10^{-9} \times 0.077 = 1.1 \times 10^{-10}$$

7・4・8　起電力と反応ギブズエネルギーと平衡定数

反応ギブズエネルギー，つまり反応にともなうギブズエネルギー変化と，その反応を利用した電池の起電力の間には次の関係がある[†]．

[†] **電気エネルギー**は "電気量 × 起電力" で与えられる．ファラデー定数 F は 1 mol の電子のもつ電気量に等しい（§7・2）から，ある電池における 1 mol の物質の反応で z mol の電子が移動する場合，その反応によって生じる電気量は zF，したがって電気エネルギーは zFE になる．これが，反応のさいに遊離するギブズエネルギー $-\Delta_r G$ に等しい．

$$\Delta_r G = -zFE \tag{7.20}$$

$\Delta_r G$ は反応ギブズエネルギー，z は単位反応で移動する電子数，F はファラデー定数，E は起電力

一方，標準反応ギブズエネルギーと平衡定数の間には $\Delta_r G^\ominus = -RT\ln K^\ominus$ という関係がある（5.6 式）から，この式と（7.20）式を組み合わせると，次の起電力と平衡定数の関係式が得られる．

$$E^\ominus = \frac{RT}{zF}\ln K^\ominus \tag{7.21}$$

$E^\ominus$ は標準起電力，R は気体定数，T は温度，$K^\ominus$ は熱力学的平衡定数，他の記号は（7.20）式に同じ

―― 例題 7・17　起電力と反応ギブズエネルギーの関係 ――

電池 Cd|Cd^{2+} ⋮⋮ Sn^{2+}|Sn の 25 ℃における標準起電力は 0.267 V である．反応 Cd + Sn^{2+} → Cd^{2+} + Sn のその温度における標準反応ギブズエネルギーを求めよ．

[解]　（7.20）式により，

$$\Delta_r G^\ominus = -zFE^\ominus = -2 \times 9.649\times 10^4\,\text{C mol}^{-1} \times 0.267\,\text{V} = -51.5\,\text{kJ mol}^{-1}$$

―― 例題 7・18　起電力と平衡定数の関係 ――

資料 7-3 のデータを用いて，反応 Zn + Fe^{2+} ⇌ Zn^{2+} + Fe の 25 ℃における平衡定数を計算せよ．

[解]　電池 Zn|Zn^{2+} ⋮⋮ Fe^{2+}|Fe の標準起電力は，（7.16）式に資料 7-3（p. 102）のデータを代入して，

$$E^\ominus = E_R^\ominus - E_L^\ominus = -0.440\,\text{V} - (-0.763\,\text{V}) = 0.323\,\text{V}$$

これを（7.21）式に代入して，

$$K^\ominus = \exp\left(\frac{zFE^\ominus}{RT}\right) = \exp\left(\frac{2 \times 9.649\times 10^4\,\text{C mol}^{-1} \times 0.323\,\text{V}}{8.315\,\text{J K}^{-1}\,\text{mol}^{-1} \times 298.15\,\text{K}}\right) = 8\times 10^{10}$$

8章 化学反応の速度

§8・1 反応速度式

化学反応

$$\nu_A A + \nu_B B + \cdots \rightarrow \nu_L L + \nu_M M + \cdots \tag{8.1}$$

ν は化学量論係数

の進行の速度は反応物のひとつ，例えば A の**濃度減少速度** $-dc_A/dt$（場合によっては，生成物の**濃度増加速度**，例えば dc_L/dt）で記述される[†1]。これは一般に反応物の濃度の関数であり，式

$$v = -\frac{dc_A}{dt} = k c_A{}^{n_A} c_B{}^{n_B} \cdots \tag{8.2}$$

v は反応物濃度減少速度，c_A などは反応物濃度，t は時間，k は速度定数，n_A などは反応の部分次数

に従う．式中の係数 k を**速度定数**といい，温度の関数である（§8.4）．指数 n_A, n_B, 等，を反応の**部分次数**といい，$n = n_A + n_B + \cdots$ を反応の**全次数**（または，**総括反応次数**）という．n は実験的に決められる値で[†2]，普通は $0 \leqq$

[†1] 以前はこの $-dc_A/dt$ を反応速度とよんでいたが，現在では

$$J = -\frac{1}{\nu_A}\frac{dc_A}{dt} = -\frac{1}{\nu_B}\frac{dc_B}{dt} = \cdots = \frac{1}{\nu_L}\frac{dc_L}{dt} = \frac{1}{\nu_M}\frac{dc_M}{dt} = \cdots$$

で定義される J を**反応速度**とよぶ（物質量濃度 c の代わりに，物質量 n，圧力 p，等，によって定義する場合もある）．このように定義された反応速度は，反応に関与するどの物質をとって記述しても同じ値になる．これに対し，反応物の濃度減少速度や生成物の濃度増加速度は，どの物質を選ぶかによって値が違ってくる．例えば，(8.1) 式の各物質の濃度変化速度の間には次の関係がある．

$$-\frac{dc_A}{dt} : -\frac{dc_B}{dt} : \cdots : \frac{dc_L}{dt} : \frac{dc_M}{dt} : \cdots = \nu_A : \nu_B : \cdots : \nu_L : \nu_M : \cdots$$

[†2] 反応次数 n と化学量論係数 ν は一致する場合もあるが，一致しないことも多い．例題 8・6 参照．

$n \leqslant 3$ の範囲にあり，1 または 2 のことが多い．反応は全次数に応じて，$n = 0$ のものを**零次反応**，以下，**一次反応**，**二次反応**，等，とよぶ．n は整数のことが多いが，分数の場合もある．

反応の速度を表わす式（**反応速度式**）のうち，(8.2) のような微分項を含むものを**微分速度式**，それを解いて得られる式を**積分速度式**という．例えば，一次反応の場合は $n = 1$ だから，(8.2) 式において，$n_A = 1, n_B = \cdots = 0$．したがって，微分速度式は次のようになる．

$$-\frac{dc_A}{dt} = kc_A \tag{8.3}$$

反応物 A の初濃度，つまり $t = 0$ における濃度を $c_{A,0}$ と書くと，

$$k\int_0^t dt = -\int_{c_{A,0}}^{c_A} \frac{dc_A}{c_A}$$

これを解くと，次の積分速度式が得られる．

$$kt = \ln \frac{c_{A,0}}{c_A} \tag{8.3a}$$

いろいろな次数の反応の速度式を一括して表 8-1 に示す．二次反応 ($n = 2$)

表 8-1　反応速度式

次　数	微　分　速　度　式	積　分　速　度　式	
1	$-\dfrac{dc_A}{dt} = kc_A$　(8.3)	$kt = \ln\dfrac{c_{A,0}}{c_A}$	(8.3a)
		$\ln\dfrac{c_A}{c^\ominus} = -kt + \ln\dfrac{c_{A,0}}{c^\ominus}$	(8.3b)
2 ($n_A = 2$)	$-\dfrac{dc_A}{dt} = kc_A^2$　(8.4)	$kt = \dfrac{1}{c_A} - \dfrac{1}{c_{A,0}}$	(8.4a)
		$\dfrac{1}{c_A} = kt + \dfrac{1}{c_{A,0}}$	(8.4b)
2 ($n_A = n_B = 1$)	$-\dfrac{dc_A}{dt} = kc_A c_B$　(8.5)	$kt = \dfrac{1}{c_{A,0} - c_{B,0}} \ln\dfrac{c_{B,0}c_A}{c_{A,0}c_B}$	(8.5a)
3 ($n_A = 2, n_B = 1$)	$-\dfrac{dc_A}{dt} = kc_A^2 c_B$　(8.6)	$kt = \dfrac{2(c_{A,0} - c_A)}{(2c_{B,0} - c_{A,0})c_{A,0}c_A} + \dfrac{1}{(2c_{B,0} - c_{A,0})^2} \ln\dfrac{c_{B,0}c_A}{c_{A,0}c_B}$	(8.6a)
0	$-\dfrac{dc_A}{dt} = k$　(8.7)	$kt = c_{A,0} - c_A$	(8.7a)

c_A, c_B, 反応物濃度．c_0, 初濃度．$c^\ominus$, 標準物質量濃度 ($= 1\,\text{mol dm}^{-3}$). t, 時間．k, 速度定数（単位については p. 115 脚注）．

には，"$n_A = 2$, $n_B = 0$" と "$n_A = n_B = 1$" の2つのタイプがある．**三次反応** ($n = 3$) は大部分が "$n_A = 2$, $n_B = 1$" のタイプである．

§ 8・2 反応次数と速度定数

8・2・1 反応次数と速度定数の決め方 ── 積分法

反応次数の決定によく用いられる方法のひとつに**積分法**がある．反応物の濃度を経時的に測定し，データが何次反応の積分速度式に適合するかによって反応次数を判定する方法である．本項では一次反応（例題8・1）と $n_A = 2$ 型の二次反応（例題8・2）を扱う．$n_A = n_B = 1$ 型の二次反応は練習編 B 8・3 で取りあげる．

積分法以外の反応次数の決め方は 8・2・2 および 8・2・3 で取りあげる．

例題 8・1 積分法による反応次数と速度定数の決め方（一次反応）

スクロースの加水分解反応 $C_{12}H_{22}O_{11} + H_2O \rightarrow C_6H_{12}O_6 + C_6H_{12}O_6$ を H^+ 存在下，25 ℃で追跡したところ，スクロース濃度 c_A は時間の経過とともに下表のように変化した．この反応が一次であることを証明し[注]，かつ速度定数を求めよ．

t/min	0	30.0	60.0	90.0	180.0
$c_A/10^{-2}$ mol dm^{-3}	100.23	90.22	81.07	72.83	53.47

[**考え方**] 与えられたデータが一次反応の積分速度式を満足すれば，つまり (8.3 a) 式に代入したときに一定の k が得られれば，反応が一次であることの証明になる．この問題はまた，グラフを使って解くこともできる．すなわち，(8.3 a) 式を変形すれば，

$$\ln(c_A/c^\ominus) = -kt + \ln(c_{A,0}/c^\ominus) \tag{8.3 b}$$

$c_{A,0}$ および c_A は時間 0 および t における反応物濃度，$c^\ominus$ は標準物質量濃度 ($= 1$ mol dm^{-3})，k は速度定数

したがって，$\ln(c_A/c^\ominus)$ を t に対してプロットして直線が得られれば，一次であることの証明になる．速度定数 k は直線の傾きから求められる．

[**解 ① 計算による方法**] (8.3 a) 式に，$t = 30.0$ min，$c_{A,0} = 100.23 \times 10^{-2}$ mol dm^{-3}，$c_A = 90.22 \times 10^{-2}$ mol dm^{-3}，を代入して k を求めると，

$$k = \frac{1}{t} \ln \frac{c_{A,0}}{c_A} = \frac{1}{30.0 \text{ min}} \ln \frac{100.23 \times 10^{-2}}{90.22 \times 10^{-2}} = 3.50_7 \times 10^{-3} \text{ min}^{-1}$$

以下,同様に,$t = 60.0$, 90.0, および 180.0 min に対して, $k = 3.53_6$, 3.54_8, および 3.49_1 (いずれも, $\times 10^{-3}$ mol^{-1}). これら 4 つの k はほぼ一定だから,与えられた反応は一次である.

正確な速度定数は,以上の 4 つの k を平均して,

$$k = \frac{(3.50_7 + 3.53_6 + 3.54_8 + 3.49_1) \times 10^{-3} \text{ min}^{-1}}{4} = 3.52 \times 10^{-3} \text{ min}^{-1}$$

[**解② グラフによる方法**] 与えられたデータから,$t = 0$, 30, 60, 90, および 180 min における $\ln(c_A/10^{-2} \text{ mol dm}^{-3})$ を求めると,4.607,4.502,4.395,4.288,および 3.979. これらを t に対してプロットすると下図の直線が得られる.したがって,与えられたデータは (8.3b) 式を満足するから,この反応は一次である.

速度定数 k は直線の傾きから,

$$k = -\tan\theta = -\frac{3.90_5 - 4.607}{200 \text{ min}} = 3.5 \times 10^{-2} \text{ min}^{-1}$$

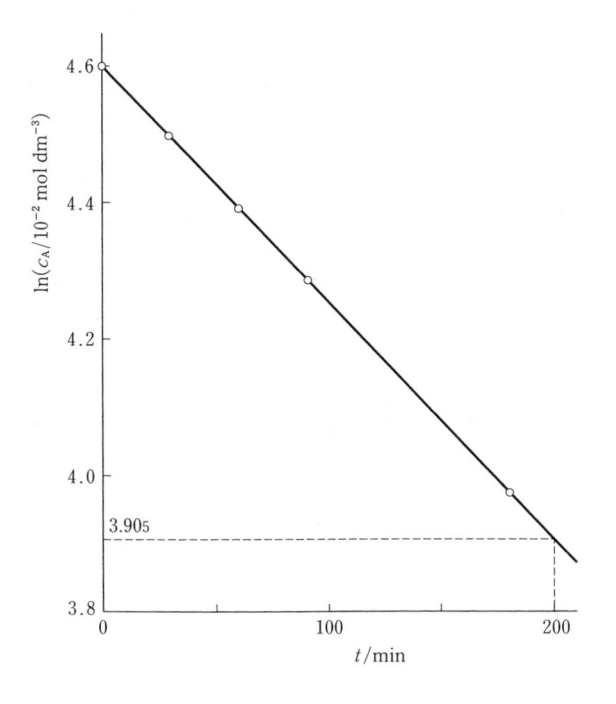

[注] このスクロースの加水分解反応は，スクロースに関して一次であるが水に関しても一次の，$v = kc(\text{C}_{12}\text{H}_{22}\text{O}_{11})\,c(\text{H}_2\text{O})$ という速度式をもつ二次反応である．しかし，反応系中の H_2O 濃度は非常に高く（p.75脚注），反応が進行して H_2O が消費されても $c(\text{H}_2\text{O})$ はほとんど一定だから，あたかも $v = k'c(\text{C}_{12}\text{H}_{22}\text{O}_{11})$ という速度式をもつ一次反応のような外見を呈する．このような見かけ上の一次反応を**擬一次反応**という．なお，本例題では考慮に入れなかったが，この反応は触媒である H^+ に関しても一次である（練習編 B 8·4）．

例題 8·2 積分法による反応次数と速度定数の決め方（二次反応）

定積下，518 ℃でアセトアルデヒドの熱分解反応 $\text{CH}_3\text{CHO} \to \text{CO} + \text{CH}_4$ を行わせたところ，アセトアルデヒドの分圧は時間の経過とともに下表のように変化した．反応次数と速度定数を決定せよ．

t/s	0	42	242	840	1 440
p_A/kPa	48.4	43.9	30.6	15.9	10.6

[考え方] 気体反応の場合はデータは圧力で与えられることが多いが，温度が一定ならば圧力は濃度に比例する（$p = (n/V)RT = cRT$．6·1·3）から，表 8-1 の各式の反応物の濃度 c は分圧 p と読みかえることができる．この例題の場合は，与えられたデータ p_A を各積分速度式の c_A に代入してみて，どの式が一定の k を与えるかを調べればよい[注①]．なお，この例題も前例題同様，グラフで解くこともできる[注②]（解答は省略．具体例は練習編 B 8·1）．

[解] (8.3 a) および (8.4 a) 式の $c_{\text{A},0}$ に $t = 0$ における分圧 48.4 kPa を，c_A に各時間における p_A を代入して，$k_\text{I} = (1/t) \ln (c_{\text{A},0}/c_\text{A})$，および $k_\text{II} = (1/t)\{(1/c_\text{A})-(1/c_{\text{A},0})\}$ を計算すると，

t/s	42	242	840	1 440
$k_\text{I}/10^{-3}\,\text{s}^{-1}$	2.3$_2$	1.8$_9$	1.33	1.05
$k_\text{II}/10^{-5}\,\text{kPa}^{-1}\,\text{s}^{-1}$	5.0$_{43}$	4.96$_6$	5.02$_8$	5.11$_7$

k_II は t には無関係にほぼ一定だから，与えられたデータは (8.4 a) 式を満足する．したがって，この反応は二次である．

速度定数は以上の 4 つの k_II を平均して，

$$k = \frac{(5.0_{43} + 4.96_6 + 5.02_8 + 5.11_7) \times 10^{-5}\,\text{kPa}^{-1}\,\text{s}^{-1}}{4}$$

$= 5.04\times10^{-8}\ \text{Pa}^{-1}\ \text{s}^{-1}$ [注③]

[注①] ここでは取りあえず可能性の高い一次と二次の場合だけを検討したが，どちらも該当しなければ，次は当然，他の次数の積分方程式を検討する．

[注②] (8.4b) 式から明らかなように，c_A^{-1} を t に対してプロットして直線が得られれば，その反応は二次である．速度定数 k は直線の傾きに等しい．

[注③] n 次反応の速度定数の次元は [濃度]$^{1-n}$ [時間]$^{-1}$ である†)．しかし，気相反応では，反応の進行は圧力の変化によって追跡し，記述することが多いから，速度定数も [圧力]$^{1-n}$ [時間]$^{-1}$ という形で表わす方が便利である．とくに指示された場合のほかは，わざわざ濃度を含む単位になおす必要はない．

8・2・2 反応次数と速度定数の決め方 —— 微分法

(8.2) 式において，c_B 以下が一定ならば v は反応物 A の濃度 c_A だけの関数になり，c_A の n_A 乗に比例する．この関係を利用すれば，c_A だけを変化させたときの v の変化を測定することによって，両者の関係から A についての部分次数 n_A を決めることができる．このような反応次数決定法を**微分法**という．複数の反応物が関与する反応では，反応物濃度をひとつずつ変化させて，順次 $n_A, n_B, \cdots\cdots$ を決めてゆけばよい．

例題 8・3 微分法による反応次数と速度定数の決め方

CH_3OH (以下，A と記す) と $(C_6H_5)_3CCl$ (B と記す) は $1:1$ の物質量比で反応して，$CH_3OC(C_6H_5)_3$ と HCl を生じる．下表は，A または B の初濃度を変えて 25 ℃ で反応を行わせたときの，反応開始後 Δt の間の A の濃度変化 Δc_A の測定値である．(1) 反応次数，および，(2) 速度定数を求めよ．表中の濃度の単位はすべて mmol dm^{-3} である．

実験番号	$c_{A,0}$	$c_{B,0}$	Δt/min	Δc_A
1	100.0	50.0	25	-3.3
2	100.0	100.0	15.0	-3.9
3	200.0	100.0	7.5	-7.7

[考え方] $|\Delta c_A|$ は $c_{A,0}$ および $c_{B,0}$ に比べて非常に小さいから，$-\Delta c_A/\Delta t$

---

†) (8.2) 式から，[濃度]/[時間] $= k$[濃度]^n．ゆえに，$k =$ [濃度]$^{1-n}$ [時間]$^{-1}$．

$\approx -\mathrm{d}c_\mathrm{A}/\mathrm{d}t$ と見なしてよい．したがって，(8.2) 式の v には $-\Delta c_\mathrm{A}/\Delta t$ をそのまま代入することができる．c_A および c_B には，(1) は大ざっぱな計算で充分だから，近似値である $c_{\mathrm{A},0}$ および $c_{\mathrm{B},0}$ を代入する．(2) ではより正確な計算が望ましいから，$t = 0$ における濃度 c_0 と $t = \Delta t$ における濃度 $c_0 + \Delta c$ の平均値，$c_0 + \Delta c/2$ を代入する．

［解］(1) 与えられたデータから，各実験について v を計算すると，

実験 1: $\quad v_1 \approx -\dfrac{\Delta c_\mathrm{A}}{\Delta t} = -\dfrac{-3.3 \times 10^{-3}\,\mathrm{mol\,dm^{-3}}}{25\,\mathrm{min}}$

$\qquad\qquad\quad = 1.3_2 \times 10^{-4}\,\mathrm{mol\,dm^{-3}\,min^{-1}}$

実験 2: $\quad v_2 \approx 2.60 \times 10^{-4}\,\mathrm{mol\,dm^{-3}\,min^{-1}}$

実験 3: $\quad v_3 \approx 10.3 \times 10^{-4}\,\mathrm{mol\,dm^{-3}\,min^{-1}}$

実験 1 と 2 を比較すると，$v_2/v_1 \approx 2$，反応物濃度は $c_{\mathrm{A},0}$ は等しく，$c_{\mathrm{B},0}$ は実験 2 が実験 1 の 2 倍である．(8.2) 式において c_B が 2 倍になると v も 2 倍になったのだから，$n_\mathrm{B} = 1$．つまり，この反応は B に関して一次である．

同様に，実験 2 と 3 を比較すると，$v_3/v_2 \approx 4$，反応物濃度は $c_{\mathrm{B},0}$ は等しく，$c_{\mathrm{A},0}$ は 2 倍．つまり，c_A が 2 倍になると v は 4 倍になったのだから，$n_\mathrm{A} = 2$．この反応は A に関して二次である．

反応の全次数は，$n = n_\mathrm{A} + n_\mathrm{B} = 2 + 1 = 3$．つまり，三次反応である．

(2) 以上で求めた n_A および n_B を (8.2) 式に代入すると，

$\qquad v = k c_\mathrm{A}^2 c_\mathrm{B}$

この微分速度式の v に上で求めた $v_1 \sim v_3$ を，c_A および c_B に $t = 0$ および $t = \Delta t$ における反応物濃度の平均値を代入して，各実験ごとの k を計算する．

実験 1 では，$v = v_1 = 1.3_2 \times 10^{-4}\,\mathrm{mol\,dm^{-3}\,min^{-1}}$，$c_\mathrm{A} = (100.0 - 3.3/2) \times 10^{-3}\,\mathrm{mol\,dm^{-3}}$，$c_\mathrm{B} = (50.0 - 3.3/2) \times 10^{-3}\,\mathrm{mol\,dm^{-3}}$．ゆえに，

$$k_1 = \dfrac{v}{c_\mathrm{A}^2 c_\mathrm{B}}$$

$$= \dfrac{1.3_2 \times 10^{-4}\,\mathrm{mol\,dm^{-3}\,min^{-1}}}{\left\{\left(100.0 - \dfrac{3.3}{2}\right) \times 10^{-3}\,\mathrm{mol\,dm^{-3}}\right\}^2 \left(50.0 - \dfrac{3.3}{2}\right) \times 10^{-3}\,\mathrm{mol\,dm^{-3}}}$$

$\qquad = 0.28_2\,\mathrm{mol^{-2}\,dm^6\,min^{-1}}$

実験 2 および 3 についても同様に，

$\qquad k_2 = 0.27_6\,\mathrm{mol^{-2}\,dm^6\,min^{-1}}$

$k_3 = 0.27_8 \, \text{mol}^{-2} \, \text{dm}^6 \, \text{min}^{-1}$

以上の計算結果を平均して,

$$k = \frac{(0.28_2 + 0.27_6 + 0.27_8) \, \text{mol}^{-2} \, \text{dm}^6 \, \text{min}^{-1}}{3} = 0.28 \, \text{mol}^{-2} \, \text{dm}^6 \, \text{min}^{-1}$$

8・2・3 半 減 期

反応物濃度が初濃度の半分になるのに要する時間を**半減期**という.半減期と速度定数の関係式は積分速度式の c_A に $c_{A,0}/2$ を代入することによって得られる.例えば,一次反応ならば (8.3 a) 式から,

$$t_{1/2} \, (\text{一次反応}) = \frac{1}{k} \ln \frac{c_{A,0}}{c_{A,0}/2} = \frac{\ln 2}{k} \tag{8.3 c}$$

$t_{1/2}$ は半減期,k は速度定数,$c_{A,0}$ は反応物初濃度

"$n_A = 2, \, n_B = 0$" タイプの二次反応,および零次反応の場合は,

$$t_{1/2} \, (\text{二次反応}) = \frac{1}{k}\left(\frac{1}{c_{A,0}/2} - \frac{1}{c_{A,0}}\right) = \frac{1}{kc_{A,0}} \tag{8.4 c}$$

$$t_{1/2} \, (\text{零次反応}) = \frac{1}{k}\left(c_{A,0} - \frac{c_{A,0}}{2}\right) = \frac{c_{A,0}}{2k} \tag{8.6 c}$$

記号は (8.3 c) 式に同じ

以上の各式を比較すると明らかなように,反応次数と半減期の間には,

n 次反応の半減期は反応物の初濃度 $c_{A,0}$ の $(1-n)$ 乗に比例する

という関係がある.この関係を利用すると,初濃度を変えた場合の半減期の変化から反応次数を決定することができる.このような反応次数決定法を**半減期法**という.

――― 例題 8・4 半減期法による反応次数の決め方 ―――

1 000 K における一酸化窒素の分解反応の初圧と半減期の関係について下表の結果を得た.反応次数を決定せよ.

p_0/Torr	54.5	134	190	230
$t_{1/2}/\text{s}$	860	370	255	212

[考え方] 気体の圧力は濃度に比例するから,p_0 をそのまま $c_{A,0}$ の代りに使う(例題8・2 [考え方]).$t_{1/2}$ が p_0 に無関係に一定ならば反応は一次であり,$t_{1/2}$ が p_0 に反比例すれば,つまり $p_0 t_{1/2}$ が一定ならば,反応は二次である.

[解] 与えられた $t_{1/2}$ は一定ではないから (8.3c) 式は成立しない. したがって, この反応は一次ではない.

$p_0 t_{1/2}$ を計算すると, 4.69, 4.96, 4.85, および 4.88 (いずれも, $\times 10^4$ Torr). これらの値はほぼ一定だから, (8.4c) 式を満足する. したがって, この反応は二次である.

8・2・4 反応の進行の予測

反応次数と速度定数が既知ならば, 反応がどのように進行するかは (8.3a)～(8.7a) の積分速度式 (表8-1) を使って予測することができる.

例題 8・5 積分速度式を利用する反応の進行の予測

例題 8・2 の反応を初圧が 96.8 kPa である以外は同じ条件のもとで行わせた. アセトアルデヒドの 95% が分解するのに要する時間を求めよ.

[解] 速度定数 k は例題 8・2 で得られた値を使う. この値, および, $c_A = 0.05 c_{A,0}$, $c_{A,0} = 96.8 \times 10^3$ Pa を (8.4a) 式に代入して,

$$t = \frac{1}{k}\left(\frac{1}{c_A} - \frac{1}{c_{A,0}}\right) = \frac{1}{k}\left(\frac{1}{0.05\, c_{A,0}} - \frac{1}{c_{A,0}}\right)$$

$$= \frac{19}{k\, c_{A,0}} = \frac{19}{5.04 \times 10^{-8}\,\mathrm{Pa^{-1}\,s^{-1}} \times 96.8 \times 10^3\,\mathrm{Pa}} = 3.89 \times 10^3\,\mathrm{s}$$

§ 8・3 複合反応

8・3・1 複合反応と素反応

化学反応は, いくつかの反応がひき続き, または同時に起こって, それらが反応全体を構成していることが少なくない. このような場合, 個々の反応を**素反応**, 素反応が集まった全体を**複合反応**という.

前述のように (p. 110 脚注), 化学反応の次数は化学量論係数とはかならずしも一致しないが, 素反応の場合は一致する. つまり,

　　素反応の次数は関与する反応物分子の数に一致する.

この"関与する反応物分子の数"を**反応の分子数**という. 素反応は分子数に応じて, **一分子反応**, **二分子反応**, 等, とよぶ. 反応の分子数は反応次数とはちがってつねに整数である.

8・3・2 逐次反応

いくつかの素反応が段階的に起こる場合，これを**逐次反応**という．例えば，気相反応

$$H_2 + Br_2 \rightarrow 2\,HBr$$

は次の3つの素反応（厳密にいえば，4つの素反応．反応①は正逆2つの素反応を含む）からなる逐次反応である．

$$Br_2 \rightleftarrows 2\,Br \;(\text{平衡定数}\;K_1) \qquad\qquad ①$$
$$Br + H_2 \rightarrow HBr + H \;(\text{速度定数}\;k_2) \qquad\qquad ②$$
$$H + Br_2 \rightarrow HBr + Br \;(\text{速度定数}\;k_3) \qquad\qquad ③$$

これらの3段階のうち反応②がもっとも速度が遅く，したがって，反応全体の速度は反応②の速度によって支配される．この，反応全体の速度を支配する"速度のもっとも遅い反応段階"を**律速段階**という．

例題 8・6　逐次反応と素反応の次数・速度定数の関係

上記の反応 $H_2 + Br_2 \rightarrow 2\,HBr$ の次数を素反応の組み合わせから推定し，かつ，速度定数を各段階の平衡定数および速度定数の組み合わせとして表わせ．律速段階は反応②である．

[考え方] 複合反応 $H_2 + Br_2 \rightarrow 2\,HBr$ の反応物濃度減少速度は，律速段階である素反応②のそれに等しい．この関係を利用して，両者の微分速度式を比較することにより，複合反応全体としての k, n_A, n_B を推定する．

[解] 反応 $H_2 + Br_2 \rightarrow 2\,HBr$ の微分速度式は，(8.2) 式により，

$$v = kc(H_2)^{n_A} c(Br_2)^{n_B} \qquad\qquad ④$$

一方，反応②の微分速度式は，素反応の次数は関与する反応物分子の数に等しいから，Br および H_2 に関していずれも一次である．すなわち，

$$v_2 = k_2 c(Br) c(H_2) \qquad\qquad ⑤$$

反応①に (5.2) 式の質量作用の法則を適用すると，$c(Br)^2/c(Br_2) = K_1$．ゆえに，$c(Br) = \{K_1 c(Br_2)\}^{1/2}$．これを⑤式に代入すると，

$$v_2 = k_2 c\{K_1 c(Br_2)\}^{1/2} c(H_2) = K_1^{1/2} k_2 c(Br_2)^{1/2} c(H_2) \qquad\qquad ⑥$$

反応②は律速段階だから，$v_2 = v$．したがって，④，⑥両式の係数と指数

はそれぞれ互いに等しい．ゆえに，反応 $H_2 + Br_2 \rightarrow 2\,HBr$ は H_2 に関して一次，Br_2 に関して $\frac{1}{2}$ 次，速度定数は $k = K_1^{1/2} k_2$ である．

8・3・3 可逆反応

本項では可逆反応の例として，正逆反応がともに一次の素反応である場合，

$$A \underset{k_-}{\overset{k_+}{\rightleftharpoons}} B \quad (k \text{ は速度定数})$$

を取りあげる．

この可逆反応では，反応物 A の正味の濃度減少速度は，正反応による"A の濃度減少速度"と逆反応による"A の濃度増加速度"の差に等しい．それはまた，B の正味の濃度増加速度に等しいから，

$$-\frac{dc_A}{dt} = k_+ c_A - k_- c_B = \frac{dc_B}{dt} \qquad ①$$

反応が平衡に達すると，正逆反応の速度は等しくなる．このときの濃度を c_∞ で表わすと，

$$k_+ c_{A,\infty} = k_- c_{B,\infty} \qquad ②$$

ここで，$c_{B,\infty}/c_{A,\infty}$ は平衡定数に等しいから，

$$\frac{c_{B,\infty}}{c_{A,\infty}} = \frac{k_+}{k_-} = K \qquad (8.8)$$

K は平衡定数，k は正逆反応の速度定数，c_∞ は平衡時における A および B の濃度

これが，可逆反応の反応速度と平衡定数の関係を示す式である．

一方，①，② 両式から次の関係が導かれる[†]．

$$(k_+ + k_-)t = \ln \frac{c_{B,\infty}}{c_{B,\infty} - c_B} \qquad (8.9)$$

c_B は時間 t における B の濃度，他の記号は (8.8) 式に同じ

(8.8)，(8.9) 両式を使うと，平衡混合物の組成から正逆両反応の速度定数

[†] A の初濃度を c_0 とすれば，$c_A = c_0 - c_B$．ゆえに，②式は $k_+(c_0 - c_{B,\infty}) = k_- c_{B,\infty}$．ゆえに，$k_+ c_0 = (k_+ + k_-)c_{B,\infty}$．これらの関係を考慮しつつ①式を変形すれば，

$$-\frac{dc_B}{dt} = k_+ c_A - k_- c_B = k_+(c_0 - c_B) - k_- c_B = k_+ c_0 - (k_+ + k_-)c_B$$
$$= (k_+ + k_-)c_{B,\infty} - (k_+ + k_-)c_B = (k_+ + k_-)(c_{B,\infty} - c_B)$$

この式を (8.3) 式にならって積分すれば，(8.9) 式が得られる．

を求めることができる.

― 例題 8・7　可逆反応の速度定数の決め方 ―
　　α-D-グルコース (以下, A と記す) と β-D-グルコース (B と記す) の間の異性化反応は, 正逆ともに一次反応である. 20 ℃において A の異性化を追跡したところ, ちょうど1時間後には 28.8% が, 平衡時には 64.3% が B に変化していた. 正逆両反応の速度定数を求めよ.

[解]　(8.8) 式から,

$$\frac{k_+}{k_-} = \frac{c_{B,\infty}}{c_{A,\infty}} = \frac{0.643}{1-0.643} = 1.80_1$$

(8.9) 式から,

$$k_+ + k_- = \frac{1}{t}\ln\frac{c_{B,\infty}}{c_{B,\infty}-c_B} = \frac{1}{1\,\text{h}}\ln\frac{0.643}{0.643-0.288} = 0.59_4\,\text{h}^{-1}$$

以上の2式を解いて,

$$k_+ = 0.38\,\text{h}^{-1},\quad k_- = 0.21\,\text{h}^{-1}$$

8・3・4　酵素反応

酵素は生物が体内でつくり出す触媒である. 酵素反応の機構は複雑であるが, しばしば次式に示す複合反応として扱われる. すなわち,

$$\text{E} + \text{S} \underset{k_{-1}}{\overset{k_{+1}}{\rightleftharpoons}} \text{ES} \xrightarrow{k_{+2}} \text{E} + \text{P} \tag{8.10}$$

　　E は酵素, S は基質, ES は酵素基質複合体, P は生成物, k は各素反応の速度定数

酵素反応では反応物のことを**基質**という.

　酵素基質複合体 ES は反応のごく初期に急速に生成し, すぐに濃度一定の**定常状態**に達する. 定常状態においては ES の生成速度と分解速度は等しいから, (8.10) 式における E, S および ES の濃度をそれぞれ c_E, c_S および c_{ES} で表わせば, (8.10) 式から明らかなように,

$$(k_{-1} + k_{+2})c_{ES} = k_{+1}c_E c_S$$

この式を変形すると,

$$\frac{c_E c_S}{c_{ES}} = \frac{k_{-1} + k_{+2}}{k_{+1}} = K_m \tag{①}$$

この K_m はミハエリス定数といい,酵素の性質を示す重要な定数のひとつである[†]。

いま,酵素の全濃度を $c_{E,0}$ とすると,遊離状態にある酵素 E の濃度は $c_E = c_{E,0} - c_{ES}$。これを①式に代入して整理すると,

$$c_{ES} = \frac{c_{E,0} c_S}{K_m + c_S} \qquad ②$$

(8.10) 式の反応において,生成物 P の濃度増加速度は $v = k_{+2} c_{ES}$ で与えられるから,これに②式を代入すると,酵素反応の速度と基質濃度の関係を示す次の式が得られる.

$$v = \frac{k_{+2} c_{E,0} c_S}{K_m + c_S} = \frac{V_{max} c_S}{K_m + c_S} \qquad (8.11)$$

v は生成物濃度増加速度,V_{max} は最大速度,c_S は基質濃度,K_m はミハエリス定数

この式を**ミハエリス-メンテンの式**という.$V_{max} = k_{+2} c_{E,0}$ はそれぞれの酵素濃度において到達しうる最大の v で,**最大速度**とよばれる.

例題 8・8　ミハエリス定数の求め方

ある酵素反応の速度を 25 ℃ で測定したところ,基質濃度 c_S と生成物の濃度増加速度 v の関係について下表の結果を得た.ミハエリス定数を求めよ.

$c_S/10^{-5}$ mol dm^{-3}	1.00	1.25	2.00	4.00	10.00
$v/10^{-8}$ mol dm^{-3} min^{-1}	1.60	1.90	2.67	4.00	5.71

[考え方]　c_S と v のデータからミハエリス定数を求めるには,(8.11) 式の両辺の逆数をとった

$$\frac{1}{v} = \frac{K_m}{V_{max}} \frac{1}{c_S} + \frac{1}{V_{max}} \qquad (8.12)$$

記号は (8.11) 式に同じ

という関係を利用することが多い.すなわち,(8.12) 式から明らかなように,v^{-1} を c_S^{-1} に対してプロットして得られる直線と c_S^{-1} 軸との交点の座標を読

[†] ミハエリス定数 K_m は①式で定義されるように,ES の分解反応の速度定数の和の生成反応の速度定数に対する比である.したがって,K_m の大小は ES 複合体が不安定であるか安定であるかの目安になる.もっとも,現在では (8.10) 式に従わない酵素反応も数多く見いだされているが,そのような酵素では,ミハエリス定数はかならずしもこのような意味をもつわけではない.

めば，それが $-K_\mathrm{m}^{-1}$ に等しい．この K_m の求め方を**ラインウィーヴァー–バーク・プロット**という[†]．

[**解**] 与えられた各組のデータから c_S^{-1} と v^{-1} を計算すると，

$c_\mathrm{S}^{-1}/10^4\,\mathrm{mol^{-1}\,dm^3}$	10.0_0	8.00	5.00	2.50	1.000
$v^{-1}/10^7\,\mathrm{mol^{-1}\,dm^3\,min}$	6.25	5.26	3.75	2.50	1.75

これをプロットして下図を得る．直線の延長と c_S^{-1} 軸との交点から，

$$-K_\mathrm{m}^{-1} = -2.5_0 \times 10^4\,\mathrm{mol^{-1}\,dm^3}$$
$$K_\mathrm{m} = 4.0 \times 10^{-5}\,\mathrm{mol\,dm^{-3}}$$

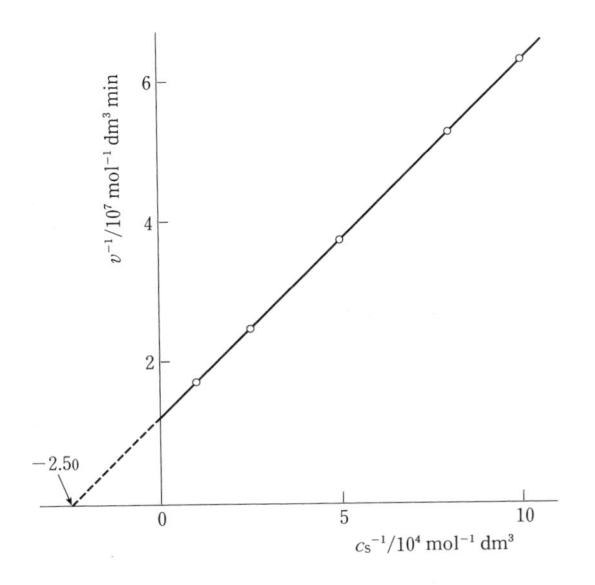

[†] (8.11) 式で $v = \frac{1}{2}V_\mathrm{max}$ とおくと，$K_\mathrm{m} = c_\mathrm{S}$．したがって，与えられた v を c_S に対してプロットして V_max を推定し，それをもとに $v = \frac{1}{2}V_\mathrm{max}$ のときの c_S の値を求めれば，それが K_m に等しいはずである．しかし，この v-c_S プロットは，正確な V_max の推定がきわめて困難なので，K_m を求める方法としては不適当である（右図）．そのため，上述のような v^{-1}-c_S^{-1} プロットが用いられる．

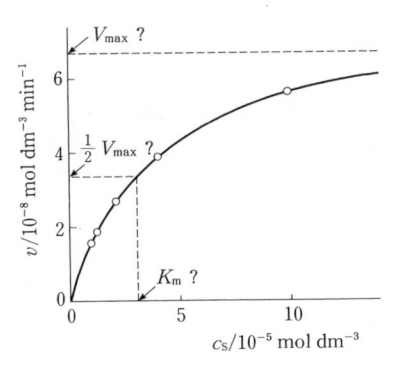

§ 8・4　速度定数の温度変化と活性化エネルギー

　化学反応が進行して反応物が生成物に変化するとき，反応系は**活性化エネルギー**とよばれるエネルギーの障壁を越える必要がある[†]．活性化エネルギーが充分に大きい場合には，反応系はこれを越えることができず，発エルゴン反応であっても進行することができない (4・3・1)．反応系に**触媒**を加えると反応の速度が増加したり，進行できなかった反応が進行するようになるのは，触媒の添加によって活性化エネルギーが低下するためである．

　活性化エネルギーは次の**アレニウスの式**によって速度定数の温度変化から求めることができる．

$$\ln(k/(c^{\ominus})^{1-n}\mathrm{s}^{-1}) = -\frac{E_\mathrm{a}}{RT} + \ln(A/(c^{\ominus})^{1-n}\mathrm{s}^{-1}) \tag{8.13}$$

　　　k は速度定数，E_a は活性化エネルギー，R は気体定数，T は温度，A は
　　頻度因子，$c^{\ominus}$ は標準濃度 ($= 1\,\mathrm{mol\,dm^{-3}}$)

式中の定数 E_a および A はともに各反応に特有の定数であり，両者とも温度によって変化するが，その程度はわずかである．なお，$k/(c^{\ominus})^{1-n}\mathrm{s}^{-1}$ および $A/(c^{\ominus})^{1-n}\mathrm{s}^{-1}$ は，速度定数 k および頻度因子 A の数値部分，の意味である．この関係からわかるように，速度定数と頻度因子は同じ単位をもつ．

　(8.13) のアレニウスの式は (5.8) のファントホッフの平衡式と同形である．したがって，速度定数の温度変化から活性化エネルギーを求めるのは，平衡定数の温度変化から反応エンタルピーを求めるのと同じ手法 (例題 5・11〜5・12) で行うことができる．具体例は，例題 8・9 および練習編 B 8・5 で取りあげる．

[†] 化学反応の機構を説明する**遷移状態理論**によれば，反応物が生成物に変化するさいには，**活性錯合体**とよばれる，エネルギーの高い，不安定な中間物質がいったん生成する．式で書けば，例えば，

$$\mathrm{A + B} \rightleftarrows \mathrm{C}^* \to \mathrm{P}$$

のようである．この活性錯合体 C^* のもつエネルギーと反応系 "A + B" のもつエネルギーとの差が活性化エネルギー E_a である (右図)．

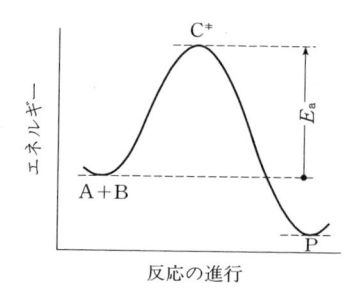

―― 例題 8・9　速度定数からの活性化エネルギーと頻度因子の求め方 ――
　ある反応の速度定数は 967 K で 0.135 s^{-1}，1 085 K で 3.70 s^{-1} であった．活性化エネルギーおよび頻度因子を求めよ．

[**考え方**]　2つの温度における速度定数を扱うときには，(8.13) 式を次のように変形しておくと便利である．

$$\ln \frac{k(T_2)}{k(T_1)} = -\frac{E_a}{R}\left(\frac{1}{T_2} - \frac{1}{T_1}\right) \tag{8.14}$$

　　　記号は (8.13) 式に同じ

[**解**]　活性化エネルギーは，(8.14) 式により，

$$E_a = -R \ln \frac{k(T_2)}{k(T_1)} \Big/ \left(\frac{1}{T_2} - \frac{1}{T_1}\right)$$

$$= -8.315 \text{ J mol}^{-1}\text{ K}^{-1} \times \ln \frac{3.70 \text{ s}^{-1}}{0.135 \text{ s}^{-1}} \Big/ \left(\frac{1}{1\,085 \text{ K}} - \frac{1}{967 \text{ K}}\right)$$

$$= 2.44_8 \times 10^5 \text{ J mol}^{-1} = 245 \text{ kJ mol}^{-1}$$

頻度因子は，(8.13) 式に $T = 967$ K，$k = 0.135$ s^{-1} を代入して[注]，

$$A = k\, e^{E_a/RT} = 0.135 \text{ s}^{-1} \times \exp\left(\frac{2.44_8 \times 10^5 \text{ J mol}^{-1}}{8.315 \text{ J K}^{-1}\text{ mol}^{-1} \times 967 \text{ K}}\right) = 2.3 \times 10^{12} \text{ s}^{-1}$$

[**注**]　$T = 1\,085$ K のときのデータで計算してもよい．ほとんど同じ値が得られる．

―― 例題 8・10　活性化エネルギーからの速度定数の温度変化の求め方 ――
　活性化エネルギーが 100 kJ mol^{-1} の反応がある．反応温度が 300 K から 400 K に上昇すると，速度定数は何倍になるか．

[**解**]　(8.14) 式により，

$$\frac{k(T_2)}{k(T_1)} = \exp\left\{-\frac{E_a}{R}\left(\frac{1}{T_2} - \frac{1}{T_1}\right)\right\}$$

$$= \exp\left\{-\frac{100 \times 10^3 \text{ J mol}^{-1}}{8.315 \text{ J K}^{-1}\text{ mol}^{-1}} \times \left(\frac{1}{400 \text{ K}} - \frac{1}{300 \text{ K}}\right)\right\} = 2.3 \times 10^4$$

速度定数は 2.3×10^4 倍になる．

9章 核化学

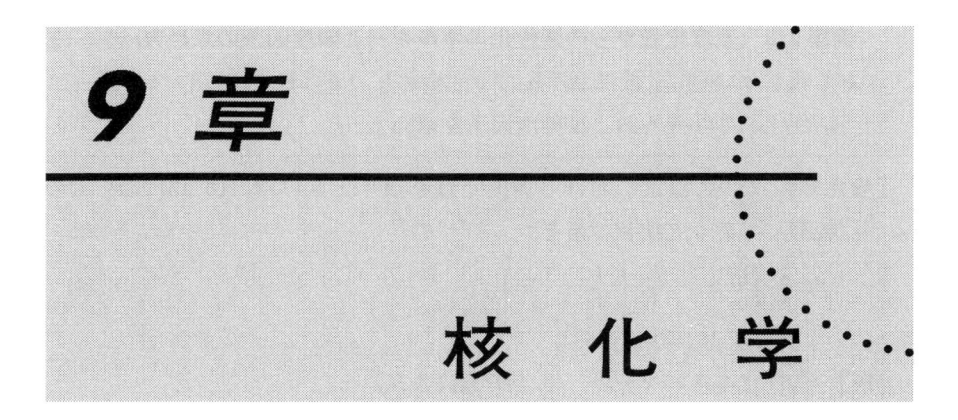

§ 9・1 原子核の構造と質量欠損

9・1・1 原子を構成する粒子

原子は中心に正電荷をもつ**原子核**があり，その周囲を，負電荷をもつ**電子**がとりまいている．原子核は正電荷をもつ**陽子**と電気的に中性な**中性子**とで構成されている．陽子と中性子を総称して**核子**という．核子と電子の質量と電荷を表9-1に示す．陽子と電子の電荷は符号が反対で，絶対値が等しい．この値は電荷の最小単位であり，**電気素量**（記号，e）とよばれている．

表9-1に見るように，陽子と中性子の質量はほぼ等しく，電子のそれよりはるかに大きい．したがって，原子のおおよその質量は核子の数によって決まる．核子の数，つまり陽子の数と中性子の数の合計を**質量数**といい，記号 A で表わす．

表9-1 核子と電子の質量と電荷

種類（記号）	質量/kg	原子質量/u	電荷/C
陽 子 (p, p$^+$, $^1_1$p)	$1.672\,62\times10^{-27}$	$1.007\,276\,5$	$+1.602\,18\times10^{-19}$
中性子 (n, n^0, $^1_0$n)	$1.674\,93\times10^{-27}$	$1.008\,664\,9$	0
電 子 (e, e$^-$, $^{\,0}_{-1}$e)	$9.109\,39\times10^{-31}$	$5.485\,799\times10^{-4}$	$-1.602\,18\times10^{-19}$

原子核のなかの陽子の数を**原子番号**といい，記号 Z で表わす．原子は全体としては電気的に中性だから，核の外にある電子の数は陽子の数，つまり原子番号 Z に等しい．原子を構成する粒子の数に関して，以上をまとめると，

> 陽子数 = 電子数 = 原子番号 Z
> 中性子数 = 質量数 A − 原子番号 Z

質量数 A および原子番号 Z は元素記号の左上および左下に添字として示す．例えば，"質量数 12 の炭素（原子番号 6）"は $^{12}_{6}\mathrm{C}$ と書く．添字つきの元素記号は対応する原子核をもつ原子を表わすのにも，原子核自体を表わすのにも使われる．

同一の質量数と原子番号をもつ原子核を**核種**という．核種という言葉は原子に対しても使われる．

例題 9・1　質量数・原子番号とイオンを構成する粒子数の関係

次の原子およびイオンの含まれる陽子，中性子および電子の数を求めよ．
(1) $^{208}_{82}\mathrm{Pb}$　　　(2) $^{56}_{26}\mathrm{Fe}^{3+}$　　　(3) $^{79}_{35}\mathrm{Br}^{-}$

[考え方]　**陽イオン**は原子から電荷数の絶対値に等しい電子が失われたもの，**陰イオン**は電荷数に等しい電子が加わったものである．したがって，イオンの電子数は原子の電子数に比べて，そのぶんだけ増減がある．陽子数と中性子数は変化しない．

[解]　(1)　Pb は，$A = 208$，$Z = 82$ だから，
　　陽子数 = 電子数 = Z = 82
　　中性子数 = $A - Z$ = 208 − 82 = 126
(2)　Fe^{3+} の電荷は +3．したがって，$^{56}_{26}\mathrm{Fe}$ よりも電子が 3 個少ない．
　　陽子数 = Z = 26
　　中性子数 = $Z - A$ = 56 − 26 = 30
　　電子数 = 26 − 3 = 23
(3)　Br^{-} の電荷は −1．$^{79}_{35}\mathrm{Br}$ よりも電子が 1 個多い．
　　陽子数 = Z = 35
　　中性子数 = $Z - A$ = 79 − 35 = 44
　　電子数 = 35 + 1 = 36

9・1・2　同位体

同じ原子番号 Z をもつ原子の集合を**元素**という．原子の化学的性質は電子の数によって決まるから，元素は"同じ化学的性質をもつ原子の集合"と定義

することもできる．

　元素には**単核種元素**，つまり同一の核種だけからなるものもあるが，多くの元素は質量数の異なる複数の核種を含んでいる．後者のような場合は，それぞれの核種を互いに**同位体**という．原子番号 1～10 の元素について，その同位体の質量と同位体組成を資料 9-1 に示す．

資料 9-1　同位体の質量と存在比（1～10 番元素）

Z	A	核種	原子質量 m_a/u	同位体存在比
1	1	^{1}H	1.007 825 0	99.985
	2	^{2}H	2.014 101 8	0.015
	3	^{3}H*	3.016 049	
2	3	^{3}He	3.016 029	0.000 137
	4	^{4}He	4.002 603	99.999 863
3	6	^{6}Li	6.015 12	7.5
	7	^{7}Li	7.016 00	92.5
4	9	^{9}Be	9.012 18	100
5	10	^{10}B	10.012 937	19.9
	11	^{11}B	11.009 305	80.1
6	12	^{12}C	12（定義）	98.90
	13	^{13}C	13.003 354 8	1.10
	14	^{14}C*	14.003 242 0	
7	14	^{14}N	14.003 074 0	99.634
	15	^{15}N	15.000 109	0.366
8	16	^{16}O	15.994 915	99.762
	17	^{17}O	16.999 13	0.038
	18	^{18}O	17.999 16	0.200
9	19	^{19}F	18.998 403	100
10	20	^{20}Ne	19.992 44	90.48
	21	^{21}Ne	20.993 84	0.27
	22	^{22}Ne	21.991 38	9.25

Z，原子番号．A，質量数．*は放射性同位体．

―― **例題 9・2　同位体の原子質量と元素の原子量の関係** ――

　塩素は 2 種の同位体 ^{35}Cl および ^{37}Cl からなり，それぞれの存在比は 75.77％ および 24.23％ である．原子量を求めよ．各同位体の原子質量は 34.969 u および 36.966 u である．

　［考え方］　原子の質量は ^{12}C 原子の質量の 12 分の 1 を単位として（単位記

号, u. 統一原子質量単位という）表わすことが多い．この単位で表わした原子質量は，その数値部分が原子量に等しい（原子量は単位をもたない）．§ 14.1 参照．

[解] 2種の同位体の原子質量（単位を省く）の加重平均を求めると，
$$34.969 \times 0.7577 + 36.966 \times 0.2423 = 35.45$$

9・1・3 質量欠損と核の結合エネルギー

原子核の質量は一般に核子の質量の総和よりも小さい．これは，中性子と陽子から原子核が生成するさいに，減少した質量に相当するエネルギーを放出して安定化するためである．この質量の減少を**質量欠損**といい，放出したエネルギーを**核の結合エネルギー**という．

質量とエネルギーの関係は次の**アインシュタインの式**で与えられる．
$$E = mc^2 \tag{9.1}$$

E はエネルギー，m は質量，c は真空中での光の速度

真空中での光の速度は
$$c = 299\,792\,458 \text{ m s}^{-1} \tag{9.2}$$
である．

───── 例題 9・3　質量欠損と核の結合エネルギーの計算 ─────

資料9-1と表9-1のデータを使って，^4_2He 核の質量欠損と結合エネルギーを求めよ．また，核子1個あたりの結合エネルギーを eV 単位で表せ．

[考え方] "核子1個あたり"のような非常に小さいエネルギーを記述するときには，単位にJを使うと数値が非常に小さくなって不便なので，**電子ボルト**（記号，eV）という単位がしばしば使われる．電子ボルトとは"電子が1Vの電位差で加速されるときに獲得するエネルギー"のことである．電子の電荷は $1.602\,18 \times 10^{-19}$ C だから，電子ボルトを J 単位で表わすと，
$$1 \text{ eV} = 1.602\,18 \times 10^{-19} \text{ C} \times 1 \text{ V} = 1.602\,18 \times 10^{-19} \text{ J} \tag{9.3}$$

"粒子1個あたりの eV" と "1 mol あたりの J" の換算には，(9.3) 式の右辺にアボガドロ定数 N_A を掛けて得られる次の式を使えばよい．

$$1 \text{ eV (粒子)}^{-1} \triangle 9.6485 \times 10^4 \text{ J mol}^{-1} \tag{9.3 a}$$

ここで，記号"$\triangle$"は，"と等価である"または"に対応する"の意味である．

[解] ^4_2He の原子質量は資料 9-1 (p. 128) から，4.002 603 u．^4_2He 原子は陽子と中性子各 2 個からなる原子核と電子 2 個とでできているから，核の質量欠損は，表 9-1 (p. 126) のデータから，

$$(1.0072765 \text{ u} \times 2 + 1.0086649 \text{ u} \times 2 + 5.486 \times 10^{-4} \text{ u} \times 2) - 4.002603 \text{ u}$$
$$= 0.0303770 \text{ u}$$

つまり，$0.030\,377 \text{ g mol}^{-1}$．

核の結合エネルギーは，(9.1) 式により，

$$E = mc^2 = 0.0303770 \times 10^{-3} \text{ kg mol}^{-1} \times (2.99792 \times 10^8 \text{ m s}^{-1})^2$$
$$= 2.73014 \times 10^{12} \text{ J mol}^{-1} = 2.7301 \times 10^{12} \text{ J mol}^{-1}$$

核子 1 個あたりの結合エネルギーは上の値の 1/4 だから，これを (9.3 a) 式で換算して，

$$\frac{2.73014 \times 10^{12} \text{ J mol}^{-1}}{4} \times \frac{1 \text{ eV (核子)}^{-1}}{9.6485 \times 10^4 \text{ J mol}^{-1}} = 7.0740 \text{ MeV (粒子)}^{-1}$$

§ 9·2 放射性壊変

9·2·1 壊変の種類と生成物

物質が自然発生的に放射線を放出する現象を**放射能**という．

このような現象が起こるのは，その物質に含まれる不安定な原子核が放射線を放出して，安定な原子核に変化するためである．この変化を**放射性壊変**（または単に，**壊変**）といい，壊変を起こす核種を**放射性核種**という．これに対して，壊変を起こさない核種を**安定核種**という．放射性核種には自然界に存在する**天然放射性核種**と，安定核種に放射線を照射することによって人工的につくられる**人工放射性核種**とがある．同一元素に放射性核種と安定核種とが存在する場合には，前者を**放射性同位体**という．これが"放射性同位体"の本来の意味であるが，この言葉はしばしば"放射性核種"と同じ意味に使われる．

放射性壊変には，主として次のような種類がある．

α 壊変．—— α 粒子（つまり，ヘリウム原子核．記号，α または ^4_2He）を放出する壊変．原子核が α 粒子 1 個を放出すると，質量数が 4，原子番号が 2

減少する．

β⁻壊変（β壊変ともいう）．──電子（記号，e⁻ または $_{-1}^{0}\text{e}$）を放出する壊変．電子1個を放出すると，質量数は変わらず，原子番号が1増加する．

β⁺壊変．──**陽電子**（質量は電子と同じで，電荷の符号が正である粒子．記号，e⁺ または $_{+1}^{0}\text{e}$）を放出する壊変．陽電子1個を放出すると，質量数は変わらず，原子番号が1減少する．

K電子捕獲．──原子核のもっとも近くにあるK殻の電子（10.4.1）を核内に取り込む現象．電子1個を取り込むと，質量数は変わらず，原子番号が1減少する．

壊変に伴う核の変化は，ふつう次のような**核反応式**で記述する．例えば，$_{88}^{226}\text{Ra}$ が α 壊変によって $_{86}^{222}\text{Rn}$ に変化する場合ならば，

$$_{88}^{226}\text{Ra} \rightarrow {}_{86}^{222}\text{Rn} + {}_{2}^{4}\text{He}$$

と書く．核反応式においては，左右両辺における質量数の和（ここでは，226）と原子番号の和（88）は，いずれも等しくなければならない．本書では，α粒子，電子，および陽電子の記号としては，質量数と原子番号が併記されている $_{2}^{4}\text{He}$，$_{-1}^{0}\text{e}$ および $_{+1}^{0}\text{e}$ を使うことにする．

例題 9・4　核反応式の書き方

次の壊変を核反応式で表せ．
(1) $_{14}^{31}\text{Si}$ の β 壊変　　(2) $_{21}^{40}\text{Sc}$ の β⁺ 壊変　　(3) $_{4}^{7}\text{Be}$ の K 電子捕獲

［解］　(1)　β 壊変が起こると，質量数は変わらず，原子番号が1だけ増えるから，$_{14}^{31}\text{Si}$ は $_{15}^{31}\text{P}$ になる．ゆえに，核反応式は，

$$_{14}^{31}\text{Si} \rightarrow {}_{15}^{31}\text{P} + {}_{-1}^{0}\text{e}$$

(2)　$_{21}^{40}\text{Sc} \rightarrow {}_{20}^{40}\text{Ca} + {}_{+1}^{0}\text{e}$

(3)　$_{4}^{7}\text{Be} + {}_{-1}^{0}\text{e} \rightarrow {}_{3}^{7}\text{Li}$

9・2・2　壊変の速度

壊変の速度は一次反応の速度式（8.3～8.3c式）に従う．すなわち，

$$-\frac{dN}{dt} = \lambda N \tag{9.4}$$

t は時間，N は $t = t$ における放射性原子の数，λ は壊変定数

$$\lambda t = \ln \frac{N_0}{N} \tag{9.4a}$$

N_0 は $t=0$ における放射性原子の数，他の記号は (9.4) 式に同じ

$$t_{1/2} = \frac{\ln 2}{\lambda} \tag{9.4b}$$

$t_{1/2}$ は半減期，λ は壊変定数

化学反応の速度定数 k に相当する λ は**壊変定数**とよばれ，それぞれの壊変に特有の定数である．放射性核種の安定性（逆からいえば，壊変しやすさ）は半減期で表わすことが多い．したがって，(9.4)，(9.4a) 両式は次のような半減期を含む形にしておく方が便利であろう．

$$-\frac{dN}{dt} = \frac{\ln 2}{t_{1/2}} N \tag{9.5}$$

$$\ln \frac{N}{N_0} = -\ln 2 \times \frac{t}{t_{1/2}} \tag{9.5a}$$

t は時間，$t_{1/2}$ は半減期，N_0 および N は $t=0$ および $t=t$ における放射性原子の数

放射能の強さはふつう"単位時間に壊変する粒子数"で表される．その SI 単位は**ベクレル**（$=\text{s}^{-1}$．記号，Bq）であるが，**キュリー**（$=3.7\times10^{10}$ Bq．記号，Ci）という単位も使われている．

―― 例題 9・5　半減期と壊変の進行の関係 ――――――――――

^{18}F の半減期は 1.83 h である．10 h 後に壊変せずに残っている ^{18}F 原子の比率を求めよ．

[解]　(9.5a) 式により，

$$\frac{N}{N_0} = \exp\left(-\ln 2 \times \frac{t}{t_{1/2}}\right) = \exp\left(-\ln 2 \times \frac{10\,\text{h}}{1.83\,\text{h}}\right) = 0.0226$$

―― 例題 9・6　半減期と放射能の強さの関係 ――――――――――

^{14}C の半減期は 5.73×10^3 y である．1 g の ^{14}C の放射能の強さを Ci 単位で求めよ．

[考え方]　^{14}C の原子量は与えられていないが，核種の原子量と質量数との差は一般に非常に小さいから，質量数で代用してさし支えない．

[解]　1 g の ^{14}C に含まれる原子数はアボガドロ定数をモル質量で割って，

$6.022×10^{23}$ mol^{-1}/(14 g mol^{-1}). 1年 (y) は 365.24 日だから,秒になおすと,$1y = 365.24 × 8.64×10^4$ s. これらを (9.5) 式に代入して,

$$-\frac{dN}{dt} = \frac{\ln 2}{t_{1/2}} N = \frac{\ln 2 × (6.022 × 10^{23}/14) \text{ g}^{-1}}{5.73 × 10^3 × (365.24 × 8.64 × 10^4) \text{ s}}$$
$$= 1.64_9 × 10^{11} \text{ s}^{-1} \text{ g}^{-1} = 1.64_9 × 10^{11} \text{ Bq g}^{-1}$$

1 Ci = $3.7×10^{10}$ Bq だから,

$$\frac{1.64_9 × 10^{11} \text{ Bq}}{3.7 × 10^{10} \text{ Bq Ci}^{-1}} = 4.46 \text{ Ci}$$

9・2・3 放射性核種の測定への利用

放射能はいろいろな分野で測定に利用されている.本項ではいくつかの例を取りあげる.以下の例題のほか,練習編 B 9・4 も参照されたい.

─── **例題 9・7 放射能を利用した年代測定** ───

あるウラン鉱は $^{238}_{92}$U を 73.94%,$^{206}_{82}$Pb を 1.04% 含んでいる.^{206}Pb はすべて ^{238}U から生じたと仮定して,この鉱石の生成年代を推定せよ.^{238}U の半減期は $4.47×10^9$ y である.

[**考え方**] $^{238}_{92}$U はウラン・ラジウム系列とよばれる一連の壊変(練習編 A 9・3)を経て,最終的に安定核種 $^{206}_{82}$Pb を生成する.この壊変系列に含まれる核種のなかで ^{238}U は半減期がとびぬけて長いから,この壊変過程が律速段階(8・3・2)であり,他の放射性核種は生成するそばからすぐに壊変すると考えてよい.したがって,鉱石中に現在含まれている ^{238}U 原子の数と ^{206}Pb 原子の数の和を,鉱石が生成したとき ($t=0$) の ^{238}U 原子の数と見なすことができる.

[**解**] 現在の鉱石中の ^{238}U と ^{206}Pb の原子数の比は 73.94/238 : 1.04/206.(9.5 a) 式により,

$$t = -\frac{t_{1/2}}{\ln 2} \ln \frac{N}{N_0} = -\frac{4.47×10^9 \text{ y}}{\ln 2} \ln \frac{73.94/238}{73.94/238 + 1.04/206}$$
$$= 1.04×10^8 \text{ y}$$

─── **例題 9・8 放射能を利用した生物体の物質吸収の比較** ───

^{32}P でラベルしたリン酸肥料をトウモロコシ畑に深さ 10 cm および 20 cm に施して,収穫したトウモロコシの乾燥物に含まれる放射性リンの分析を行ったところ,下表の結果を得た.どちらの深さの施肥がどの程度効

果が大きいか．^{32}P の半減期は 14.2 d である．

施肥の深さ/cm	測定までの時間/d	放射能の強さ/Bq g^{-1}
10	15	14.5
20	20	13.1

[考え方] "ラベルする" とは，放射性核種を一定濃度に含ませることをいう．与えられたデータは収穫から測定までの時間が異なるから，同じ時点での放射能の強さになおして比較する必要がある．放射能の強さは放射性原子の数に比例するから，そのまま (9.5 a) 式に代入してさし支えない．

[解] 上段のデータから，この試料の収穫後 20 d における放射能を計算する．(9.5 a) 式に，$N_0 = 14.5\,\text{Bq g}^{-1}$，$t = 20\,\text{d} - 15\,\text{d}$ を代入して，

$$N = N_0 \exp\left(-\ln 2 \times \frac{t}{t_{1/2}}\right) = 14.5\,\text{Bq g}^{-1} \times \exp\left(-\ln 2 \times \frac{20\,\text{d} - 15\,\text{d}}{14.2\,\text{d}}\right)$$
$$= 11.3_6\,\text{Bq g}^{-1}$$

これを下段のデータと比べると，

$$\frac{13.1\,\text{Bq g}^{-1}}{11.3_6\,\text{Bq g}^{-1}} = 1.15$$

20 cm の深さに施肥した方が効果が 1.15 倍大きい．

§9·3 核 反 応

9·3·1 核反応の表わし方

原子核とほかの粒子が衝突して核に変化が起こる現象を**核反応**または**原子核反応**という．核反応を式で表わすには，9·2·1 で述べた核反応式か，または，

初めの核種（入射粒子，放出粒子）終りの核種

という形の式を使う．例えば，$^{14}_{7}\text{N}$ に α 粒子が入射すると陽子を放出して $^{17}_{8}\text{O}$ を生じるが，この核反応は

$$^{14}_{7}\text{N} + ^{4}_{2}\text{He} \rightarrow ^{17}_{8}\text{O} + ^{1}_{1}\text{H}$$

または

$$^{14}_{7}\text{N}(\alpha, \text{p})^{17}_{8}\text{O}$$

と記す．後者の場合，粒子の種類を示すのにふつう次の記号を使う．

n（中性子），p（陽子 = $^{1}_{1}\text{H}$），d（重陽子 = $^{2}_{1}\text{H}$），t（三重陽子 = $^{3}_{1}\text{H}$），α（α 粒子 = $^{4}_{2}\text{He}$），e（電子），γ（光子）．

―― 例題 9・9　核反応の表わし方 ――

$^{238}_{92}$U 核に加速した $^{12}_{6}$C 核を衝突させると，中性子 4 個を放出して天然には存在しない核種 Cf を生じる．この核反応を式で示せ．

[考え方]　"左右両辺の質量数の和と原子番号の和はいずれも等しくなければならない"という核反応式の原則により，核種 Cf の質量数は $A = 238 + 12 - 4 = 246$，原子番号は $Z = 92 + 6 - 0 = 98$ である．

[解]　$^{238}_{92}$U + $^{12}_{6}$C → $^{246}_{98}$Cf + 4 $^{1}_{0}$n

または

$^{238}_{92}$U ($^{12}_{6}$C, 4 n) $^{246}_{98}$Cf

9・3・2　核反応で遊離するエネルギー

核反応においては消滅した質量（つまり，質量欠損．9・1・3）に相当するエネルギーが遊離する．その値は例題 9・3 に準じて求めればよい．

―― 例題 9・10　核反応で放出されるエネルギー ――

核融合反応 $2\,^{2}_{1}$H → $^{3}_{1}$H + $^{1}_{1}$H で遊離されるエネルギーを求めよ．また，この核融合反応から利用効率 30 %の場合に得られるエネルギーを W h 単位で求めよ．

[考え方]　W（ワット）は仕事率の単位で，$1\,\text{W} = 1\,\text{J s}^{-1}$．$1\,\text{h} = 3.6 \times 10^3\,\text{s}$ だから，

$1\,\text{W h} = 1\,\text{J s}^{-1} \times 3.6 \times 10^3\,\text{s} = 3.6 \times 10^3\,\text{J}$

[解]　この核反応で消失する質量は，資料 9-1 (p. 128) のデータから，

$2 \times 2.014\,101\,8\,\text{u} - (3.016\,049\,\text{u} + 1.007\,825\,0\,\text{u}) = 4.329\,6 \times 10^{-3}\,\text{u}$

つまり，$4.329\,6 \times 10^{-3}\,\text{g mol}^{-1}$ だから，遊離されるエネルギーは，(9.1) 式により，

$E = mc^2 = 4.329\,6 \times 10^{-6}\,\text{kg mol}^{-1} \times (2.997\,9 \times 10^8\,\text{m s}^{-1})^2$

$= 3.891 \times 10^{11}\,\text{J mol}^{-1}$

この 30 %ぶんのエネルギーを W h 単位で表わすと，

$$\frac{3.891 \times 10^{11}\,\text{J mol}^{-1} \times 0.30}{3.6 \times 10^3\,\text{J (W h)}^{-1}} = 3.24 \times 10^7\,\text{W h mol}^{-1}$$

10章 原子の構造

§10·1 ボーアの原子模型

10·1·1 水素原子の軌道半径

水素原子の構造の最も簡単なモデルは,原子核の周囲を電子が回転しているというものである.このモデルを水素原子の**ボーア模型**,またはボーアの**水素原子模型**という[1].このモデルは次の2つの仮定を前提としている.

① 水素原子には1個の電子(電荷,$-e$.e は電気素量)があり,その電子は原子核(電荷,$+e$)を中心とする円軌道上を等速度で回転している.したがって,電子の受ける遠心力(次式の左辺)は電子と原子核の間のクーロン力(右辺)とつり合っていなければならない.すなわち,

$$\frac{m_e v^2}{r} = \frac{e^2}{4\pi\varepsilon_0 r^2} \tag{10.1}$$

m_e は電子の質量,v は速さ,r は軌道半径,e は電気素量,ε_0 は真空の誘電率

② 電子が安定な円運動をしうるのは,その角運動量が $h/2\pi$ の整数倍に等しい場合だけ,つまり次の式を満足する場合だけである[2].

---

[1] 電子は粒子であると同時に波としての性質をもち,また,任意の時間における位置を正確に知ることは原理的に不可能とされている(§10·3).したがって,本項で扱う,粒子が円軌道を回転しているボーアの原子模型は,あくまでも近似にすぎない.しかし,より厳密に扱うにはかなり高度な数学が必要なので,本書ではあえて取りあげないことにする.成書を参照されたい.

[2] (10.2) 式のような,運動方程式の解のなかから仮定された安定状態を選びだすための条件を**量子条件**といい,この式における n のような,その状態を指定する整数または半整数を**量子数**という.

$$m_e v r = n \frac{h}{2\pi} \tag{10.2}$$

n は正の整数，h はプランク定数，他の記号は (10.1) 式に同じ

h は**プランク定数**といい，次の値をもつ．

$$h = 6.6260 \times 10^{-34} \text{ J s} \tag{10.3}$$

水素原子のボーア模型において電子がとりうる軌道（**電子軌道**）の半径は，(10.1)，(10.2) 両式から v を消去することによって得られる．すなわち，

$$r_n = \frac{n^2 \varepsilon_0 h^2}{\pi m_e e^2} \tag{10.4}$$

r_n は軌道半径，n は正の整数，ε_0 は真空の誘電率，h はプランク定数，m_e は電子の質量，e は電気素量

例題 10・1　水素原子の軌道半径

水素原子のボーア模型の最小軌道の半径[注] を 3 桁まで計算せよ．

[解]　(10.4) 式に $n = 1$ および資料 B-1（後見返し）の定数を代入して，

$$r_1 = \frac{n^2 \varepsilon_0 h^2}{\pi m_e e^2} = \frac{1^2 \times 8.854 \times 10^{-12} \text{ F m}^{-1} \times (6.626 \times 10^{-34} \text{ J s})^2}{\pi \times 9.109 \times 10^{-31} \text{ kg} \times (1.602 \times 10^{-19} \text{ C})^2}$$

$$= 5.29 \times 10^{-11} \text{ m}$$

[注]　この最小軌道の半径を**ボーア半径**といい，ふつう記号 a_0 で表わす．精度のより高い値は資料 B-1（後見返し）を参照．このボーア半径を用いると，$n \geqq 2$ のときの軌道半径は，(10.4) 式から明らかなように次式で与えられる．

$$r_n = n^2 a_0 \tag{10.5}$$

r_n は軌道半径，n は正の整数，a_0 はボーア半径

なお，本例題で扱ったボーア原子の電子軌道は，p. 136 脚注に述べたようにあくまでも近似的なモデルであって，原子内部における電子の存在は，厳密には，原子核の中心からの距離 r における電子の存在確率（**電子密度**）という形でしか述べることができない．もっとも両者は無関係なわけではなく，例えば，ボーア半径 a_0 は基底状態にある水素原子における電子密度がもっとも高い球面の半径に等しい（右図），というような密接な関係がある．

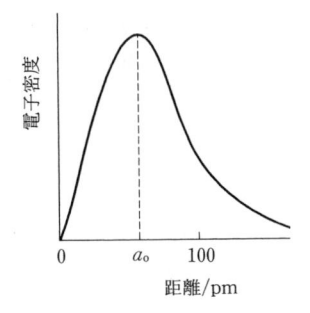

10・1・2 水素原子のエネルギー準位

水素原子のボーア模型において，n 番目の軌道上にある電子のエネルギーは次の式で与えられる[†]．

$$E_n = -\frac{m_e e^4}{8\varepsilon_0^2 h^2}\frac{1}{n^2} \tag{10.6}$$

E_n は量子数 n の軌道にある電子のエネルギー，m_e は電子の質量，e は電気素量，ε_0 は真空の誘電率，h はプランク定数

この E_n はまた水素原子の**エネルギー準位**ともよばれる．"エネルギー準位"とは，量子数 (p.136 脚注) によって決まるエネルギーの値，および，それに対応する定常状態，の意味である．

(10.6) 式から明らかなように，エネルギー準位 E_n は，$n=\infty$，つまり電子が原子核から無限遠にあるとき 0 であり，それ以外はつねに負の値をとる．したがって，E_n の絶対値が大きいほどエネルギー準位は低い．エネルギー準位が最低である $n=1$ の状態を**基底状態**，$n \geqq 2$ の状態を**励起状態**という．

例題 10・2　水素原子のエネルギー準位

基底状態にある水素原子のエネルギーを 3 桁まで計算せよ．

[解]　(10.6) 式に $n=1$ および資料 B-1 (後見返し) の定数を代入して，

$$E_1 = -\frac{m_e e^4}{8\varepsilon_0^2 h^2}\frac{1}{n^2} = -\frac{9.109\times10^{-31}\,\text{kg} \times (1.602\times10^{-19}\,\text{C})^4}{8\times(8.854\times10^{-12}\,\text{F m}^{-1})^2\times(6.626\times10^{-34}\,\text{J s})^2}\times\frac{1}{1^2}$$
$$= -2.18\times10^{-18}\,\text{J}\,^{[注]}$$

[注]　答を eV 単位で求めるには，(9.3) 式の換算係数を使って，
$$-2.17_9\times10^{-18}\,\text{J}/(1.602\times10^{-19}\,\text{J eV}^{-1}) = -13.6\,\text{eV}$$
また，J mol^{-1} 単位で求めるには，アボガドロ定数 N_A を掛けて，
$$-2.17_9\times10^{-18}\,\text{J} \times 6.022\times10^{23}\,\text{mol}^{-1} = -1.31\,\text{MJ mol}^{-1}$$

[†]　n 番目の軌道上にある**電子の運動エネルギー** $\frac{1}{2}m_e v^2$ は，(10.1) 式から明らかなように $e^2/8\pi\varepsilon_0 r_n$ に等しい．また，ポテンシャルエネルギーは，最大値を 0 にとると $-e^2/4\pi\varepsilon_0 r_n$ で与えられる．したがって，電子の全エネルギーは
$$E_n = \frac{e^2}{8\pi\varepsilon_0 r_n} - \frac{e^2}{4\pi\varepsilon_0 r_n} = -\frac{e^2}{8\pi\varepsilon_0 r_n}$$
この式の r_n に (10.4) 式を代入すれば (10.6) 式が得られる．

10・1・3 水素原子の線スペクトル

原子が放出または吸収する光などの電磁波のスペクトルは，不連続な，細い線からなっている．これを**線スペクトル**という．線スペクトルは，原子が異なるエネルギー準位の間を**遷移**するために現れる．

水素原子が n_2 準位からエネルギーのより低い n_1 準位に遷移するとき（つまり，電子が外側にある n_2 軌道からより内側の n_1 軌道に移るとき）に放出されるエネルギーは，(10.6) 式から，

$$E = E(n_2) - E(n_1) = \frac{m_e e^4}{8\varepsilon_0^2 h^2}\left(\frac{1}{n_1^2} - \frac{1}{n_2^2}\right)$$

一方，光などの電磁波のエネルギーと，振動数，波長および波数[†]との間には

$$E = h\nu = h\frac{c}{\lambda} = hc\tilde{\nu} \tag{10.7}$$

E はエネルギー，h はプランク定数，ν は振動数，c は真空中の光速度，λ は波長，$\tilde{\nu}$ は波数

という関係があるから，水素原子の線スペクトルに関しては式

$$\tilde{\nu} = \frac{1}{\lambda} = R_\infty\left(\frac{1}{n_1^2} - \frac{1}{n_2^2}\right) \tag{10.8}$$

$\tilde{\nu}$ は波数，λ は波長，R_∞ はリュードベリ定数，n_1 と n_2 は正の整数（ただし，$n_2 > n_1$）

が得られる．定数 R_∞ は**リュードベリ定数**といい，次の値をもつ．

$$R_\infty = \frac{m_e e^4}{8\varepsilon_0^2 ch^3} = 1.097\ 373\ 15 \times 10^7\ \text{m}^{-1} \tag{10.9}$$

c は真空中の光速度，他の記号は (10.6) 式に同じ

(10.8) 式を**リュードベリの式**という．

例題 10・3　電磁波の波長とエネルギーの関係

アンモニア分子は波長 $10.5\ \mu\text{m}$ の赤外線を吸収する．これに対応するエネルギーを求めよ．

[†] 波数 $\tilde{\nu}$ は"単位長さの間にくり返される波の数"（単位，m^{-1}），**振動数** ν は"単位時間の間にくり返される波の数"（単位，Hz．**ヘルツ**と読む．$= \text{s}^{-1}$），**波長** λ は"波の山から山までの間隔"（単位，m）である．これらの間には，

$$\tilde{\nu}\lambda = 1, \qquad \nu\lambda = c\ (c は光速度)$$

という関係がある．

[解] (10.7) 式により,
$$E = h\frac{c}{\lambda} = 6.626 \times 10^{-34} \text{ J s} \times \frac{2.998 \times 10^8 \text{ m s}^{-1}}{10.5 \times 10^{-6} \text{ m}} = 1.89 \times 10^{-20} \text{ J}$$
あるいは,これにアボガドロ定数 N_A を掛けて
$$E = 1.89_2 \times 10^{-20} \text{ J} \times 6.022 \times 10^{23} \text{ mol}^{-1} = 11.4 \text{ kJ mol}^{-1}$$

例題 10・4　線スペクトルの波長（水素原子）

水素原子の電子が $n = 3$, 4, 5 および ∞ 軌道から $n = 2$ 軌道に移るときに出す線スペクトルの波長を 4 桁まで計算せよ[注].

[解] (10.8) 式に $n_1 = 2$, $n_2 = 3$ を代入して,
$$\lambda_3 = \left\{R_\infty\left(\frac{1}{n_1^2} - \frac{1}{n_2^2}\right)\right\}^{-1} = \left\{1.097\,4 \times 10^7 \text{ m}^{-1} \times \left(\frac{1}{2^2} - \frac{1}{3^2}\right)\right\}^{-1}$$
$$= 656.1 \text{ nm}$$

(10.8) 式の n_1 に 2, n_2 に 4, 5, および ∞ を代入して,

$\lambda_4 = 486.0$ nm

$\lambda_5 = 433.9$ nm

$\lambda_\infty = 364.5$ nm

[注]　ここで波長を計算した,364.5 nm に収束する一連の線スペクトル群を**バルマー系列**という.水素原子の線スペクトル群には可視部に現れるこの系列のほかに,紫外部に現れる**ライマン系列**（$n_1 = 1$ の系列）,赤外部に現われる**パッシェン系列**（$n_1 = 3$）,**ブラケット系列**（$n_1 = 4$）,等,がある.

10・1・4　水素原子類似粒子の扱い

He^+ や Li^{2+} のような電子が 1 個しかない粒子は水素原子と同様な扱いが可能である.$+Ze$ の電荷をもつ原子核の周囲を $-e$ の電荷をもつ電子が円運動していると仮定すれば,電子と原子核との間のクーロン力は $Ze^2/4\pi\varepsilon_0 r^2$.したがって,(10.4) および (10.5),(10.6),および (10.8) の各式に対応する次の各式が得られる.

$$r_n = \frac{n^2 \varepsilon_0 h^2}{\pi m_e Z e^2} = \frac{n^2}{Z} a_0 \tag{10.10}$$

r_n は軌道半径,n は正の整数,ε_0 は真空の誘電率,h はプランク定数,m_e は電子の質量,Z は原子番号,e は電気素量,a_0 はボーア半径

$$E_n = -\frac{m_e e^4}{8\varepsilon_0^2 h^2} \frac{Z^2}{n^2} \tag{10.11}$$

E_n はエネルギー準位，他の記号は (10.10) 式に同じ

$$\tilde{\nu} = \frac{1}{\lambda} = R_\infty Z^2 \left(\frac{1}{n_1^2} - \frac{1}{n_2^2} \right) \tag{10.12}$$

$\tilde{\nu}$ は波数，λ は波長，R_∞ はリュードベリ定数，Z は原子番号，n_1 と n_2 は正の整数（ただし，$n_2 > n_1$）

―― 例題 10・5　線スペクトルの波長（水素類似原子）――――――――

Li^{2+} イオンの $n_1 = 1$ 系列の線スペクトルの最初の2本の波長を，5桁まで計算せよ．

[解]　(10.12) 式に，$Z = 3$, $n_1 = 1$, $n_2 = 2$ を代入して，

$$\lambda_2 = \left\{ R_\infty Z^2 \left(\frac{1}{n_1^2} - \frac{1}{n_2^2} \right) \right\}^{-1} = \left\{ 1.09737 \times 10^7\,\mathrm{m^{-1}} \times 3^2 \times \left(\frac{1}{1^2} - \frac{1}{2^2} \right) \right\}^{-1}$$
$$= 13.500\,\mathrm{nm}\,[注]$$

同様に，$Z = 3$, $n_1 = 1$, $n_2 = 3$ を代入して，

$$\lambda_3 = 11.391\,\mathrm{nm}\,[注]$$

[注]　実測値は，13.502 および 11.393 nm．

§ 10・2　特 性 X 線

金属に高エネルギーの電子線を照射すると，金属を構成する原子の内側の軌道の電子がはじき出され，そのあとに外側の軌道にあった電子が移るので，このときに2つの軌道のエネルギー差に対応する波長をもつX線が放射される．このX線を **特性 X 線** という．特性X線は各元素に特有の，次式で与えられる波長をもつ．

$$\tilde{\nu} = \frac{1}{\lambda} = R_\infty (Z - \sigma)^2 \left(\frac{1}{n_1^2} - \frac{1}{n_2^2} \right) \tag{10.13}$$

$\tilde{\nu}$ は波数，λ は波長，R_∞ はリュードベリ定数，Z は原子番号，σ は遮蔽定数，n_1 と n_2 は正の整数（ただし $n_2 > n_1$）

(10.13) 式は (10.12) 式と同形であるが，遮蔽定数 σ を含む点が異なっている．複数の電子をもつ原子では，電子が1個だけの系 (10・1・4) とはちがって，特定の電子に及ぼす原子核の静電作用は，他の電子の負電荷によってある程度打ち消されるため（この現象を **遮蔽** という），原子核の本来の電荷 $+Ze$ よりも小さくなる．σ はその補正係数であり，**遮蔽定数** とよばれる．

(10.13) 式で示される関係を**モーズリーの法則**という[†].

例題 10・6　特性 X 線の波長

Cr の K_α 線の波長を 4 桁まで計算せよ．遮蔽定数は 1 とする[注①]．

[考え方]　特性 X 線の $n_1 = 1, 2, 3, \cdots\cdots$ に対応する系列をそれぞれ K, L, M, $\cdots\cdots$ とよび，各系列の $n_2 = n_1 + 1, n_1 + 2, \cdots\cdots$ に対応する線を α, β, $\cdots\cdots$ の添字で示す．この例題の K_α 線は，$n_1 = 1, n_2 = n_1 + 1 = 2$，つまり "電子が $n_2 = 2$ から $n_1 = 1$ へ移るときに発する特性 X 線" の意味である．

[解]　(10.13) 式により，

$$\lambda = \left\{ R_\infty (Z - \sigma)^2 \left(\frac{1}{n_1^2} - \frac{1}{n_2^2} \right) \right\}^{-1}$$

$$= \left\{ 1.097\,4 \times 10^7\,\mathrm{m^{-1}} \times (24-1)^2 \times \left(\frac{1}{1^2} - \frac{1}{2^2} \right) \right\}^{-1} = 0.229\,7\,\mathrm{nm}^{[注②]}$$

[注①]　$n = 1$ 軌道には 2 個の電子が入ることができる (10・4・1)．そのうちの 1 個がはじき出されると 1 個が残るから，原子核の電荷 $+Ze$ は電子 1 個ぶんの $-e$ だけ遮蔽される，と仮定しているわけである．

[注②]　実測値は $0.228\,5\,\mathrm{nm}$．

§ 10・3　物　質　波

10・3・1　物質波の波長

光は粒子であると同時に波動としての性質をもつが，より大きな物質粒子もじつは多かれ少なかれ波動としての性質をもっている．この物質粒子の波動性を**物質波**あるいは**ドブロイ波**という．物質波の波長は次の**ドブロイの式**で与えられる．

$$\lambda = \frac{h}{mv} \tag{10.14}$$

　　　　λ は波長，h はプランク定数，m は質量，v は速度

プランク定数 h はきわめて小さいから，原子またはそれより小さな粒子以外では，物質波の波長 λ は小さすぎて（練習編 A 10・3 参照）観測できない．

[†] この法則は当初は，$\tilde{\nu}^{1/2} = a(Z - \sigma)$，ただし a は X 線の種類によってきまる定数，という実験式として提唱された．(10.13) 式との比較は，練習編 B 10・4．

---- 例題 10・7　物質波の波長 ----
電位差 1 V で加速された電子の波長を 3 桁まで求めよ．

[考え方]　電気素量 e の電荷をもつ粒子が電位差 1 V の 2 点間で加速されるときに得るエネルギーは 1 eV である．したがって，この電子のもつ運動エネルギーは 1 eV，つまり 1.602×10^{-19} J である（例題 9・3）．これと，電子の質量から電子の運動量 $m_e v$ を求め，(10.14) 式に代入すればよい．そのためにはまず，運動量を運動エネルギーと質量の積の形になおしておく．

[解]　この電子の運動エネルギーは $\frac{1}{2} m_e v^2 = 1.602 \times 10^{-19}$ J，質量は $m_e = 9.109 \times 10^{-31}$ kg（後見返しの資料 B-1）．したがって，電子の運動量は，

$$m_e v = \left(2 \times \frac{1}{2} m_e v^2 \times m_e\right)^{1/2} = (2 \times 1.602 \times 10^{-19} \text{ J} \times 9.109 \times 10^{-31} \text{ kg})^{1/2}$$
$$= 5.402 \times 10^{-25} \text{ m kg s}^{-1}$$

この値を (10.14) 式に代入して，

$$\lambda = \frac{h}{m_e v} = \frac{6.626 \times 10^{-34} \text{ J s}^{-1}}{5.402 \times 10^{-25} \text{ m kg s}^{-1}} = 1.23 \times 10^{-9} \text{ m}$$

---- 例題 10・8　ボーア模型における電子の波長と軌道の長さの比較 ----
ボーアの水素原子模型において $n = 2$ 軌道上にある電子のドブロイ波長を求め，軌道の長さと比較せよ[注]．

[解]　n 番目の軌道上の電子の運動量は，(10.2), (10.5) 両式から，

$$m_e v = \frac{nh}{2\pi r_n} = \frac{nh}{2\pi n^2 a_0} = \frac{h}{2\pi n a_0}$$

波長を求めるには，これを (10.14) 式に代入して，$n = 2$ とおく．

$$\lambda = \frac{h}{m_e v} = 2\pi n a_0 = 2\pi \times 2 \times 5.292 \times 10^{-11} \text{ m} = 6.65 \times 10^{-10} \text{ m}$$

$n = 2$ 軌道の長さは，(10.5) 式から，

$$2\pi r_n = 2\pi n^2 a_0 = 2\pi \times 2^2 \times 5.292 \times 10^{-11} \text{ m} = 1.33 \times 10^{-9} \text{ m}$$

軌道の長さは電子の波長の 2 倍である．

[注]　以上の計算の経過から明らかなように，ボーアの水素原子模型における n 番目の軌道の長さは $2\pi n^2 a_0$，その軌道上にある電子のドブロイ波長は $2\pi n a_0$，つまり，安定な軌道の長さはいずれも電子の波長の n 倍である．言いかえれば，波動としての電子が定常波になりうる軌道だけが安定なのである．

10·3·2 不確定性原理

量子力学によると,電子のような微粒子は運動量と位置を同時に正確に決定することは原理的に不可能であり,両者の不確定度の積が $h/4\pi$ より小さくすることはできない.これをハイゼンベルクの**不確定性原理**という.すなわち,

$$\Delta p \Delta x = m \Delta v \Delta x \geqslant \frac{h}{4\pi} \tag{10.15}$$

Δp は運動量の不確定度,Δx は位置の不確定度,m は質量,Δv は速度の不確定度,h はプランク定数

この不確定度は,原子程度またはそれ以下の大きさの物体では重大な意味をもつ(例題 10.9,練習編 B 10·1)が,大きな物体では無視できる程度の値にしかならない(練習編 A 10·3).

例題 10·9 不確定度の計算

速度が $1\,\mathrm{km\,s^{-1}}$ の α 粒子がある.運動量の不確定度を 1% 程度に押さえようとすると,位置の不確定度はどの程度になるか.

[解] α 粒子は $^4_2\mathrm{He}$ 原子核だから,質量欠損を無視して資料 B-1(後見返し)からその質量を求めれば,$m = 2m_\mathrm{p} + 2m_\mathrm{n} = 2 \times (1.67 + 1.67) \times 10^{-27}\,\mathrm{kg} = 6.68 \times 10^{-27}\,\mathrm{kg}$.(10.15) 式により,

$$\Delta x \geqslant \frac{h}{4\pi m \Delta v} = \frac{6.63 \times 10^{-34}\,\mathrm{J\,s^{-1}}}{4\pi \times 6.68 \times 10^{-27}\,\mathrm{kg} \times (10^3\,\mathrm{m\,s^{-1}} \times 0.01)}$$
$$= 7.9 \times 10^{-10}\,\mathrm{m}$$

[注] $7.9 \times 10^{-10}\,\mathrm{m}$ というと非常に小さく思われるかもしれないが,この値は He 原子の半径の数倍であり,α 粒子のそれと比べると 10^5 倍も大きい.

§10·4 電子配置

10·4·1 量子数

原子内の電子の状態は表 10-1 に示す 4 つの量子数によって規定される.このうちの**主量子数** n,**方位量子数** l,**磁気量子数** m の 3 つは,電子軌道(**オービタル**ともいう[†])を規定する量子数で,**軌道量子数**とよばれる.

主量子数 n を同じくする軌道の集まり,または,それらの軌道に配置され

[†] "オービタル (orbital)" は電子を確率的存在として扱う場合の名称で,**軌道関数**と訳す.

表 10-1　電子の状態を規定する量子数

名称と記号	とり得る値	規定する性質
主量子数 n	1, 2, 3, ……	軌道の広がり
方位電子数 l	0, 1, 2, ……, $n-1$	軌道の形
磁気量子数 m	$-l, -l+1$, ……, 0, ……, $l-1, l$	軌道の方向
スピン量子数 m_S	$\frac{1}{2}, -\frac{1}{2}$	電子のスピン（自転）

た電子の集まりを**殻**という．殻は主量子数に対応して次のように命名する．

　　　主量子数 n　　　1, 2, 3, 4, 5, ……
　　　殻の名称　　　K, L, M, N, O, ……（以下，アルファベット順）

同じ殻に属する軌道または電子のうちで，方位量子数 l を同じくするものの集まりを**副殻**という．副殻は方位量子数に対応して次のように命名する．

　　　方位量子数 l　　　0, 1, 2, 3, 4, ……
　　　副殻の名称　　　s, p, d, f, g, ……（以下，アルファベット順）

主量子数も合わせて示す場合には，s, p, d, …… の記号の前に n の値を添えて，例えば "$n=4$（N殻），$l=2$ の副殻" ならば "4d副殻" という．

各副殻には，その方位量子数 l に応じて，磁気量子数 m が $-l$ から l までの，合計 $(2l+1)$ 個の軌道が属する[†]．

以上の 3 つの量子数で規定される各軌道には，電子は最大 2 個まで入ることができる．その 2 つの電子は**スピン量子数**が異なっていなければならない．

[†] 方位量子数 l は軌道の形，磁気量子数 m は軌道の方向を規定する（表10-1）．その例として，2p 副殻（$n=2, l=1$）に属する 3 つの軌道（$m=-1, 0$ および $+1$）の**電子雲**（電子の存在確率の合計が例えば 95% に達する範囲を立体的に示す図形．例題 10.1［注］参照）を下の右 3 つの図に示す．m だけが異なる軌道はこのように方向が異なるだけで，普通の状態ではエネルギー準位は等しい（外部から磁場が加わるとエネルギーが変化し，互いに異なる準位をもつようになる）．なお，s 軌道（$l=0$, $m=0$）の電子雲は n がいくつであっても，つねに下の左の図のような球形である．

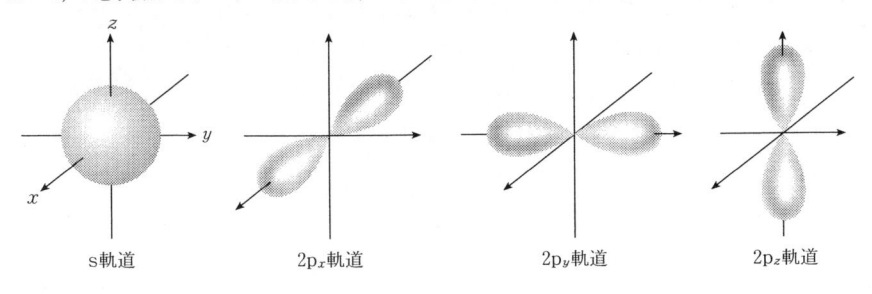

　　s軌道　　　　2p$_x$軌道　　　　2p$_y$軌道　　　　2p$_z$軌道

電子の状態は以上に述べたように，4つの量子数によって規定されるが，
同一原子内にある電子は，状態を規定する4つの量子数のうちの少なくとも1つは異なっていなければならない．
これを**パウリの排他原理**という．

以上の関係をまとめたものの一部を表10-2に示す．

表10-2 殻と副殻の名称および入りうる電子の数 ($n = 1〜4$)

n	殻	l	副殻	m	軌道数	電子数
1	K	0	1s	0	1	2
2	L	0	2s	0	1 ⎱ 4	2 ⎱ 8
		1	2p	0, ±1	3 ⎰	6 ⎰
3	M	0	3s	0	1 ⎫	2 ⎫
		1	3p	0, ±1	3 ⎬ 9	6 ⎬ 18
		2	3d	0, ±1, ±2	5 ⎭	10 ⎭
4	N	0	4s	0	1 ⎫	2 ⎫
		1	4p	0, ±1	3 ⎪ 16	6 ⎪ 32
		2	4d	0, ±1, ±2	5 ⎬	10 ⎬
		3	4f	0, ±1, ±2, ±3	7 ⎭	14 ⎭

── 例題 10・10　殻および副殻に入りうる電子の数 ──────
O殻，および，5f副殻に入りうる電子の数を求めよ

［考え方］ 各副殻に属する軌道の数は上述のように $2l+1$．各軌道に入りうる電子の数は2個だから，

$$N_l = 2 \times (2l + 1) \tag{10.16}$$

　　　　N_l は副殻に入りうる電子の数，l は方位量子数

一方，主量子数 n の殻には方位量子数 $l = 0, 1, 2, ……, (n-1)$ の副殻が属し，かつ，それぞれの副殻には表10-2に示したように，1, 3, 5, ……, $(2n-1)$ 個の軌道が属しているから，各殻に入りうる電子の数は，

$$N_n = 2 \times \{1 + 3 + 5 + …… + (2n-1)\} = 2n^2 \tag{10.17}$$

　　　　N_n は殻に入りうる電子の数，n は主量子数

［解］ O殻は $n = 5$ だから，入りうる電子数は (10.17) 式により，

$$N_{n=5} = 2n^2 = 2 \times 5^2 = 50$$

f 副殻は $l = 3$ だから，入りうる電子数は (10.16) 式により，
$$N_{l=3} = 2 \times (2l+1) = 2 \times (2 \times 3 + 1) = 14$$

10・4・2 電子が各副殻に入っていく順序

各原子は原子番号 Z に等しい電子をもつ．これらの電子は，原子全体のエネルギーが最も低くなるような方式で各軌道に配置される．

電子が1個しかない水素原子ではエネルギー準位は主量子数 n だけによって決まるが (10・1・2)，複数の電子をもつ水素以外の原子では，電子どうしの相互作用があるために，主量子数のほか方位量子数 l にも依存するようになる．各副殻をエネルギーの低い順に並べるとおおよそ次のとおりであり，

$$1s \to 2s \to 2p \to 3s \to 3p \to (4s \to 3d) \to 4p \to (5s \to 4d) \to 5p \to$$
$$(6s \to 4f \to 5d) \to 6p \to (7s \to 5f \to 6d) \to \cdots\cdots$$

電子はこの順に各副殻を満たしていく．ただし，カッコでくくった副殻どうしはエネルギー準位が接近しているため，電子の入る順序がしばしば逆転する．とくに，d 副殻は 10 または 5, f 副殻は 14 または 7 という電子配置（副殻が全部または半分満たされた状態．前者はその副殻に属する全軌道に2個ずつの，後者は1個ずつの電子が入っている）をとりやすい（例題 10・11 [注②]）．

全元素の電子配置を資料 10-1 (p.148〜p.149) に示す．

───── 例題 10・11　原子番号からの電子配置の推定 ─────
$_{14}$Si，および，$_{42}$Mo の電子配置を記せ．

[考え方]　副殻 s, p, d, f, …… に入りうる電子の数は (10.16) 式により，それぞれ 2, 6, 10, 14, ……．各副殻の電子数がこれに達すると，上記の序列に従って次の副殻に移る．ただし，d 副殻と f 副殻に電子が入るさいには順序が乱れることがあるので注意を要する[注②]．電子配置を式で示すには，各副殻に入っている電子数を副殻の記号の右上に記す．例えば，"1s 副殻に2個, 2s 副殻に1個" という電子配置は "$1s^2 2s^1$" と書く．

[解]　$_{14}$Si の電子配置は，$1s^2 2s^2 2p^6 3s^2 3p^2$．または，$[Ne]3s^2 3p^2$ [注①]．

$_{42}$Mo の電子配置は，$1s^2 2s^2 2p^6 3s^2 3p^6 3d^{10} 4s^2 4p^6 4d^5 5s^1$．または，$[Kr]4d^5 5s^1$

[注①, ②]

資料 10-1　基底状態の原子の電子配置

周期	元素		K	L		M			N				O			
			1s	2s	2p	3s	3p	3d	4s	4p	4d	4f	5s	5p	5d	...
1	1	H	1													
	2	He	2													
2	3	Li	2	1												
	4	Be	2	2												
	5	B	2	2	1											
	6	C	2	2	2											
	7	N	2	2	3											
	8	O	2	2	4											
	9	F	2	2	5											
	10	Ne	2	2	6											
3	11	Na	2	2	6	1										
	12	Mg	2	2	6	2										
	13	Al	2	2	6	2	1									
	14	Si	2	2	6	2	2									
	15	P	2	2	6	2	3									
	16	S	2	2	6	2	4									
	17	Cl	2	2	6	2	5									
	18	Ar	2	2	6	2	6									
4	19	K	2	2	6	2	6		1							
	20	Ca	2	2	6	2	6		2							
	21	Sc	2	2	6	2	6	1	2							
	22	Ti	2	2	6	2	6	2	2							
	23	V	2	2	6	2	6	3	2							
	24	Cr	2	2	6	2	6	5	1							
	25	Mn	2	2	6	2	6	5	2							
	26	Fe	2	2	6	2	6	6	2							
	27	Co	2	2	6	2	6	7	2							
	28	Ni	2	2	6	2	6	8	2							
	29	Cu	2	2	6	2	6	10	1							
	30	Zn	2	2	6	2	6	10	2							
	31	Ga	2	2	6	2	6	10	2	1						
	32	Ge	2	2	6	2	6	10	2	2						
	33	As	2	2	6	2	6	10	2	3						
	34	Se	2	2	6	2	6	10	2	4						
	35	Br	2	2	6	2	6	10	2	5						
	36	Kr	2	2	6	2	6	10	2	6						
5	37	Rb	2	2	6	2	6	10	2	6			1			
	38	Sr	2	2	6	2	6	10	2	6			2			
	39	Y	2	2	6	2	6	10	2	6	1		2			
	40	Zr	2	2	6	2	6	10	2	6	2		2			
	41	Nb	2	2	6	2	6	10	2	6	4		1			
	42	Mo	2	2	6	2	6	10	2	6	5		1			
	43	Tc	2	2	6	2	6	10	2	6	5		2			
	44	Ru	2	2	6	2	6	10	2	6	7		1			
	45	Rh	2	2	6	2	6	10	2	6	8		1			
	46	Pd	2	2	6	2	6	10	2	6	10					
	47	Ag	2	2	6	2	6	10	2	6	10		1			
	48	Cd	2	2	6	2	6	10	2	6	10		2			
	49	In	2	2	6	2	6	10	2	6	10		2	1		
	50	Sn	2	2	6	2	6	10	2	6	10		2	2		
	51	Sb	2	2	6	2	6	10	2	6	10		2	3		
	52	Te	2	2	6	2	6	10	2	6	10		2	4		
	53	I	2	2	6	2	6	10	2	6	10		2	5		
	54	Xe	2	2	6	2	6	10	2	6	10		2	6		

(Sc～Cu, Y～Ag: 遷移元素)

周期	元素	K	L	M	N				O					P				Q	
					4s	4p	4d	4f	5s	5p	5d	5f	5g	6s	6p	6d	···	7s	···
6	55 Cs	2	8	18	2	6	10		2	6				1					
	56 Ba	2	8	18	2	6	10		2	6				2					
	57 La	2	8	18	2	6	10		2	6	1			2					
	58 Ce	2	8	18	2	6	10	1	2	6	1			2					
	59 Pr	2	8	18	2	6	10	3	2	6				2					
	60 Nd	2	8	18	2	6	10	4	2	6				2					
	61 Pm	2	8	18	2	6	10	5	2	6				2					
	62 Sm	2	8	18	2	6	10	6	2	6				2					
	63 Eu	2	8	18	2	6	10	7	2	6				2					
	64 Gd	2	8	18	2	6	10	7	2	6	1			2					
	65 Tb	2	8	18	2	6	10	9	2	6				2					
	66 Dy	2	8	18	2	6	10	10	2	6				2					
	67 Ho	2	8	18	2	6	10	11	2	6				2					
	68 Er	2	8	18	2	6	10	12	2	6				2					
	69 Tm	2	8	18	2	6	10	13	2	6				2					
	70 Yb	2	8	18	2	6	10	14	2	6				2					
	71 Lu	2	8	18	2	6	10	14	2	6	1			2					
	72 Hf	2	8	18	2	6	10	14	2	6	2			2					
	73 Ta	2	8	18	2	6	10	14	2	6	3			2					
	74 W	2	8	18	2	6	10	14	2	6	4			2					
	75 Re	2	8	18	2	6	10	14	2	6	5			2					
	76 Os	2	8	18	2	6	10	14	2	6	6			2					
	77 Ir	2	8	18	2	6	10	14	2	6	7			2					
	78 Pt	2	8	18	2	6	10	14	2	6	9			1					
	79 Au	2	8	18	2	6	10	14	2	6	10			1					
	80 Hg	2	8	18	2	6	10	14	2	6	10			2					
	81 Tl	2	8	18	2	6	10	14	2	6	10			2	1				
	82 Pb	2	8	18	2	6	10	14	2	6	10			2	2				
	83 Bi	2	8	18	2	6	10	14	2	6	10			2	3				
	84 Po	2	8	18	2	6	10	14	2	6	10			2	4				
	85 At	2	8	18	2	6	10	14	2	6	10			2	5				
	86 Rn	2	8	18	2	6	10	14	2	6	10			2	6				
7	87 Fr	2	8	18	2	6	10	14	2	6	10			2	6			1	
	88 Ra	2	8	18	2	6	10	14	2	6	10			2	6			2	
	89 Ac	2	8	18	2	6	10	14	2	6	10			2	6	1		2	
	90 Th	2	8	18	2	6	10	14	2	6	10			2	6	2		2	
	91 Pa	2	8	18	2	6	10	14	2	6	10	2		2	6	1		2	
	92 U	2	8	18	2	6	10	14	2	6	10	3		2	6	1		2	
	93 Np	2	8	18	2	6	10	14	2	6	10	5		2	6			2	
	94 Pu	2	8	18	2	6	10	14	2	6	10	6		2	6			2	
	95 Am	2	8	18	2	6	10	14	2	6	10	7		2	6			2	
	96 Cm	2	8	18	2	6	10	14	2	6	10	7		2	6	1		2	
	97 Bk	2	8	18	2	6	10	14	2	6	10	7		2	6	2		2	
	98 Cf	2	8	18	2	6	10	14	2	6	10	9		2	6	1		2	
	99 Es	2	8	18	2	6	10	14	2	6	10	11		2	6			2	
	100 Fm	2	8	18	2	6	10	14	2	6	10	12		2	6			2	
	101 Md	2	8	18	2	6	10	14	2	6	10	13		2	6			2	
	102 No	2	8	18	2	6	10	14	2	6	10	14		2	6			2	
	103 Nr	2	8	18	2	6	10	14	2	6	10	14		2	6	1		2	

※ 57 La〜71 Lu: ランタノイド／遷移元素
※ 72 Hf〜79 Au: 遷移元素
※ 89 Ac〜103 Nr: アクチノイド／遷移元素

1) 第6, 7周期のK〜M殻は完全に満ちているので全電子数だけを記す。
2) 第7周期の電子配置には不確定の部分がある。

[注①]　[Ne] は 18 族元素である Ne と同じ電子配置, つまり $1s^2 2s^2 2p^6$ を, [Kr] は同じく 18 族元素である Kr と同じ電子配置, $1s^2 2s^2 2p^6 3s^2 3p^6 3d^{10} 4s^2 4p^6$ を意味する. これ以外の 18 族元素と同じ電子配置を示すのにも, 同様な記号を使うことができる.

[注②]　42 番元素の電子配置は, 上述の序列のとおりに電子が入れば [Kr]$4d^4 5s^2$ になるはずであるが, 実際には [Kr]$4d^5 5s^1$ になる. このような逆転が起こるのは, d 副殻が半分満たされるためにエネルギー的に安定化するからで, [Kr]$4d^4 5s^2$ 配置よりも [Kr]$4d^5 5s^1$ 配置の方が原子全体のエネルギーが低い. 上述の序列のカッコ内の副殻を電子が満たしていくさいには, しばしばこの種の逆転が起こるので, そのつど電子配置表 (資料 10-1) を確認する必要がある.

10・4・3　副殻内での電子の配置

同一の副殻に磁気量子数 m の異なる複数の軌道が属する場合には, 電子が入る順序は次の**フントの規則**に従う. すなわち,

> エネルギー準位の等しい複数の軌道がある場合には, 電子はできるだけ異なる軌道に入ってスピンを揃えようとする.

前述のように, 1 つの各軌道にはスピンが互いに逆方向である 2 個の電子が入ることができる (10・4・1). このような 2 個の電子を**電子対**という. これに対し, 軌道内に 1 個しか入っていない電子を**不対電子**という.

───── 例題 10・12　スピンの方向と不対電子の数 ─────
前例題の原子の最外殻電子の ($_{42}$Mo は 1 つ内側の殻の電子も) スピンを示せ. これらの原子は何個の不対電子をもっているか.

[考え方]　**最外殻**とは電子が多少とも入っている殻のうちの最も外側のものをいい, **最外殻電子**とは最外殻に属する電子をいう. $_{14}$Si では $n=3$ の M 殻が最外殻だから $3s^2 3p^2$ の計 4 個の電子の, $_{42}$Mo では $n=5$ の O 殻が最外殻だから $4s^2 4p^6 4d^5 5s^1$ の計 14 個の電子のスピンを, フントの規則に従って考えればよい. スピンの方向はふつう四角で囲った矢印で示す.

[解]　$_{14}$Si の場合. ── 3s 副殻には軌道が 1 つしかないから, 2 個の電子は同じ軌道に入って互いに逆方向のスピンをもつ. 3p 副殻は軌道が 3 つあるから, フントの規則により, 2 個の電子は異なる軌道に入って同方向のスピンを

もつ．

```
    3s      3p
   [↑↓]   [↑][↑][ ]
```

$_{42}$Mo の場合．——4s および 4p 副殻の 1 個および 3 個の軌道はすべて 2 個ずつの電子で満たされる．4d 副殻の 5 個の軌道には 1 個ずつの電子が入り，スピンはすべて同じ方向を向く．5s 副殻の 1 個の軌道には電子が 1 個だけ入る．

```
    4s        4p              4d              5s
   [↑↓]   [↑↓][↑↓][↑↓]   [↑][↑][↑][↑][↑]   [↑]
```

不対電子の数は，$_{14}$Si では，3p 副殻に 2 個．$_{42}$Mo では，4d 副殻に 5 個，5s 副殻に 1 個の，計 6 個．

10・4・4 電子が失われる順序

原子が電子を失うと陽イオンになる．このときの電子が失われる順序は，電子が入る順序の逆ではなく，ふつうは

> 最外殻の p 電子 → 最外殻の s 電子 → 1 つ内側の殻の d 電子 → 2 つ内側の殻の f 電子

の順である．

例題 10・13　陽イオンの電子配置の推定

Fe 原子の電子配置は [Ar]3d^{6}4s^2 である．Fe^{2+} および Fe^{3+} イオンの電子配置を示せ．

[**解**]　Fe^{2+} は Fe 原子から最外殻の 4s 電子が 2 個失われたものと考えられる．したがって，電子配置は，[Ar]3d^6．

Fe^{3+} の電子配置は，[Ar]3d^5．

10・4・5 電子配置と周期表

元素の性質は原子番号 Z の増加につれて周期的に変化する．この法則（**周期律**という）を表のかたちに表現したものが**周期表**である．現在ふつうに使われている周期表を資料 10-2 (p. 152) に示す．

資料 10-2　元素の周期表（数字は原子番号）

族 周期	1	2	3	4	5	6	7	8	9	10	11	12	13	14	15	16	17	18
1	1 H																	2 He
2	3 Li	4 Be											5 B	6 C	7 N	8 O	9 F	10 Ne
3	11 Na	12 Mg											13 Al	14 Si	15 P	16 S	17 Cl	18 Ar
4	19 K	20 Ca	21 Sc	22 Ti	23 V	24 Cr	25 Mn	26 Fe	27 Co	28 Ni	29 Cu	30 Zn	31 Ga	32 Ge	33 As	34 Se	35 Br	36 Kr
5	37 Rb	38 Sr	39 Y	40 Zr	41 Nb	42 Mo	43 Tc	44 Ru	45 Rh	46 Pd	47 Ag	48 Cd	49 In	50 Sn	51 Sb	52 Te	53 I	54 Xe
6	55 Ca	56 Ba	57-71 *	72 Hf	73 Ta	74 W	75 Re	76 Os	77 Ir	78 Pt	79 Au	80 Hg	81 Tl	82 Pb	83 Bi	84 Po	85 At	86 Rn
7	87 Fr	88 Ra	89-103 **	104 Rf	105 Db	106 Sg	107 Bh	108 Hs	109 Mt	110 Uun	111 Uuu	112 Uub						

* ランタノイド	57 La	58 Ce	59 Pr	60 Nd	61 Pm	62 Sm	63 Eu	64 Gd	65 Tb	66 Dy	67 Ho	68 Er	69 Tm	70 Yb	71 Lu
** アクチノイド	89 Ac	90 Th	91 Pa	92 U	93 Np	94 Pu	95 Am	96 Cm	97 Bk	98 Cf	99 Es	100 Fm	101 Md	102 No	103 Lr

　周期表の縦の列を**族**といい，左から順に1族，2族，……，18族，とよぶ．このうち，1～2族および12～18族に属する元素を**典型元素**，3～11族に属する元素を**遷移元素**という．典型元素では各族の元素の最外殻の電子配置は同じである．元素の化学的性質はおもに最外殻の電子配置で決まるから，典型元素では同族元素どうしの性質はよく似ている．これに対して，遷移元素では同族元素どうしの類似性はそれほど強くはなく，むしろ全体にわたって，融点の高い重金属である，多種類の陽イオンをつくりやすい，多種類の錯体をつくる，などの共通の性質をもつ．

　周期表の横の行は**周期**といい，上から順に，第1周期，第2周期，……とよぶ．各周期に属する元素数は第1周期から順に，2, 8, 8, 18, 18, 32, ……であるが，これらの数のうちの2はs，8はs＋p，18はs＋d＋p，32はs＋f＋d＋pの，各副殻に入りうる電子の数に等しい（表10-3）．

表 10-3 周期表の各周期の元素数と副殻が満たされる順序

周期	元素数		副殻が満たされる順序[1]
1	2	($_1$H～$_2$He)	1s
2	8	($_3$Li～$_{10}$Ne)	2s → 2p
3	8	($_{11}$Na～$_{18}$Ar)	3s → 3p
4	18	($_{19}$K～$_{36}$Kr)	4s → 3d → 4p
5	18	($_{37}$Rb～$_{54}$Xe)	5s → 4d → 5p
6	32	($_{55}$Cs～$_{86}$Rn)	6s → 4f → 5d → 6p
7	32	($_{87}$Fr～$_{118}$?)[2]	7s → 5f → 6d → 7p

[1] 電子がd軌道およびf軌道に入るときには，順序に若干の乱れが見られる．
[2] 既知元素は112番まで．

─── 例題 10・14　原子番号と周期表の周期・族との関係 ───
50番元素は何族元素か．また，第何周期に属するか．

[考え方]　各周期に属する元素の数は，2, 8, 8, 18, ……だから，与えられた原子番号からこれらの数を逐次引いていけば，第何周期に属するかがわかる．また，引いた残りの数が，その元素が属する族の番号である．ただし，第6および第7周期では，第3族の1つの枠の中に15個の**内遷移元素**（f副殻が順次満たされていく元素群．**ランタノイド**および**アクチノイド**という）がはいっているので注意のこと．

[解]　$50 - 2 - 8 - 8 - 18 = 14$

したがって，この元素は14族元素であり，第5周期に属する．

11章 化学結合

§11·1 イオン化エネルギーと電子親和力

11·1·1 水素原子および類似粒子のイオン化エネルギー

基底状態にある原子から電子を無限遠まで引き離すのに必要なエネルギーを**イオン化エネルギー**といい，最初の1個の電子を引き離すのに要するエネルギーを**第一イオン化エネルギー**，その結果生じた1価の陽イオンからさらに電子1個を引き離すのに要するエネルギーを**第二イオン化エネルギー**，以下，第3，第4の電子を引き離すのに必要なエネルギーを，第三，第四イオン化エネルギーとよぶ．イオン化エネルギーはまた，**イオン化ポテンシャル**，**イオン化電圧**，とよぶこともある．

本項では，水素原子や He^+ のような，電子が1個しかない粒子のイオン化エネルギーを取りあげる．

まず，電子が1個しかなく，原子核の電荷が $+Ze$ である粒子を考える．この電子を n 番目の軌道から無限遠である $n = \infty$ 軌道まで移動させるのに必要なエネルギーは，(10.11) 式により，

$$E_\infty - E_n = -\frac{m_e e^4}{8\varepsilon_0^2 h^2}Z^2\left(\frac{1}{\infty} - \frac{1}{n^2}\right) = \frac{m_e e^4}{8\varepsilon_0^2 h^2}\frac{Z^2}{n^2} \qquad ①$$

水素原子では $Z = 1$ だから，基底状態つまり $n = 1$ 軌道にある電子を無限遠まで引き離すのに必要なエネルギーは，

$$E_i(H) = \frac{m_e e^4}{8\varepsilon_0^2 h^2} \qquad (11.1)$$

E_i はイオン化エネルギー，m_e は電子の質量，e は電気素量，ε_0 は真空の誘電率，h はプランク定数

He^+ や Li^{2+} のような粒子では，

$$E_i = \frac{m_e e^4}{8\varepsilon_0^2 h^2} Z^2 \tag{11.1a}$$

Z は原子番号，他の記号は (11.1) 式に同じ

――― 例題 11・1　イオン化エネルギーの計算（原子核が遮蔽されていない場合）―――
(1) 水素のイオン化エネルギー，および，(2) ヘリウムの第二イオン化エネルギーを求めよ．

[考え方]　(2) のヘリウムの第二イオン化エネルギーとは，He^+ イオンから1個だけ残っている電子を引き離すのに必要なエネルギーのことである．

[解]　(1) (11.1) 式に資料 B-1（後見返し）の定数を代入して，

$$E_i(H) = \frac{m_e e^4}{8\varepsilon_0^2 h^2}$$

$$= \frac{9.109\,389 \times 10^{-31}\,\text{kg} \times (1.602\,177 \times 10^{-19}\,\text{C})^4}{8 \times (8.854\,188 \times 10^{-12}\,\text{F m}^{-1})^2 \times (6.626\,076 \times 10^{-34}\,\text{J s})^2}$$

$$= 2.179\,872 \times 10^{-18}\,\text{J} = 2.179\,87 \times 10^{-18}\,\text{J}$$

1 mol あたりのエネルギーは，これにアボガドロ定数を掛けて，

$$E_i(H) = 2.179\,872 \times 10^{-18}\,\text{J} \times 6.022\,137 \times 10^{23}\,\text{mol}^{-1}$$

$$= 1\,312.75\,\text{kJ mol}^{-1}$$

(2) He^+ のイオン化エネルギーは，(11.1) 式と (11.1 a) 式を比べれば明らかなように H のそれの $Z^2 = 2^2$ 倍である．ゆえに，

$$E_i(He^+) = 1\,312.75\,\text{kJ mol}^{-1} \times 2^2 = 5251.0\,\text{kJ mol}^{-1}\,[注]$$

[注]　$E_i(He^+)$ の実測値は，$5\,250.4\,\text{kJ mol}^{-1}$．

11・1・2　複数の電子をもつ原子のイオン化エネルギー

複数の電子をもつ原子から最外殻電子を引き離す場合は，原子核の正電荷は他の電子の負電荷によってある程度遮蔽されている（§10・2）ので，$+Ze$ だけの効果を発揮することができない．そこで，そのような粒子のイオン化エネルギーを計算するためには，p. 154 の ① 式の Z を，遮蔽を考慮に入れた $(Z - \sigma)$ に代える必要がある．したがって，(11.1 a) に対応する式は，

$$E_{\text{i,s}} = \frac{m_e e^4}{8\varepsilon_0^2 h^2} \frac{(Z-\sigma)^2}{n^2} \tag{11.2}$$

σ は遮蔽定数，n は引き離される電子の主量子数，他の記号は (11.1 a) 式に同じ

―― **例題 11・2　イオン化エネルギーの計算（原子核が遮蔽されている場合）** ――

カリウム原子の第一イオン化エネルギーを求めよ．遮蔽に対する各電子の寄与は，引き離される電子と同じ殻の電子を 0.35，主量子数 n が 1 だけ少ない殻の電子を 0.85，それより内側の電子を 1 とする[注①]．

[解]　K の電子配置は $1s^2 2s^2 2p^6 3s^2 3p^6 4s^1$，引き離されるのは 4s 電子である．$n = 3$ の殻に属する電子は 8 個，それより内側の電子は 10 個だから，問題に示された規則で遮蔽定数を計算すると，

$$\sigma = 0.85 \times 8 + 1 \times 10 = 16.8$$

(11.2) 式にこの値を代入し，例題 11・1 の結果を利用して計算すると，

$$E_{\text{i,s}}(\text{K}) = \frac{m_e e^4}{8\varepsilon_0^2 h^2} \frac{(Z-\sigma)^2}{n^2} = 2.18 \times 10^{-18} \text{ J} \times \frac{(19-16.8)^2}{4^2}$$
$$= 6.5_9 \times 10^{-19} \text{ J}$$

1 mol あたりのイオン化エネルギーは，これにアボガドロ定数を掛けて，

$$E_{\text{i,s}}(\text{K}) = 6.5_9 \times 10^{-19} \text{ J} \times 6.02 \times 10^{23} \text{ mol}^{-1} = 3.9_7 \times 10^2 \text{ kJ mol}^{-1} \text{ [注②]}$$

[注①]　スレイターの計算規則をさらに簡略化したもの．d 電子，f 電子などをもつ電子では規則はもっと複雑になる．

[注②]　実測値は，418.8 kJ mol^{-1}．

11・1・3　イオン化エネルギーの実測値

各元素の第一イオン化エネルギーを資料 11-1 (p. 157) にあげる．第一イオン化エネルギーと周期表の族および周期との間には，おおよそ次の関係がある．

① 同じ族の元素どうしでは，周期の番号が小さいものほど第一イオン化エネルギーが大きい．この傾向は典型元素の方が遷移元素よりも顕著である．

② 同じ周期の元素どうしでは，族の番号の大きいものほど第一イオン化エネルギーが大きい．ただし，最外殻の電子配置が s^2 および $s^2 p^3$ である

2族および15族元素は，安定化 (10・4・2) のために電子が離れにくく，第一イオン化エネルギーが13族および16族元素よりも大きい場合が多い．

資料 11-1　第一イオン化エネルギー $E_i/\text{kJ mol}^{-1}$

H 1312									He 2372
Li 513	Be 899			B 801	C 1086	N 1402	O 1314	F 1681	Ne 2080
Na 496	Mg 738			Al 578	Si 787	P 1012	S 1000	Cl 1251	Ar 1520
K 419	Ca 590	Sc 631	……	Zn 906	Ga 579	Ge 762	As 947	Se 941	Br 1140	Kr 1351
Rb 403	Sr 550	Y 616	……	Cd 867	In 558	Sn 709	Sb 834	Te 869	I 1008	Xe 1170
Cs 376	Ba 503	La 538	……	Hg 1007	Tl 589	Pb 716	Bi 703	Po 812	At 930	Rn 1037
Fr 370	Ra 509	Ac 665	……						

---— 例題 11・3　イオン化エネルギーの大小の推定 ——

次の各元素を第一イオン化エネルギーの大きい順に並べよ．

$_{16}$S, $_{17}$Cl, $_{20}$Ca, $_{37}$Rb, $_{38}$Sr

［解］　同じ周期に属する元素では族の番号が大きい方が第一イオン化エネルギーが大きいから，$_{16}$S と $_{17}$Cl とでは $_{17}$Cl の方が，$_{37}$Rb と $_{38}$Sr とでは $_{38}$Sr の方が大きい．同じ族に属する $_{20}$Ca と $_{38}$Sr では周期の番号の小さな $_{20}$Ca の方が大きい．また，$_{16}$S と $_{20}$Ca とでは，周期の番号が小さく族の番号が大きな $_{16}$S の方が大きい．以上から，与えられた5元素の第一イオン化エネルギーの大きさは次の順であると推定される．

$_{17}$Cl > $_{16}$S > $_{20}$Ca > $_{38}$Sr > $_{37}$Rb

11・1・4　電子親和力

原子が電子1個と結合して1価の陰イオンになるさいに放出するエネルギーを**電子親和力**という[†]．電子親和力の大きな原子ほど，陰イオンになれば大き

[†] イオン化エネルギーは外から系に入るエネルギーを正，電子親和力は系から外に出るエネルギーを正とする．正負が逆であることに注意．

なエネルギーを出して安定化するから，陰イオンになりやすい傾向をもつ．F，Cl などの 17 族元素はとくに電子親和力が大きく，1 価の陰イオンになりやすい．

電子親和力の測定値を資料 11-2 にあげる．電子親和力はイオン化エネルギーよりも測定がむずかしいため，その値が求められていない元素，不正確な値しか知られていない元素が少なくない．

資料 11-2　電子親和力 $E_{ea}/\text{kJ mol}^{-1}$

H 73									He -21
Li 60	Be -18			B 23	C 123	N -7	O 141	F 322	Ne -29
Na 53	Mg -21			Al 44	Si 134	P 72	S 200	Cl 349	Ar -35
K 48	Ca -186	Sc	…… Zn	Ga 36	Ge 116	As 77	Se 195	Br 324	Kr -39
Rb 47	Sr -146	Y	…… Cd	In 34	Sn 121	Sb 101	Te 190	I 295	Xe -41
Cs 46	Ba -46	La	…… Hg	Tl 30	Pb 35	Bi 101	Po 186	At 270	Rn -41
Fr	Ra	Ac	……						

§ 11·2　結合エネルギー

原子が結合して分子になるときにはエネルギーを放出して安定化する．そのさいに放出されるエネルギーの 1 mol の化学結合あたりの値を，その化学結合の **結合エネルギー** という．結合エネルギーは気体分子の化学結合を切断する反応の反応エンタルピーにほぼ等しいから，既知の反応エンタルピーからヘスの法則を利用して求めることができる．このようにして求めた値は，正確には **結合解離エンタルピー**（3·4·5），あるいは略して **結合エンタルピー** とよぶべきであるが，"結合エネルギー" と称せられることが多い．

代表的な化学結合の結合エネルギーを資料 11-3（p. 159）に示す．このデータはあくまでも平均値であり，同じ結合でも，隣接する基の違いなどによってかなり異なる値を示す（例題 11·4 [注]）．

資料 11-3　平均結合エネルギー $D/\text{kJ mol}^{-1}$

	H	C	N	O	Cl	Br	S	P
H	436							
C	412	348						
		612 ②						
		838 ③						
N	388	305	163					
		613 ②	409 ②					
		890 ③	945 ③					
O	463	360	157	146				
		743 ②		497 ②				
Cl	431	338	200	203	242			
Br	366	276			219	193		
S	338	259			250	212	264	
P	322							172

無印は単結合．②は二重結合．③は三重結合．

例題 11・4　結合エネルギーの求め方

C(黒鉛)の昇華エンタルピーは $718.4\,\text{kJ mol}^{-1}$，$H_2(g)$ の解離エンタルピーは $436\,\text{kJ mol}^{-1}$，$CH_4(g)$ および $C_2H_6(g)$ の生成エンタルピーは -74.81 および $-84.68\,\text{kJ mol}^{-1}$ である．以上のデータから，C—H および C—C の結合エネルギーを求めよ．

[考え方]　反応 $CH_4(g) \to C(g) + 4\,H(g)$ では4個のC—H結合が切断する．この反応の反応エンタルピーをヘスの法則で求めれば（例題3・8），その1/4がC—Hの結合エネルギーである[注]．

[解]　与えられたデータを反応式とともに整理すると，

$\quad$ C(黒鉛) → C(g) $\qquad\qquad\qquad \Delta_r H_1 = 718.4\,\text{kJ mol}^{-1}$ ①

$\quad$ $H_2(g) \to 2\,H(g)$ $\qquad\qquad\qquad \Delta_r H_2 = 436\,\text{kJ mol}^{-1}$ ②

$\quad$ C(黒鉛) + $2\,H_2(g) \to CH_4(g)$ $\qquad \Delta_r H_3 = -74.81\,\text{kJ mol}^{-1}$ ③

$\quad$ $2\,$C(黒鉛) + $3\,H_2(g) \to C_2H_6(g)$ $\quad \Delta_r H_4 = -84.68\,\text{kJ mol}^{-1}$ ④

① + ②×2 − ③ により，反応式

$\quad$ $CH_4(g) \to C(g) + 4\,H(g)$ $\qquad\qquad\qquad\qquad\qquad$ ⑤

が得られるから，⑤の反応エンタルピーは，ヘスの法則により，

$\quad \Delta_r H_5 = \Delta_r H_1 + 2\,\Delta_r H_2 - \Delta_r H_3 = 1\,665.2\,\text{kJ mol}^{-1}$

C—H の結合エネルギーは，$\Delta_r H_5$ の 1/4 と考えられるから，

$$D(\text{C—H}) = \frac{1}{4}\Delta_r H_5 = 416.3 \text{ kJ mol}^{-1} = 416 \text{ kJ mol}^{-1}$$

次に，①×2 + ②×3 − ④ により，

$$\text{C}_2\text{H}_6(g) \rightarrow 2\,\text{C}(g) + 6\,\text{H}(g) \hspace{4em} ⑥$$

$$\Delta_r H_6 = 2\Delta_r H_1 + 3\Delta_r H_2 - \Delta_r H_4 = 2\,829.5 \text{ kJ mol}^{-1}$$

$\Delta_r H_6$ は 6 mol の C—H と 1 mol の C—C の結合エネルギーの和だから，C—C の結合エネルギーは，

$$D(\text{C—C}) = \Delta_r H_6 - 6\,D(\text{C—H})$$
$$= 2\,829.5 \text{ kJ mol}^{-1} - 6 \times 416.3 \text{ kJ mol}^{-1} = 332 \text{ kJ mol}^{-1}$$

[注] 4つの反応 $\text{CH}_4 \rightarrow \text{CH}_3 + \text{H}$，$\text{CH}_3 \rightarrow \text{CH}_2 + \text{H}$，$\text{CH}_2 \rightarrow \text{CH} + \text{H}$，および $\text{CH} \rightarrow \text{C} + \text{H}$ の反応エンタルピーは，かならずしも等しくない．上で求めた $D(\text{C—H})$ はそれらの平均値である．この値は資料 11-3 の値と多少異なるが，その理由は，後者がより多くのデータの平均値だからである．

例題 11・5　結合エネルギーを利用した反応エンタルピーの推定

次の反応の反応エンタルピーを結合エネルギーのデータを使って推定せよ．

$$\text{C}_2\text{H}_4(g) + \text{H}_2(g) \rightarrow \text{C}_2\text{H}_6(g)$$

[考え方]　反応によって切断した結合の結合エネルギーの和から生成した結合のそれを引いたものが，反応エンタルピーにほぼ等しい．

[解]　C_2H_4 は 1 つの C＝C 結合と 4 つの C—H 結合をもち，C_2H_6 は 1 つの C—C 結合と 6 つの C—H 結合をもつ．したがって，反応で切断される結合は C＝C と H—H が各 1 つ，生成する結合は C—C が 1 つと C—H が 2 つである．反応エンタルピーの推定値は，資料 11-3 (p.159) のデータを使って，

$$\Delta_r H = D(\text{C＝C}) + D(\text{H—H}) - D(\text{C—C}) - 2\,D(\text{C—H})$$
$$= (612 + 436 - 348 - 2 \times 412) \text{ kJ mol}^{-1} = -124 \text{ kJ mol}^{-1}\,^{[注]}$$

[注] 生成エンタルピーを使って計算した方が正確な値が得られる（例題 3・9）．結合エネルギーはあくまでも平均値だから，それを使って計算した場合には，個々の反応に関してはある程度のずれが出るのはやむを得ない．

§11・3　分子の極性

11・3・1　ポーリングの電気陰性度

原子が電子を引きつける能力を表わす尺度を**電気陰性度**という．電気陰性度の算出方法はいくつか提唱されているが，本書ではポーリングの方法とマリケンの方法を取りあげる（後者は11・3・2）．この2つの方法で算出された電気陰性度の値はほぼ比例する（例題11・7 [注]）．

ポーリングの電気陰性度は結合エネルギー（§11・2）から求める．すなわち，2つの元素の電気陰性度の差を次の2つの式

$$\left. \begin{array}{l} \Delta D = D(\mathrm{A{-}B}) - \{D(\mathrm{A{-}A})D(\mathrm{B{-}B})\}^{1/2} \\ |x_\mathrm{A} - x_\mathrm{B}| = 0.089 \times (\Delta D/\mathrm{kJ\ mol^{-1}})^{1/2} \end{array} \right\} \quad (11.3)$$

x はポーリングの電気陰性度，D は結合エネルギー

で求め†），一方，水素の電気陰性度を基準にとって

$$x(\mathrm{H}) = 2.05$$

と定め，この両者から各元素の電気陰性度を算出する．なお，(11.3) 式で 0.089 を掛けているのは，元素 C ないし元素 F の電気陰性度が 2.5～4.0 の範囲に収まるようにするための操作で，とくに理論的な意味はない．

各元素の電気陰性度を資料 11-4 にあげる（例題 11.6 [注] 参照）．

資料 11-4　ポーリングの電気陰性度 x

H 2.1								
Li 1.0	Be 1.5			B 2.0	C 2.5	N 3.0	O 3.5	F 4.0
Na 0.9	Mg 1.2			Al 1.5	Si 1.8	P 2.1	S 2.5	Cl 3.0
K 0.8	Ca 1.0	Sc 1.3	……	Zn 1.6	Ga 1.6	Ge 1.8	As 2.0	Se 2.4	Br 2.8
Rb 0.8	Sr 1.0	Y 1.2	……	Cd 1.7	In 1.7	Sn 1.8	Sb 1.9	Te 2.1	I 2.5
Cs 0.7	Ba 0.9	La 1.1	……	Hg 1.9	Tl 1.8	Pb 1.9	Bi 1.9	Po 2.0	At 2.2
Fr 0.7	Ra 0.9	Ac 1.1	……					

---

†）原子 A と原子 B の結合エネルギーが，A どうしの結合エネルギーと B どうしのそれとの幾何平均よりも低い場合，このエネルギーの低下（つまり安定化）の原因は A と B の電気陰性度の差にあると考える．(11.3) 式はこの考え方を定量化したもの．

例題 11・6 ポーリングの電気陰性度の求め方

H—H, Cl—Cl および H—Cl の結合エネルギーのデータから, Cl の電気陰性度を求めよ.

[解] (11.3) 式の A を H, B を Cl と読みかえ, 資料 11-4 (p. 161) のデータを代入すると,

$$\Delta D = D(\text{H—Cl}) - (D(\text{H—H})D(\text{Cl—Cl}))^{1/2}$$
$$= 431 \text{ kJ mol}^{-1} - (436 \times 242)^{1/2} \text{ kJ mol}^{-1} = 106 \text{ kJ mol}^{-1}$$
$$|x(\text{H}) - x(\text{Cl})| = 0.089 \times (\Delta D/\text{kJ mol}^{-1})^{1/2} = 0.089 \times (106)^{1/2} = 0.92$$

定義により, $x(\text{H}) = 2.05$ だから,

$$x(\text{Cl}) = 2.05 + 0.92 = 2.97 \text{ [注]}$$

[注] この計算では小数点以下 2 桁まで求めたが, 電気陰性度はふつう小数点以下 1 桁の値を使う.

11・3・2 マリケンの電気陰性度

マリケンの尺度では, 元素の第一イオン化エネルギーと電子親和力の算術平均を電気陰性度と定義する. すなわち,

$$x_\text{M} = \frac{(E_\text{i} + E_\text{ea})/\text{kJ mol}^{-1}}{2} \tag{11.4}$$

x_M は**マリケンの電気陰性度**, E_i は第一イオン化エネルギー, E_ea は電子親和力

例題 11・7 マリケンの電気陰性度の求め方

資料 11-1 および 11-2 のデータから, Cl の電気陰性度を求めよ.

[解] 資料 11-1 (p. 157) および 11-2 (p. 158) から, $E_\text{i} = 1251 \text{ kJ mol}^{-1}$, $E_\text{ea} = 349 \text{ kJ mol}^{-1}$. これらを (11.4) 式に代入して,

$$x_\text{M} = \frac{(E_\text{i} + E_\text{ea})/\text{kJ mol}^{-1}}{2} = \frac{1251 + 349}{2} = 800$$

[注] (11.4) 式で求めたマリケンの電気陰性度を 260 で割ると, ポーリングの電気陰性度にかなり近い値になる.

11・3・3 共有結合の部分的イオン性

資料 11-4 (p. 161) に見るように, 電気陰性度は一般に金属元素では小さく, 非金属元素では大きい. 両者の境はおおよそ電気陰性度 1.8~2.0 にある.

非金属元素の原子どうしが分子をつくる場合には一般に，2つの原子が電子対を共有する**共有結合**を形成する．しかし，電気陰性度に差がある原子間の共有結合，例えばHとClの結合では，電子対は電気陰性度の高い原子に引き寄せられ，その結果，HClは共有結合分子でありながら，Hはある程度正に，Clはある程度負に帯電する．このようなイオン結合的要素が加わった共有結合を，**極性共有結合**または**分極した共有結合**という．共有結合におけるイオン結合的要素の程度を**イオン性**といい，次の式で求めることができる．

$$\delta = 0.16 \times |x_A - x_B| + 0.035 \times |x_A - x_B|^2 \tag{11.5}$$

δ はイオン性，x は電気陰性度

---- **例題 11・8 共有結合のイオン性の求め方** ----

電気陰性度のデータから，H—Cl 結合のイオン性を求めよ．

[**解**] (11.5) 式の A を H，B を Cl と読みかえ，資料 11-4 (p.161) のデータを代入すると，

$$\delta = 0.16 \times |x(H) - x(Cl)| + 0.035 \times |x(H) - x(Cl)|^2$$
$$= 0.16 \times |2.1 - 3.0| + 0.035 \times |2.1 - 3.0|^2 = 0.17 = 17\,\% ^{[注①]}$$

[注①] 共有結合のイオン性は％単位で表わされることが多い．
[注②] 極性共有結合はしばしば右のような式で示される．
式中の δ は，電荷が1単位以下であることを表わす．

$$\overset{\delta+}{\text{H}}-\overset{\delta-}{\text{Cl}}:$$

11・3・4 双極子モーメント

分子内の正負の電荷があるとき，電荷の大きさと電荷間の距離の積を**双極子モーメント**という．すなわち，

$$\boldsymbol{\mu} = Q\boldsymbol{r} \tag{11.6}$$

$\boldsymbol{\mu}$ は双極子モーメント，Q は正電荷の総和，$\boldsymbol{r}$ は正負電荷の重心間の距離

双極子モーメントはベクトル量であり，負電荷から正電荷への方向をベクトルの方向とする．分子がいくつかの極性共有結合をもつときは，分子の双極子モーメントは各結合のそれのベクトル和になる．

双極子モーメントの SI 単位は C m であるが，**デバイ**（記号，D）という単位もしばしば使われる．両者の関係は，$1\,\text{D} = 3.335\,64 \times 10^{-30}\,\text{C m}$ である．

―― 例題 11·9　分子の双極子モーメントと結合の双極子モーメントの関係 ――
水分子の双極子モーメントは 1.85 D, H―O―H の結合角は 104.5° である. O―H 結合の双極子モーメントを求めよ.

[考え方]　右図に示すように，結合角を 2θ とすると，H_2O 分子の双極子モーメントと O―H 結合のそれとの間には次の関係がある.

$$\mu(H_2O) = 2\mu(O-H)\cos\theta$$

[解]　上式に, $\mu(O-H) = 1.85$ D, $\theta = 104.5°/2$ を代入して,

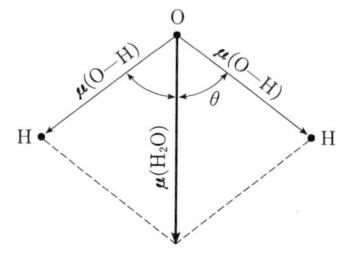

$$\mu(O-H) = \frac{\mu(H_2O)}{2\cos\theta} = \frac{1.85\ \text{D}}{2\cos(104.5°/2)} = 1.51\ \text{D}$$

―― 例題 11·10　結合の双極子モーメントとイオン性の関係 ――
HCl 分子の双極子モーメントは 3.60×10^{-30} cm, H―Cl の結合距離は 1.275×10^{-10} m である. H―Cl 結合のイオン性を求めよ.

[考え方]　イオン性 δ が 100% ならば, (11.6)式の Q は電気素量 e に等しいはずである. この, イオン性が 100% である架空物質の双極子モーメントの予想値 $\mu_{\delta=1}$ を計算すれば, 与えられたデータの $\mu_{\delta=1}$ に対する比が求めるイオン性である.

[解]　(11.6)式に, $Q = e = 1.602\times10^{-19}$ C, $r = 1.275\times10^{-10}$ m を代入して, イオン性が 100% のときに期待される双極子モーメントを求めれば,

$$\mu_{\delta=1} = Qr = 1.602\times10^{-19}\ \text{C} \times 1.275\times10^{-10}\ \text{m} = 2.043\times10^{-29}\ \text{C m}$$

ゆえに, H―Cl 結合のイオン性は

$$\delta = \frac{\mu}{\mu_{\delta=1}} = \frac{3.60\times10^{-30}\ \text{C m}}{2.043\times10^{-29}\ \text{C m}} = 0.176 = 17.6\%\ ^{[注]}$$

[注]　電気陰性度からの計算値は 17% (例題 11·8).

§ 11·4　共　　　鳴

11·4·1　共鳴混成体

ある分子なり基なりの性質が単一の構造式では適切に説明できず，複数の構造式の中間的な存在と考えるとはじめて説明が可能な場合, その分子なり基な

りはそれらの構造式の間に**共鳴**している，という．例えば，例題 11・8 で扱った H—Cl 分子は，下に示す構造式 I と II の間に共鳴しているわけである．式中の記号 ⟷ は"共鳴している"ことを示す．

$$\text{H—Cl:} \longleftrightarrow \text{H}^+ \text{:Cl:}^-$$
$$\quad \text{I} \qquad\qquad \text{II}$$

このように真の構造が複数の構造式の間に共鳴している場合，極端な構造を表わす構造式（上の例では，I，II両式）を**共鳴極限式**とよび，真の構造は両式で表わされる状態の**共鳴混成体**であるという．そして，上に示したような，共鳴極限式を ⟷ で結んだ式を**共鳴式**とよぶ．

例題 11・8 で求めたように，H—Cl 分子のイオン性は 17% である．つまり，H—Cl 分子を構造式 I および II が示す状態の共鳴混成体と見る場合，真の構造は I から II の方へ 17% だけ近寄ったところにある．このような場合，I および II の**寄与**はそれぞれ 83% および 17% である，という．

11・4・2 共鳴エネルギー

共鳴混成体は共鳴極限式が表わす物質よりもエネルギーが低い．つまり，前者は後者よりも安定である．この現象を**共鳴による安定化**といい，両者のエネルギーの差を共鳴による安定化エネルギー，または**共鳴エネルギー**という．

しかし共鳴エネルギーを求めようとしても，共鳴極限式が表わすのは架空の物質だから，その物質のエネルギーを測定することは不可能である．そこで，この架空物質の関与する架空の反応の反応エンタルピーを既知の反応エンタルピーから推定し，その値をもとに共鳴エネルギーを推定することが行なわれる（例題 11・11）．そのような推定が困難な場合には，架空の物質に含まれる全結合の結合エネルギーの和を，その物質が原子に分解するさいの反応エンタルピーと見なし，その値から共鳴エネルギーを計算する場合もある（例題 11・12）．

例題 11・11 共鳴エネルギーの求め方（反応エンタルピーからの）

シクロヘキセン C_6H_{10} およびベンゼン C_6H_6 の水素化エンタルピー（生成物はともにシクロヘキサン C_6H_{12}）は，-120 および $-209\ \text{kJ mol}^{-1}$ である．ベンゼンの共鳴エネルギーを求めよ．

[考え方] ベンゼンの共鳴式を次に示す．IとIIは完全に同じ構造だから，両者の寄与は等しく，ともに 50% と考えられる[注]．

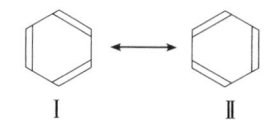

シクロヘキセンと共鳴極限式 I または II で表わされる架空物質はともに炭素の六原子環をもち，二重結合の数だけが前者は 1 個，後者は 3 個と異なっている（下式）．このことから，②の架空物質の水素化反応の反応エンタルピーを，①のシクロヘキセンの水素化反応のそれの 3 倍と推定することができる．

$\Delta_r H_1 = -120 \text{ kJ mol}^{-1}$　①

$\Delta_r H_2 = 3\Delta_r H_1$　②

[解] 共鳴極限式 I または II で表わされる架空物質の水素化反応の反応エンタルピーはシクロヘキセンのそれの 3 倍，つまり，

$-120 \text{ kJ mol}^{-1} \times 3 = -360 \text{ kJ mol}^{-1}$

と推定される．一方，ベンゼンの水素化エンタルピーは -209 kJ mol^{-1} だから，共鳴エネルギーは次のようになる．

$\Delta_{res} E = -209 \text{ kJ mol}^{-1} - (-360 \text{ kJ mol}^{-1}) = 151 \text{ kJ mol}^{-1}$

[注] ベンゼンの共鳴極限式としては，I，II 以外にも下記のようなものが考えられる．しかし，これらの寄与は非常に小さいから，共鳴エネルギーの計算の場合は無視してかまわない．

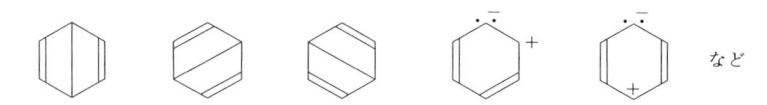

など

---- 例題 11・12 共鳴エネルギーの求め方（結合エネルギーからの）----
次のデータと資料 11-3 の結合エネルギーから，ベンゼンの共鳴エネルギーを求めよ．$C_6H_6(g)$ の生成エンタルピー，$82.93 \text{ kJ mol}^{-1}$．C(黒鉛)の昇華エンタルピー，$718.4 \text{ kJ mol}^{-1}$．$H_2(g)$ の解離エンタルピー，436 kJ mol^{-1}．

[考え方]　ベンゼンがその構成原子から生成するさいの反応エンタルピー（**原子生成エンタルピー**）と，共鳴極限式（例題 11・11 [考え方]）が表わす架空物質のそれとを求め，その差を共鳴エネルギーとすればよい．前者は与えられたエンタルピーのデータからヘスの法則によって求める（例題 3・8 参照）．後者は結合エネルギーの総和の符号を変えたものが原子生成エンタルピーに等しいと仮定して計算する（例題 11・5 参照）．

[解]　与えられたエンタルピーのデータを反応式とともに整理すると，

$6\,C(黒鉛) + 3\,H_2 \to C_6H_6(g)$　　　　$\Delta_r H_1 = 82.93 \text{ kJ mol}^{-1}$　　①

$C(黒鉛) \to C(g)$　　　　$\Delta_r H_2 = 718.4 \text{ kJ mol}^{-1}$　　②

$H_2(g) \to 2\,H(g)$　　　　$\Delta_r H_3 = 436 \text{ kJ mol}^{-1}$　　③

① − ②×6 − ③×3 により，

$6\,C(g) + 6\,H(g) \to C_6H_6(ベンゼン, g)$　　　　④

$\Delta_r H_4 = \Delta_r H_1 - 6\Delta_r H_2 - 2\Delta_r H_3 = -5535 \text{ kJ mol}^{-1}$

一方，共鳴極限式ⅠまたはⅡで表わされる架空物質には，C—C 結合が 3 個，C＝C 結合が 3 個，C—H 結合が 6 個あるから，反応

$6\,C(g) + 6\,H(g) \to C_6H_6(架空物質, g)$　　　　⑤

の反応エンタルピーは，資料 11-3 (p.159) の結合エネルギーのデータから，

$\Delta_r H_5 = -\{3D(C—C) + 3D(C=C) + 6D(C—H)\}$
$= -(3 \times 348 + 3 \times 612 + 6 \times 412) \text{ kJ mol}^{-1} = -5352 \text{ kJ mol}^{-1}$

したがって，共鳴エネルギーは，

$\Delta_{res}E = -5352 \text{ kJ mol}^{-1} - (-5535 \text{ kJ mol}^{-1}) = 183 \text{ kJ mol}^{-1}$

[注]　例題 11・11 の計算結果とはかなり違うが，もともと存在しない架空物質のエネルギーの推定値をもとにした計算だから，推定の方法によって結果が違うのはある程度やむをえない．

11・4・3 結合次数

共有結合が何重であるかを表わす数を**結合次数**という。例えば、エタン C_2H_6 の C—C は単結合だから結合次数は 1 であり、エテン (エチレン) C_2H_4 の C=C は二重結合だから結合次数は 2 である。

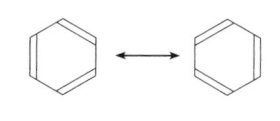

共鳴混成体の炭素-炭素結合の結合次数は次のようにして決める。例えば、ベンゼンの場合、上に示す 2 つの構造式の寄与はともに 50 % だから (例題 11・11)、ベンゼンの炭素-炭素結合は単結合と二重結合のちょうど中間にあると考えられる。このような場合には、結合次数は両者の平均をとって 1.5 とする。共鳴極限式が 3 つ以上ある場合でも、それらの寄与が等しければ、同様に平均値をもって結合次数とすればよい (例題 11・13)。

共鳴混成体の炭素-炭素結合の結合次数はまた、**結合距離** (原子核間の距離) から求めることもできる (例題 11・14)。結合次数が 1 と 2 の間の場合には、結合距離と結合次数の関係は次の式で与えられる[†)]。

$$r/10^{-10}\,\text{m} = 1.54 - \frac{0.21 \times 3(b-1)}{2b-1} \tag{11.7}$$

r は結合距離、b は結合次数

ベンゼンの炭素-炭素間の結合距離は 1.39×10^{-10} m だから、この式で結合次数を求めても約 1.5 になり、上の構造式から求めた値とほぼ一致する。

例題 11・13 結合次数の求め方 (共鳴式からの)

ナフタレン $C_{10}H_8$ (構造式は I) の主な共鳴極限式は II〜IV である。これら 3 つの構造の寄与が等しく、かつ、これ以外の構造の寄与は無視できるものと仮定して、結合 a, b および c の結合次数を求めよ。

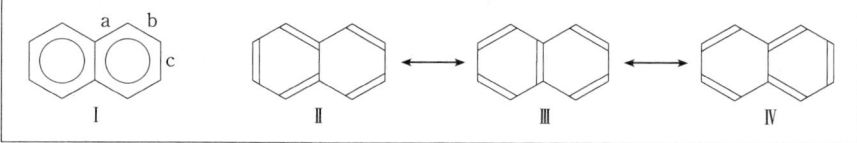

[解] 構造式 II, III および IV における結合 a に対応する結合の結合次数

[†)] 一般に結合次数が大きいほど原子間距離は短い。炭素-炭素間の結合では、結合次数 $b = 1, 2$ および 3 のときの結合距離は、$1.54, 1.33$ および 1.20×10^{-10} m. (11.7) 式の定数 0.21 (= 1.54 − 1.33) は、$b = 1$ と $b = 2$ における結合距離の差である。

は，それぞれ1，1および2．aの結合次数は，これらの算術平均と考えられるから，

$$b(a) = (1 + 1 + 2)/3 = 1.3$$

結合bおよびcについても，同様に，

$$b(b) = (2 + 2 + 1)/3 = 1.7$$
$$b(c) = (1 + 1 + 2)/3 = 1.3$$

―― 例題 11・14　結合次数の求め方（結合距離からの）――

ナフタレン分子（前例題の構造式 I）の結合a, bおよびcの結合距離は，それぞれ1.43，1.37および1.40×10^{-10} m である．各結合の結合次数を求めよ．

[解]　aの結合次数は，与えられたデータを (11.7) 式に代入して，

$$\frac{0.21 \times 3\,(b(a) - 1)}{2\,b(a) - 1} = 1.54 - r/10^{-10}\,\text{m} = 1.54 - 1.43 = 0.11$$

$$b(a) = 1.3$$

同様に，

$$b(b) = 1.6$$
$$b(c) = 1.4$$

§ 11・5　分子軌道法

11・5・1　結合性軌道と反結合性軌道

化学結合の本質を分子軌道という観点から考えていく方法を**分子軌道法**（または，**MO 法**．MO は "molecular orbital" の略）という．

例えば，2 つの水素原子Hが結合して水素分子 H_2 をつくる場合，それぞれの原子は相手の原子のボーア半径の内側にまで入り込み（p.170の図 11-1，上段），その結果，両原子の電子軌道（**原子軌道**という）は重なり合って，2 つの原子核を包むあらたな軌道を形成する[†]．このような分子全体に広がった電子

[†] 模式的には右図のように理解してもよいであろう．●は原子核，○は電子．

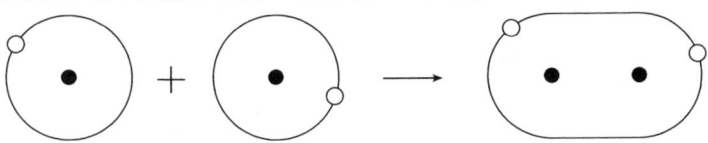

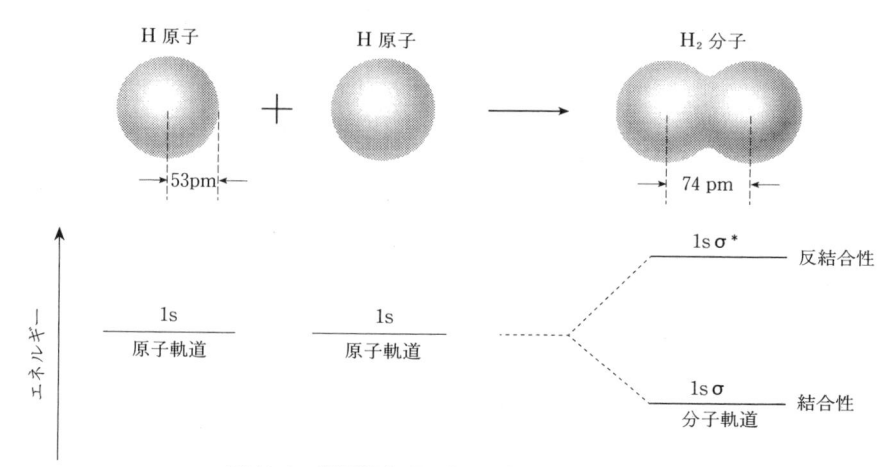

図 11-1　H 原子と H_2 分子の軌道とエネルギー

軌道を**分子軌道**という．分子軌道には原子軌道よりもエネルギーの低い**結合性軌道**とエネルギーの高い**反結合性軌道**があり，両軌道とも 2 個の電子が入ることができる．原子軌道と反結合性軌道とのエネルギーの差は，原子軌道と結合性軌道とのそれよりもやや大きい（図 11-1, 下段）．

水素原子はもともと 1 個だけの電子を 1s 軌道にもっているが，2 個の水素原子が結合すると，両方の原子の電子はともに結合性軌道に入るため，エネルギーが下がって安定な水素分子になる．このさいのエネルギーの低下が，H—H の結合エネルギー（§11・2）にほかならない．

水素分子の電子配置は

$$1s\sigma^2$$

と記す[†]．σ は"σ 軌道"の意味であり，右肩の数字はその軌道に入っている電子の数を示す．**σ 軌道**とは原子どうしの結合軸を包み込む形の軌道のことをいい，σ 軌道に入っている電子を **σ 電子**とよぶ．反結合性軌道の場合は記号の右肩に * 印をつけて，$1s\sigma^*$ と記す．また，**σ^* 軌道**および **σ^* 電子**とよぶ．

──── **例題 11・15　分子軌道の形成と分子・イオンの安定性** ────

　He_2 分子および He_2^+ イオンの電子配置を記し，それをもとに両者が安定に存在しうるか否かを考えよ．

[†] $\sigma_{1s}{}^2$, $(1s\sigma)^2$, $(\sigma_{1s})^2$, などとも記す．

[考え方] 電子はまずエネルギーの低い結合性軌道に入り，入りきらない場合は残った電子は反結合性軌道に入る．結合性軌道と反結合性軌道に同じ数の電子が入ると，反結合性軌道に電子が入ることによるエネルギーの上昇，つまり不安定化効果が，結合性軌道に電子が入ることによるエネルギーの低下，つまり安定化効果を上回るため，安定な分子としては存在しえなくなる．

[解] He原子は1s軌道に2個の電子をもつから，He_2 では電子は4個．したがって，σ軌道に2個，σ*軌道に2個の電子が入るから，電子配置は

$$1s\sigma^2 1s\sigma^{*2}$$

2個のσ電子による安定化効果よりも2個のσ*電子による不安定化効果の方が大きいから，He_2 分子は安定には存在しえない．

He_2^+ イオンの場合は電子は3個．したがって，電子配置は

$$1s\sigma^2 1s\sigma^{*1}$$

σ電子は2個，σ*電子は1個で，前者による安定化効果の方が大きいから，He_2^+ イオンは安定に存在できる．

11・5・2 電子が分子軌道に入る順序

前項では第1周期元素であるHとHeについて，**等核二原子分子**（同種の原子2個からなる分子）を扱ったが，本項では第2周期元素のそれについて考える．第2周期元素の場合は，最大6個までの2p電子をもつから，2p軌道から生じる分子軌道が重要になる．

p副殻には互いに直交する，エネルギー準位の等しい3つの原子軌道 p_x, p_y および p_z が属している（p.146 脚注）．2つの原子が結合すると（以下，結合軸を x 座標上にとることにする），両原子の $2p_x$ 軌道どうしは，結合軸を包み込む結合性の分子軌道 $2p_x\sigma$ と，反結合性の分子軌道 $2p_x\sigma^*$ を形成する．一方，$2p_y$ 軌道と $2p_z$ 軌道は結合軸から浮き上がった **π結合** を形成する．π結合には結合性の $2p_y\pi$ 軌道と $2p_z\pi$ 軌道，および反結合性の $2p_y\pi^*$ 軌道と $2p_z\pi^*$ 軌道がある（p.172 の図 11-2）．

結合した2つの原子の2s軌道どうしは，前項で述べた1s軌道の場合と同様，結合性の $2s\sigma$ 軌道と反結合性の $2s\sigma^*$ 軌道を形成する．

第2周期元素の等核二原子分子の電子配置の推定は，次の基準による．

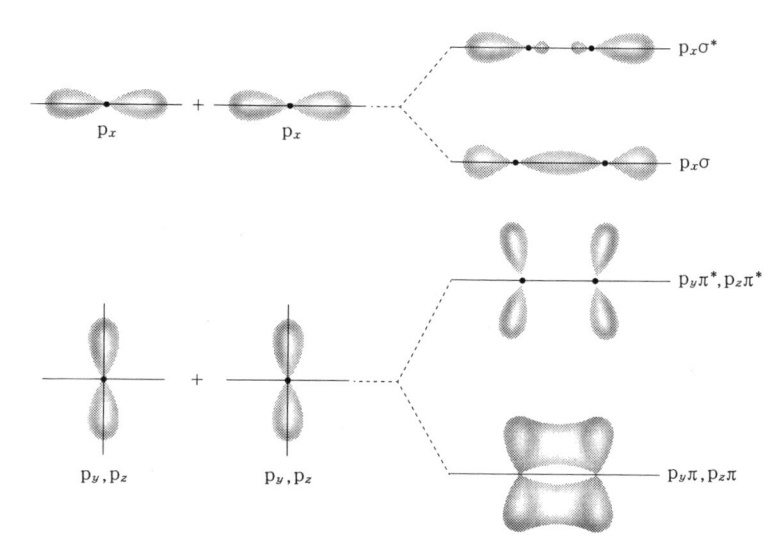

図 11-2　p 軌道 (左) から形成される分子軌道 (右)

① K 電子 (1s 電子) は非常に内側にあり，相手の原子の軌道とほとんど重ならないから，分子軌道の形成に関しては無視してよい．

② L 電子はエネルギーの低い分子軌道から順に入っていく．その順序は

$$2s\sigma \to 2s\sigma^* \to (2p_y\pi = 2p_z\pi) \to 2p_x\sigma \to (2p_y\pi^* = 2p_z\pi^*) \to 2p_x\sigma^*$$

ただし，O_2 と F_2 では，$(2p_y\pi = 2p_z\pi)$ と $2p_x\sigma$ の順序は逆転する．

③ それぞれの分子軌道にはスピンの異なる電子が 1 個ずつ，2 個までの電子が入ることができる (パウリの排他原理．10・4・1)．

④ エネルギーの等しい軌道 (上の序列でカッコでくくった軌道) に電子が入るときには，異なる軌道に入ってスピンを揃える (フントの規則．10・4・3)．

―― 例題 11・16　分子軌道に電子が入る順序 ――――
　O_2 分子の電子配置を記せ．

[解]　O 原子は K 殻に 2 個，L 殻に 6 個の電子をもつ．O_2 分子の K 殻を除く 12 個の電子の配置は，

$$2s\sigma^2 2s\sigma^{*2} 2p_x\sigma^2 2p_y\pi^2 2p_z\pi^2 2p_y\pi^{*1} 2p_z\pi^{*1} \text{[注]}$$

[注]　図 11-3 参照 (矢印は電子のスピン)．

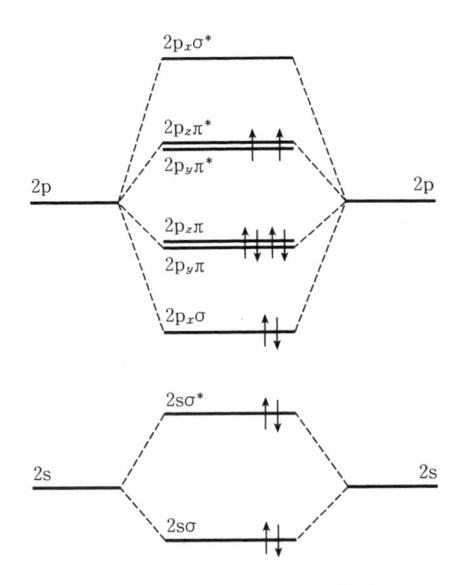

図 11-3　O_2 の分子軌道エネルギー準位図

11・5・3　結合次数と結合の強さ

二原子分子の結合次数は分子軌道における電子配置との関係で次式のように定義される．すなわち，

$$b = \frac{n - n^*}{2} \tag{11・8}$$

b は結合次数，n および n^* は結合性軌道と反結合性軌道にある電子の数

この式が示すように，結合次数が大きいほど，結合性軌道にある電子の数と反結合性軌道にあるそれとの差が大きくなるから，エネルギー低下の程度，つまり結合エネルギーが大きくなり，それに伴って原子間の距離は小さくなる．

結合次数と原子核間距離との関係は 11・4・3 に述べたとおりである．

── 例題 11・17　結合次数と結合エネルギー ──

N_2 分子および N_2^+ イオンの結合次数を求めよ．また，両者の結合エネルギーの大小を推定せよ．

[解]　N_2 および N_2^+ の電子配置は，

N_2:　　$2s\sigma^2\, 2s\sigma^{*2}\, 2p_y\pi^2\, 2p_z\pi^2\, 2p_x\sigma^2$

N_2^+:　　$2s\sigma^2\,2s\sigma^{*2}\,2p_y\pi^2\,2p_z\pi^2\,2p_x\sigma^1$

N_2 の結合次数は (11.8) 式により,

$$b = \frac{n - n^*}{2} = \frac{8-2}{2} = 3$$

同様に,

$$b(N_2^+) = 2.5$$

N_2 の方が結合次数が大きいから,結合エネルギーも大きいと推定される[注].

[注]　測定値は,N_2 が 945 kJ mol^{-1},N_2^+ は 842 kJ mol^{-1}.

II. 解説編

　この"解説編"は化学計算の基礎となる事項をまとめて解説した部分で，4つの章からなっている．

　12章と13章では，化学計算で一般に使われる物理量と単位の記し方，いろいろな単位の間の関係と換算法，数値の精度，など，化学計算の基本的なルールが解説されている．これまでの知識の確認と整理をかねて，"講義編"を読む前に目を通していただきたい．

　14章では，原子量，分子量，原子質量，モル質量などの定義とそれらの間の関係，化学式と化学反応式の意味，などが解説されている．また，15章では，記号と略号の意味が小事典ふうにまとめられている．これらの章は必要に応じて参照していただければ役に立つはずである．

12章 物理量と単位

§ 12·1 物理量の表わし方

化学の計算ではさまざまな**物理量**を扱う．物理量は一般に単位をもち，同一の量でも別の単位を使えば数値が違ってくる．例えば，0.206 m という長さは cm 単位で表わせば 20.6 cm であり，mm 単位で表わせば 206 mm である．したがって，物理量を記すには数値だけを書いても意味をなさない．

物理量はこのように"数値 × 単位"という構造をもっている．そこで，例えば"ある長さの測定値 l は 0.206 m である"ことを表わすのに，普通は

$$l = 0.206 \text{ m} \qquad ①$$

と書くが，両辺を単位 m で割って，

$$l/\text{m} = 0.206 \qquad ②$$

と書くこともできる．物理量を一覧表の形で示したり，グラフの軸に書き入れたりするときには，②のように，表示する値を単位のつかない数にしておくと便利である．本書では物理量を記述する場合，原則として式や文のなかでは①，グラフや表では②の方式を使うことにする．

これに対し，

$$l = 0.206 \,(\text{m})$$
$$l(\text{m}) = 0.206$$

のような，単位をカッコに入れる表わし方もしばしば見かけるが，この方式は物理量の構造からみると不合理なので，避ける方がよい．

物理量の記号は上例の l のように斜体文字（イタリック）で，単位記号は m

のように立体文字（ローマン体）で書く約束になっている．それぞれの物理量に対してどのような記号を使うかは，絶対的な決まりはないが，とくに必要がないかぎり慣例に従うのがよい．一般に使われている記号を15章に示す．

§ 12・2　SI単位系

12・2・1　基本単位と組立単位

化学の分野では**SI単位系**[†]を使うことが推奨されている．この単位系を使えば，すべての物理量は表12-1に示す7つのSI**基本単位**，または，基本単位を組み合わせたSI**組立単位**（SI**誘導単位**ともいう）で表わすことができる．なお，SI単位系では，**質量の基本単位**は kg（g ではない），**温度の基本単位**は

表 12-1　SI 基本単位

物理量	単位（名称）
長さ	m（メートル）
質量	kg（キログラム）
時間	s（秒）
電流	A（アンペア）
温度	K（ケルビン）
物質量	mol（モル）
光度	cd（カンデラ）

表 12-2　特別な名称と記号をもつ SI 組立単位

物理量	単位記号（名称）	定義
力	N（ニュートン）	$\mathrm{m\ kg\ s^{-2}}$
圧力	Pa（パスカル）	$\mathrm{m^{-1}\ kg\ s^{-2}}$（$=\mathrm{N\ m^{-2}}$）
エネルギー	J（ジュール）	$\mathrm{m^2\ kg\ s^{-2}}$
仕事率	W（ワット）	$\mathrm{m^2\ kg\ s^{-3}}$（$=\mathrm{J\ s^{-1}}$）
電荷	C（クーロン）	$\mathrm{A\ s}$
電位，起電力	V（ボルト）	$\mathrm{m^2\ kg\ s^{-3}\ A^{-1}}$（$=\mathrm{J\ C^{-1}}$）
電気抵抗	Ω（オーム）	$\mathrm{m^2\ kg\ s^{-3}\ A^{-2}}$（$=\mathrm{V\ A^{-1}}$）
電導度	S（ジーメンス）	$\mathrm{m^{-2}\ kg^{-1}\ s^3\ A^2}$（$=\mathrm{\Omega^{-1}}$）
電気容量	F（ファラッド）	$\mathrm{m^{-2}\ kg^{-1}\ s^4\ A^2}$（$=\mathrm{C\ V^{-1}}$）
振動数，周波数	Hz（ヘルツ）	$\mathrm{s^{-1}}$
放射能	Bq（ベクレル）	$\mathrm{s^{-1}}$

[†] Le Système International d'Units. **国際単位系**と訳すこともある．

K（℃ではない）なので，注意のこと．

SI 組立単位のあるものには特別な単位記号と名称が与えられている．そのうちの化学に関連の深いものを表 12-2 (p.177) に示す．

例題 12・1　SI 組立単位のつくり方

モル熱容量は"単位物質量の物質の温度を単位温度だけ上昇させるのに必要な熱"と定義されている．この物理量の SI 単位は何か．

[考え方]　定義から明らかなように，モル熱容量は"単位物質量あたりの単位温度あたりの熱（＝エネルギー）"で表わされる．このことを，モル熱容量の**次元**は

　　　　　[エネルギー] [温度]$^{-1}$ [物質量]$^{-1}$

である，という．カッコ内の物理量の SI 単位を書き並べれば，それがモル熱容量の SI 単位となる．

[解]　モル熱容量の次元は [エネルギー] [温度]$^{-1}$ [物質量]$^{-1}$ だから，その SI 単位は

　　　　　J K^{-1} mol^{-1} [注]

または，J をさらに表 12-2 (p.177) に従って基本単位に書きなおして，

　　　　　m^2 kg s^{-2} K^{-1} mol^{-1}

　　[注]　負の指数の代わりに斜線を使って，"J/K mol"，"m^2 kg/s^2 K mol" と書くことも許される．斜線を使う場合には，

　　　　多数の単位が書かれている式では積が商に優先する

という約束があるから，この書き方はまちがいではないが，しかしややもすると，"(J/K) × mol"，"m^2 (kg/s^2) K mol" などの意味に誤解されかねない．この点，"J K^{-1} mol^{-1}" のような負の指数を使う表現の方が単純明快で優れている．本書では原則として負の指数を使うことにする．

12・2・2　位どり接頭語

SI 単位では，表 12-3 (p.179) の**位どり接頭語**をつけて本来の大きさの 10^n 倍（n は整数）を表わすことができる．例えば，1 ps は 10^{-12} s，1 MJ は 10^6 J を表わす．位どり接頭語を使うときは次の点を注意のこと．

① 接頭語は重ねない．例えば，kkm は不可，Mm が正しい．質量の SI

基本単位は kg であるが，この場合も kkg とはせず，Mg と書く．
② 接頭語と単位記号を組み合わせたものは単一の記号とみなし，その累乗はカッコを使わずに表わす．例えば，cm³ は (cm)³ の意味であり，c(m)³ の意味ではない．

表 12-3　SI 単位の位どり接頭語

大きさ	記号（名称）	大きさ	記号（名称）
10^{-1}	d（デシ）	10	da（デカ）
10^{-2}	c（センチ）	10^2	h（ヘクト）
10^{-3}	m（ミリ）	10^3	k（キロ）
10^{-6}	μ（マイクロ）	10^6	M（メガ）
10^{-9}	n（ナノ）	10^9	G（ギガ）
10^{-12}	p（ピコ）	10^{12}	T（テラ）
10^{-15}	f（フェムト）	10^{15}	P（ペタ）
10^{-18}	a（アト）	10^{18}	E（エクサ）
10^{-21}	z（ゼプト）	10^{21}	Z（ゼタ）
10^{-24}	y（ヨクト）	10^{24}	Y（ヨタ）

―― 例題 12・2　位どり接頭語の使い方 ――

次の量を位どり接頭語のつかない形にあらためよ．
(1) 6.4 kA　　(2) 221 Gg　　(3) 76 mm³　　(4) 0.50 mmol cm⁻³

[解]　(1)　$6.4 \text{ kA} = 6.4 \times 10^3 \text{ A}$

(2)　$1 \text{ Gg} = 10^9 \text{ g} = 10^6 \text{ kg}$ だから，
$221 \text{ Gg} = 221 \times 10^6 \text{ kg} = 2.21 \times 10^8 \text{ kg}$

(3)　$1 \text{ mm}^3 = (10^{-3} \text{ m})^3 = 10^{-9} \text{ m}^3$ だから，
$76 \text{ mm}^3 = 76 \times 10^{-9} \text{ m}^3 = 7.6 \times 10^{-8} \text{ m}^3$

(4)　$1 \text{ mmol} = 10^{-3} \text{ mol}$，$1 \text{ cm}^3 = 10^{-6} \text{ m}^3$ だから，$1 \text{ mmol cm}^{-3} = (10^{-3}/10^{-6}) \text{ mol m}^{-3} = 10^3 \text{ mol m}^{-3}$．ゆえに，

$0.50 \text{ mmol cm}^{-3} = 0.50 \times 10^3 \text{ mol m}^{-3} = 5.0 \times 10^2 \text{ mol m}^{-3}$

[注]　**物質量濃度の単位**は，SI 基本単位を組み合わせると "mol m⁻³" になるが，以前からの習慣で "mol dm⁻³"（以前の表現では "mol/L"）を使うことが多い．mol dm⁻³ は M と記すこともある (2・1・1)．

§ 12・3 単位の換算
12・3・1 換算係数
化学の分野では前述のように SI 単位の使用が推奨されているが,それ以外の単位もしばしば使われるので,単位の換算が必要になる.単位の換算には,一般には**換算係数**を掛ければよい(例題 12・4～12・6).よく使われる換算係数を資料 B-4(後見返し)にあげる.

なお,温度の換算は例外で,足し算になる(例題 12・7).

SI 単位と **CGS 単位系**(cm,g および s を基本単位とする単位系)の単位との換算係数は,両単位系の基本単位にさかのぼって考えれば容易に求めることができる(例題 12・3).

例題 12・3 SI 単位と CGS 単位の換算係数

力の CGS 単位は dyn,SI 単位は N である.換算係数を求めよ.

[解] 力の次元は [長さ] [質量] [時間]$^{-2}$ である.長さ,質量および時間の CGS 単位は cm,g および s だから,力の単位は例題 12・1 に準じて,1 dyn = 1 cm g s^{-2}.SI 単位ではそれぞれ m,kg および s だから,1 N = 1 m kg s^{-2}.ゆえに,

$$1 \text{ dyn} = 1 \text{ cm g s}^{-2} = 10^{-2} \text{ m} \times 10^{-3} \text{ kg} \times 1 \text{ s}^{-2} = 10^{-5} \text{ m kg s}^{-2} = 10^{-5} \text{ N}$$

12・3・2 圧力単位の換算
よく使われる圧力の単位には次の 3 系列がある.

SI 単位 —— Pa($= \text{N m}^{-2} = \text{m}^{-1} \text{kg s}^{-2}$)

慣用単位 —— bar($= 10^5$ Pa), mbar($= 10^{-3}$ bar)

慣用単位 —— atm($= 101\,325$ Pa),

Torr = mmHg = $(1/760)$ atm$^{\dagger)}$ = 133.322 Pa

例題 12・4 圧力の諸単位間の換算

次の圧力を SI 単位で表わせ.

(1) 40.8 bar (2) 747 Torr (3) 25.5 atm

$^{\dagger)}$ "Torr(トル)"の定義は "$(101\,325/760)$Pa"."mmHg(ミリメートル水銀柱)"の定義は "密度 13.5915 g cm^{-3},高さ 1 mm の液体が 980.655 cm s^{-2} の重力加速度のもとにあるときの圧力".1 Torr と 1 mmHg の差は 2×10^{-7} Torr 以内なので,実質的には 1 Torr = 1 mmHg としてさし支えない.

[解] (1) 上述（または，後見返しの資料 B-4）により，$1\,\text{bar} = 10^5\,\text{Pa}$. ゆえに，換算係数は，$1 = 10^5\,\text{Pa}\,\text{bar}^{-1}$. これを与えられた値に掛けて，

$$40.8\,\text{bar} = 40.8\,\text{bar} \times 10^5\,\text{Pa}\,\text{bar}^{-1} = 4.08 \times 10^6\,\text{Pa}\,(= 4.08\,\text{MPa})$$

以下，同様に，

(2) $747\,\text{Torr} = 747\,\text{Torr} \times 133.3\,\text{Pa}\,\text{Torr}^{-1} = 9.96 \times 10^4\,\text{Pa}\,(= 99.6\,\text{kPa})$

(3) $25.5\,\text{atm} = 25.5\,\text{atm} \times 1.103 \times 10^5\,\text{Pa}\,\text{atm}^{-1} = 2.58 \times 10^6\,\text{Pa}\,(= 2.58\,\text{MPa})$

[注] 計算式にいちいち単位を書き込むのは一見繁雑にみえるが，これによって計算の誤りを少なくすることができる．例えば (1) で，掛けるべき換算係数で割ってしまった場合，計算は

$$40.8\,\text{bar} = 40.8\,\text{bar}/10^5\,\text{Pa}\,\text{bar}^{-1} = 40.8 \times 10^{-5}\,\text{bar}^2\,\text{Pa}^{-1}$$

となって，期待する Pa 単位の答が出ないから，すぐに誤りに気がつく．

12・3・3　エネルギー単位の換算

よく使われるエネルギーの単位には次の 6 系列がある．

SI 単位．── $\text{J}\,(= \text{N}\,\text{m} = \text{Pa}\,\text{m}^3 = \text{m}^2\,\text{kg}\,\text{s}^{-2})$，$\text{W}\,\text{s}\,(= \text{J})$

慣用単位．── $\text{kW}\,\text{h}\,(= 3.6 \times 10^6\,\text{W}\,\text{s} = 3.6 \times 10^6\,\text{J})$

CGS 単位．── $\text{erg}\,(= \text{dyn}\,\text{cm} = \text{cm}^2\,\text{g}\,\text{s}^{-2} = 10^{-7}\,\text{N})$

慣用単位．── $\text{cal}\,(= 4.184\,\text{J})$，$\text{kcal}\,(= 10^3\,\text{cal})$

慣用単位．── $\text{m}^3\,\text{atm}\,(= 101\,325\,\text{J})$，$\text{dm}^3\,\text{atm}\,(= 10^{-3}\,\text{m}^3\,\text{atm})$

慣用単位．── eV

以上のうち，eV（電子ボルト．$= 1.602\,18 \times 10^{-19}\,\text{J}$）[†] は "原子 1 個あたり" のような非常に小さなエネルギーを表わすのに適した単位であり，"1 mol あたり" 程度の大きさのエネルギーを問題にするときには普通は kJ が使われる．両者の間には次の対応関係がある（≙ は "に対応する"，"と等価である" の意味）．

$$1\,\text{eV}\,(\text{粒子})^{-1} \triangleq 96.485\,3\,\text{kJ}\,\text{mol}^{-1} \tag{12.1}$$

[†] "電子ボルト" は "電気素量 e の電荷をもつ粒子が真空中で電位差 1 V の 2 点間で加速されるときに得るエネルギー" をいう．$1.602\,18 \times 10^{-19}\,\text{J}$ にアボガドロ定数を掛けると (12.1) 式の値が得られる．例題 9・3 [考え方] 参照．

―― 例題 12・5　エネルギーの諸単位間の換算 ――

次のエネルギーを SI 単位で表せ．
(1)　15.3 kW h　(2)　320 erg　(3)　95.2 kcal　(4)　0.082 dm³ atm

[解]　前例題と同様，換算係数を掛けて，
(1)　15.3 kW h = 15.3 kW h × 3.6×10⁶ J (kW h)⁻¹ = 5.51×10⁷ J (= 55.1 MJ)
(2)　320 erg = 320 erg × 10⁻⁷ J erg⁻¹ = 3.20×10⁻⁵ J (= 32.0 μJ)
(3)　95.2 kcal = 95.2×10³ × 4.184 J cal = 3.98×10⁵ J (= 398 kJ)
(4)　0.082 dm³ atm = 8.2×10⁻⁵ m³ atm × 1.013×10⁵ J (m² atm)⁻¹ = 8.3 J

―― 例題 12・6　電子ボルトとジュールとの換算 ――

Li 原子から電子 1 個を引き離して Li⁺ イオンにするのに必要なエネルギーは，原子 1 個あたり 5.39 eV である．1 mol あたりに必要なエネルギーを SI 単位で求めよ．

[解]　(12.1) 式により，$1 \triangleq 96.49$ kJ mol⁻¹/eV (原子)⁻¹．ゆえに，

$$5.39 \text{ eV (原子)}^{-1} \triangleq 5.39 \text{ eV (原子)}^{-1} \times \frac{96.49 \text{ kJ mol}^{-1}}{\text{eV (原子)}^{-1}} = 520 \text{ kJ mol}^{-1}$$

12・3・4　温度単位の換算

温度の SI 単位はいわゆる**絶対温度**（単位，K．**ケルビン温度**ともいう）であり，しばしば使われる**セルシウス温度**（単位，℃）との間には次の関係がある．

$$T/\text{K} = \theta/\text{℃} + 273.15 \tag{12.2}$$

本書では"温度"というときは SI 単位の温度（絶対温度）を示すものとし，セルシウス温度を指すときには，そのむね記すことにする．なお，記号は，前者には T，後者には θ を使うことにする．

―― 例題 12・7　セルシウス温度と熱力学温度（絶対温度）との換算 ――

25.31 ℃ を絶対温度で表わせ．

[解]　(12.2) 式により

$$T = (\theta/\text{℃} + 273.15)\text{ K} = (25.31 + 273.15)\text{ K} = 298.46\text{ K}$$

13章

数値の精度

§ 13・1　有効数字

　化学の計算に出てくる**測定値**は，測定に使った機器の精度に応じて，ある限られた精度しかもつことができない．例えば質量 20.614 8…… g の物体があったとして，これを 0.1 g までしか秤れない天秤で測定すれば，得られる数値は 20.6 までであり，次の桁にどのような数字がくるかはまったくわからない．この場合，測定値を 20.6 g と書くが，これは (20.6 ± 0.05) g の意味である．一方，この物体を 1 mg まで秤れる天秤で測定すれば，例えば 20.615 g すなわち (20.615 ± 0.0005) g という値が得られるはずである．この "20.6" や "20.615" のような，実質的な意味をもつ数字を，**有効数字**という．

　数値の精度の表わし方には次の 2 つがある．

① 有効数字何桁，という表わし方．20.6 g は有効数字 3 桁，20.615 g は 5 桁である．この表わし方の場合は，単位を変えても有効数字の桁数は変わらない．例えば，前者を 0.020 6 kg と書きなおしても，有効数字はやはり 3 桁である．

② 何桁目まで有効，という表わし方．20.6 g は小数点以下 1 桁まで，20.615 g は 3 桁まで有効である．この表わし方の場合は，単位が変わると，何桁目までが有効なのかも変わってくる．0.020 6 kg は小数点以下 4 桁まで有効である．

　化学の計算にはこのほかに**定義された値**も出てくる．例えば，セルシウス温

度目盛りのゼロ点は 273.15 K と定義されているが，この "273.15 K" は "(273.15 ± 0.005)K" の意味ではなく，いわば "273.150 00……K" である．有効数字は 5 桁ではなく，無限大桁と考えてよい．

このほか，例えば "物質 X の 1 g から生成する物質 Y の理論量を求めよ" という問題の "1 g" も，"1 g あたりの生成量" を質問しているのであって，"(1 ± 0.5)g あたりの生成量" を求めているわけではない．したがって，上の定義された値と同じく，"1.000 0……g" として扱うべきである．

例題 13・1　有効数字の桁数

次の測定値の有効数字は何桁か．また，小数点以下何桁目まで有効か．
(1) 12.8 g　(2) 12.800 g　(3) 12.8 mg

また，これらの量を kg 単位で表した場合には有効数字はどうなるか．

［解］　(1)　有効数字 3 桁，小数点以下 1 桁まで有効．
(2)　有効数字 5 桁，小数点以下 3 桁まで有効[注①]．
(3)　有効数字 3 桁，小数点以下 1 桁まで有効．

与えられた量を kg 単位になおすと，それぞれ 0.012 8 kg，0.012 800 kg および 0.000 012 8 kg．有効数字の桁数は変わらない[注②]が，小数点以下の桁数は，(1) は 4 桁目まで，(2) は 6 桁目まで，(3) は 7 桁目まで有効，となる．

　　［注①］　12.800 g は (12.800 ± 0.000 5)g の意味である．つまり，末尾の "0" は "0 以外の数字ではない" ことを示しており，省略してはならない．"12.800 g" と "12.8 g" は，似ているようでも精度の点でまったく異なっている．なお，電卓で計算をする場合には末尾の "0" が消えることがあるから，とくに注意のこと．

　　［注②］　例えば 0.012 8 g の最初の "0.0" は，位取りを示すための 0 であり，有効数字とは言わない．

§ 13・2　答の精度

限られた精度しかもたない数値を使って計算をすれば，その結果である答も当然限られた精度しかもたない．例えば，次の足し算

$$m = 71.1 \text{ g} + 25.302\,9 \text{ g}$$

を行なう場合，それぞれの精度を考慮しつつ計算すると，

$$m = (71.1 \pm 0.05)\text{g} + (25.302\,9 \pm 0.000\,05)\text{g}$$

$$= (96.402\,9 \pm 0.050\,05)\,\mathrm{g}$$

となる．つまり，m は $(96.402\,9 + 0.050\,05)\mathrm{g}$ と $(96.402\,9 - 0.050\,05)\mathrm{g}$ の間にあるわけで，小数点以下2桁目以降の "029" は意味のない数字である．したがって，$m = 96.402\,9\,\mathrm{g}$ と答えるのは誤りで，

$$m = 96.4\,\mathrm{g}$$

と書くのが正しい．答の精度はこのように，計算に使った数値のうちで最も精度の低いものに（この例では，有効数字が小数点以下1桁までしかない "71.1" に）支配される．

以下，必要にして充分な精度をもつ答を得るための**計算の原則**を列挙すると，

① **加減法**の計算では，答の数値の最後の桁が，計算に使われた数値のうちで最後の桁の最も高いものに一致する（例題 13・2 (1)）．

② **乗除法**の計算では，答の有効数字の桁数が，計算に使われた数値のうちで有効数字の桁数が最小のものに一致する（例題 13・2 (2)，(3)）．

③ **充分大きな桁が与えられている数値**（例えば，資料 B-1 の定数）を計算に使うときには，その計算に使われるほかの数値のうちの精度が最も低いものより 1〜2 桁多いところまでを使えばよい（例題 13・3）．

④ **計算の途中でいったん答を出すとき**は，最終の答よりも 1〜2 桁よぶんなところまで求める．計算のつごうで不確かな数字を記すことが必要な場合は，小さな字を使う（例題 13・3）．

⑤ **数値を丸めるときは四捨五入**による．ただし，末尾の数字が……5，……50，等，の数値を丸めるには，5 の 1 桁前の数字が奇数ならば切り上げ，偶数ならば切り捨てる（例題 13・4）．

例題 13・2 有効数字を考慮に入れた計算

次の計算を行え．
(1)　$13.5\,\mathrm{g} + 12.2218\,\mathrm{g} - 1.0985\,\mathrm{g}$
(2)　$80.27\,\mathrm{m} \times 32.4\,\mathrm{cm}$
(3)　$101.424\,\mathrm{g} \div 31.9\,\mathrm{cm}^3$

［**考え方**］ (1) は上の原則①により，最後の桁の最も高い数値 (13.5) に合わせて，答も小数点以下1桁目まで求める．(2) は原則②により，有効数

字の桁数が最小の数値 (32.4) に合わせて，答も 3 桁まで求める．(3) も (2) と同じく，答を 3 桁まで求める．

[解]　(1)　24.6 g, (2)　26.0 m², (3)　3.18 g cm⁻³

例題 13・3　計算の途中でいったん答を出す場合

体重 35 kg の子どもが，(1) 靴を履いているとき，および，(2) 竹馬に乗っているときに，地面に与える圧力を求めよ．靴の場合は地面との接触面積は 150 cm²，竹馬の場合は 6.5 cm² とする．

[考え方]　圧力の次元は [力][面積]⁻¹ である．問題では体重（質量）が与えられているから，これに重力の加速度（自由落下の標準加速度）を掛けて力を求める．この計算は掛け算で，質量の有効数字が 2 桁だから，答の有効数字は 2 桁になる（原則②）．計算に使う重力の加速度は，$g_n = 9.80665$ m s⁻² のうち，質量の有効数字よりも 1 桁多い 3 桁までを使えばよい（原則③）．こうして求めた力 F の有効数字は 2 桁であるが，この値は次の計算に使うから，最後の答の有効桁数より 1 桁多い 3 桁まで求めておく（原則④）．ただし，3 桁目は不確かな数字なので，小さな字で書く（原則④）．

[解]　自由落下の標準加速度は資料 B-1（後見返し）の値を 3 桁に丸めて，$g_n = 9.81$ m s⁻²．地面にかかる力は，

$$F = m\,g_n = 35 \text{ kg} \times 9.81 \text{ m s}^{-2} = 3.4_3 \times 10^2 \text{ N}$$

圧力は $p = F/A$，ただし A は接触面積，で与えられるから，

(1)　$p = \dfrac{F}{A} = \dfrac{3.4_3 \times 10^2 \text{ N}}{150 \times 10^{-4} \text{ m}^2} = 2.3 \times 10^4$ Pa

(2)　$p = \dfrac{F}{A} = \dfrac{3.4_3 \times 10^2 \text{ N}}{6.5 \times 10^{-4} \text{ m}^2} = 5.3 \times 10^5$ Pa

---
例題 13・4　数値の丸め方

次の数値を有効数字 3 桁に丸めよ．
(1)　2.344,　(2)　2.345,　(3)　2.345 0,　(4)　2.345 1,　(5)　2.355

[考え方]　(2), (3) および (5) は末尾の数字が 5 または 50 なので，p. 185 の原則 ⑤ を考慮に入れる必要がある．他は機械的に四捨五入すればよい．

[解]　(1)　2.34,　(2)　2.34,　(3)　2.34,　(4)　2.35,　(5) 2.36

14章

化学量論の基礎

§ 14·1 原子質量と原子量・分子量

14·1·1 原子質量

原子やそれよりも小さな粒子の質量は，炭素の同位体のひとつである ^{12}C 原子の質量の 1/12 (**原子質量定数**という) を単位として表わすことが多い．この単位を**統一原子量単位** (単位記号，u)[†] といい，SI 基本単位との間には次の関係がある．

$$1\,\mathrm{u} = m_\mathrm{u} = 1.660\,54 \times 10^{-27}\,\mathrm{kg} \tag{14.1}$$
$$1\,\mathrm{kg} = 6.022\,14 \times 10^{26}\,\mathrm{u} \tag{14.1a}$$

u は統一原子量単位，m_u は原子質量定数

例題 14·1　SI 基本単位と統一原子量単位の関係

電子の質量は $9.109\,4 \times 10^{-31}\,\mathrm{kg}$ である．この質量を統一原子量単位で表わせ．

[解] (14.1a) 式から，$1 = 6.022\,14 \times 10^{26}\,\mathrm{u\,kg^{-1}}$．この換算係数を与えられた電子の質量に掛けて，

$$m_\mathrm{e} = 9.109\,4 \times 10^{-3}\,\mathrm{kg} \times 6.022\,14 \times 10^{26}\,\mathrm{u\,kg^{-1}} = 5.485\,8 \times 10^{-4}\,\mathrm{u}$$

14·1·2 原子量と分子量

^{12}C 原子の質量の 1/12 に対する各元素の原子の相対的質量 (厳密には，各

[†] 生物化学の分野では，この単位を**ドルトン** (単位記号，Da) とよぶこともある．

同位体原子の質量の加重平均,例題 9・2)を,その元素の**相対的原子質量**,または略して**原子量**という(記号,A_r).原子量は前項で述べた原子質量と似ているが,原子質量が u という単位をもつのに対し,原子量は単位をもたない無次元量である.各元素の原子量は,精密な値を資料 A-1,4桁に丸めた値を資料 A-2(いずれも前見返し)にあげる.

原子量と同じ基準で表わした化合物や単体の分子の相対的質量を**相対的分子質量**あるいは**分子量**という(記号,M_r).厳密な意味での分子をつくらない物質,例えば NaCl などの場合は,組成式に示された各原子の原子量の和は正しくは**式量**とよぶべきであるが,分子量とよばれることが少なくない.

分子量を求めるには,構成原子の原子量を分子式に記された原子数のとおりに加えればよい(例題 14・2).普通の計算の場合は,資料 A-2 の 4 桁の原子量を使えば充分である.

---**例題 14・2 化学式からの分子量の求め方**---
エタノール C_2H_6O の分子量を求めよ.

[**考え方**] 上述のように,構成原子の原子量を分子式に記された原子の数だけ加える.普通の計算では資料 A-2 の 4 桁の原子量で足りるが,できるだけ精密な原子量を求めたい場合には資料 A-1(いずれも前見返し)の原子量を使う.

[**解 ①　4 桁の分子量を求める場合**]　資料 A-2 の原子量を使って,
$$M_r = 2\,A_r(C) + 6\,A_r(H) + A_r(O)$$
$$= 2 \times 12.01 + 6 \times 1.008 + 16.00 = 46.07$$

[**解 ②　精密な分子量を求める場合**]　資料 A-1 の原子量を使って,
$$M_r = 2 \times 12.0107 + 6 \times 1.00794 + 15.9994 = 46.0684 \text{[注]}$$

[**注**] 計算に使った原子量は,資料 A-1 の数値のカッコ内に記されているように,C は ±0.0008,H は ±0.00007,O は ±0.0003 の不確かさを含む.したがって,分子量全体としては
$$\pm(2 \times 0.0008 + 6 \times 0.00007 + 0.0003) = \pm 0.00232$$
の不確かさをもつ.つまり,上の計算では有効数字 6 桁の答を求めたが,この分子量を使うときには,小数点以下 3 桁目の "8" がすでに "±2" 程度の不確かさをもつことを考慮に入れる必要がある.

§ 14·2 モル質量と物質量

式量 (分子量, 原子量を含む) にgをつけた質量に等しい物質の量を**モル質量**といい, モル質量を単位として表わした物質の量を**物質量**[†1]という. すなわち,

$$n = \frac{m}{M} \tag{14.2}$$

n は物質量, m は質量, M はモル質量

物質量の単位は mol である.

1 mol の物質はどのような物質でも同数の要素粒子 (分子, 原子, など) を含む. この数は**アボガドロ定数**といい, 次の値をもつ.

$$N_A = 6.022\,14 \times 10^{23}\,\text{mol}^{-1} \tag{14.3}$$

ここでいう**要素粒子**とは, 分子, 原子だけにかぎらず, 遊離基, イオン, 中性子, 電子, なども含めたものをいう. また, 実在の粒子の $1/z$ (z はイオンの電荷数, 酸・塩基や酸化剤・還元剤としての価数, など), 例えば, $\frac{1}{2}\text{Cu}^{2+}$, $\frac{1}{2}\text{H}_2\text{SO}_4$, $\frac{1}{5}\text{KMnO}_4$ なども, 要素粒子として扱うことができる[†2].

例題 14·3　質量と物質量との関係

$0.1\,\text{mol dm}^{-3}$ の硫酸 ($\frac{1}{2}\text{H}_2\text{SO}_4$) を $1\,\text{dm}^3$ つくりたい[注]. 何gに水を加えて $1\,\text{dm}^3$ にすればよいか.

[**考え方**] 精度についてはとくに指定がないから, 4桁の原子量 (前見返しの資料 A–2) を使う.

[**解**] $\frac{1}{2}\text{H}_2\text{SO}_4$ の式量は

$$M_r = (2 \times 1.008 + 32.07 + 4 \times 16.00)/2 = 49.04_3$$

ゆえに, モル質量は, $M = 49.04_3\,\text{g mol}^{-1}$. この 1/10, つまり 4.904 g に水を加えて $1\,\text{dm}^3$ にする.

[**注**] とくに指定がない場合は, 普通の分子 (または通常の化学式に書かれてい

[†1] 以前は**モル数**とよばれていたが, 現在では"物質量"という言葉が推奨されている.
[†2] したがって, $\frac{1}{2}\text{Cu}^{2+}$, $\frac{1}{2}\text{H}_2\text{SO}_4$, $\frac{1}{5}\text{KMnO}_4$ などを基準としても, 物質量を計算することができる. N_A (アボガドロ定数) 個の $\frac{1}{2}\text{Cu}^{2+}$ とは $(N_A/2)$ 個の Cu^{2+} のことだから, 1 mol の $\frac{1}{2}\text{Cu}^{2+}$ は $\frac{1}{2}$ mol の Cu^{2+} に等しい. 同様に, $1\,\text{mol dm}^{-3}$ の $\frac{1}{2}\text{H}_2\text{SO}_4$ 溶液と $\frac{1}{2}\,\text{mol dm}^{-3}$ の H_2SO_4 溶液とは同じものである.

るもの）を要素粒子とする．例えば，"硫酸"は H_2SO_4，"塩化ナトリウム"は NaCl，"銅"は Cu を指す．しかし，単に"硫酸"と書くと $\frac{1}{2}H_2SO_4$ ととられる可能性もあるから，化学式を示した方がよい．"硫黄"のように物質名だけでは S か S_8 か判断ができない物質の場合には，化学式が不可欠である．

§ 14・3 化学反応式

14・3・1 化学反応式の書き方

化学式を使って化学反応の内容を示す式を**化学反応式**または略して**反応式**という．化学反応式は，**反応物**（反応する前の物質）を左辺，**生成物**（反応によって生成する物質）を右辺に化学式で書き，両辺を ＝，→，などで結ぶ．これらの記号は原則として，

> "＝" は両辺の物質が量的に等しい
> "→" は反応が矢印の方向に進行する
> "⇄" は反応がどちらの方向にも進行しうる，つまり可逆反応である
> "⇌" は反応が平衡状態にある

ことを示す．

化学反応式は，ときには

$$CH_3OH + O_2 \rightarrow CO_2 + H_2O$$

のように係数をつけずに化学式だけを書き，反応物と生成物のあいだの質的な変化だけを示すこともある．しかし，

$$2\,CH_3OH + 3\,O_2 \rightarrow 2\,CO_2 + 4\,H_2O$$

のように**化学量論係数**とよばれる係数をつけて，反応物と生成物の量的関係をも表わすのが普通である．

化学量論係数は次の条件を満たすように決める．

> ① 反応式中の元素はいずれも，両辺における原子数が等しくなければならない．
> ② **イオンを含む反応式**の場合は，両辺における電荷の総和も等しくなければばらない．

反応式が複雑で化学量論係数が決めにくい場合には，次の例題の**未定係数法**を利用するとよい．

例題 14・4 化学量論係数の決め方（未定係数法）

二クロム酸カリウムは酸性水溶液中では下式のように反応する．化学量論係数を決定して，式を完結せよ．

$$Cr_2O_7^{2-} + H^+ + e^- \rightarrow Cr^{3+} + H_2O$$

[解] 化学量論係数を $\nu_1 \sim \nu_5$ とすると，与えられた化学反応式は

$$\nu_1 Cr_2O_7^{2-} + \nu_2 H^+ + \nu_3 e^- \rightarrow \nu_4 Cr^{3+} + \nu_5 H_2O$$

両辺における各元素の原子数，および電荷の総和はそれぞれ等しくなければならないから，次の関係が成立する．

Cr について，$2\nu_1 = \nu_4$

O について，$7\nu_1 = \nu_5$

H について，$\nu_2 = 2\nu_5$

電荷について，$-2\nu_1 + \nu_2 - \nu_3 = 3\nu_4$

いま，かりに $\nu_1 = 1$ とおくと，以上の各式から，

$\nu_4 = 2$

$\nu_5 = 7$

$\nu_2 = 2\nu_5 = 2 \times 7 = 14$

$\nu_3 = -2\nu_1 + \nu_2 - 3\nu_4 = -2 + 14 - 3 \times 2 = 6$

したがって，求める化学反応式は

$$Cr_2O_7^{2-} + 14 H^+ + 6 e^- \rightarrow 2 Cr^{3+} + 7 H_2O$$

14・3・2 化学反応式どうしの加減・代入

化学の計算のさいには，複数の化学反応式から1つの式を導くことがしばしば必要になる（例えば，未知の反応エンタルピーの計算．例題 3・8，11・4，など）．このような場合は，

> 化学反応式は代数方程式と同じように，式どうしを加減したり，一方を他に代入したり，移項したり，両辺から共通項を消去したりすることができる

という原則に従って複数の反応式を適宜組み合わせ，目的の式に近づけていく．

例題 14・5 複数の反応式のまとめ方

下記の化学反応式①～④を組み合わせて, 反応式⑤を導け.

$2\,\text{Fe(s)} + \frac{3}{2}\text{O}_2(\text{g}) \rightarrow \text{Fe}_2\text{O}_3(\text{s})$ ①

$2\,\text{FeO(s)} + \frac{1}{2}\text{O}_2(\text{g}) \rightarrow \text{Fe}_2\text{O}_3(\text{s})$ ②

$\text{H}_2\text{O(l)} \rightarrow \text{H}_2(\text{g}) + \frac{1}{2}\text{O}_2(\text{g})$ ③

$\text{Fe(s)} + 2\,\text{H}^+(\text{aq}) \rightarrow \text{Fe}^{2+}(\text{aq}) + \text{H}_2(\text{g})$ ④

$\text{FeO(s)} + 2\,\text{H}^+(\text{aq}) \rightarrow \text{H}_2\text{O(l)} + \text{Fe}^{2+}(\text{aq})$ ⑤

[解] まず, 目的の ⑤ 式の左辺をつくるために, $\frac{1}{2}\times$②+④ により,

$\text{FeO(s)} + \frac{1}{4}\text{O}_2(\text{g}) + \text{Fe(s)} + 2\,\text{H}^+(\text{aq})$
$\quad\rightarrow \frac{1}{2}\text{Fe}_2\text{O}_3(\text{s}) + \text{Fe}^{2+}(\text{aq}) + \text{H}_2(\text{g})$ ⑥

この式を ⑤ 式と比べると右辺に H_2O が不足しているから, ⑥−③ により,

$\text{FeO(s)} + \frac{1}{4}\text{O}_2(\text{g}) + \text{Fe(s)} + 2\,\text{H}^+(\text{aq}) - \text{H}_2\text{O(l)}$
$\quad\rightarrow \frac{1}{2}\text{Fe}_2\text{O}_3(\text{s}) + \text{Fe}^{2+}(\text{aq}) + \text{H}_2(\text{g}) - \text{H}_2(\text{g}) - \frac{1}{2}\text{O}_2(\text{g})$

これを整理して,

$\text{FeO(s)} + \frac{3}{4}\text{O}_2(\text{g}) + \text{Fe(s)} + 2\,\text{H}^+(\text{aq})$
$\quad\rightarrow \text{H}_2\text{O(l)} + \frac{1}{2}\text{Fe}_2\text{O}_3(\text{s}) + \text{Fe}^{2+}(\text{aq})$ ⑦

⑦ 式を ⑤ 式と比べると "$\text{Fe(s)} + \frac{3}{4}\text{O}_2(\text{g}) \rightarrow \frac{1}{2}\text{Fe}_2\text{O}_3(\text{s})$" が余分だから, さらに $\frac{1}{2}\times$① を引いて,

$\text{FeO(s)} + 2\,\text{H}^+(\text{aq}) \rightarrow \text{H}_2\text{O(l)} + \text{Fe}^{2+}(\text{aq})$

以上をまとめると, $\frac{1}{2}\times$②+④−③−$\frac{1}{2}\times$①. つまり, −$\frac{1}{2}\times$①+$\frac{1}{2}\times$②−③+④ によって反応式 ⑤ が得られる.

14・3・3 反応に関与する物質の量的関係

反応に関与する各物質の物質量の関係は化学量論係数によって示される. これを利用して, 反応に関与する各物質の質量なり体積なりの量的関係を計算することができる.

例題 14・6 反応物と生成物の量的関係

下記の反応によって $30.0\,\text{kg}$ の I_2 をつくりたい. そのために必要な NaIO_3 と NaHSO_3 の理論量を求めよ.

$2\,\text{NaIO}_3 + 5\,\text{NaHSO}_3 \rightarrow 3\,\text{NaHSO}_4 + 2\,\text{Na}_2\text{SO}_4 + \text{H}_2\text{O} + \text{I}_2$

[解] $NaIO_3$,$NaHSO_3$ および I_2 の分子量を資料 A-2（前見返し）の原子量表から求めると，197.9，104.1 および 253.8．これらの物質の反応における量的関係は 2 mol : 5 mol : 1 mol だから，これを質量比になおすと，

$$m(NaIO_3) : m(NaHSO_3) : m(I_2) = 2 \times 197.9\,\text{g} : 5 \times 104.1\,\text{g} : 253.8\,\text{g}$$

したがって，$m(I_2) = 30.0$ kg とおけば，

$$m(NaIO_3) = \frac{2 \times 197.9\,\text{g}}{253.8\,\text{g}} \times 30.0\,\text{kg} = 46.8\,\text{kg}$$

$$m(NaHSO_4) = \frac{5 \times 104.1\,\text{g}}{253.8\,\text{g}} \times 30.0\,\text{kg} = 61.5\,\text{kg}$$

15章 記号一覧

以下は,化学でよく使われる単位や物理量の記号を ABC 順にまとめたものである.重要なものには多少の解説を付けたから,小事典ふうにも使えるであろう.ギリシア文字および文字以外の記号は末尾にまとめてある.なお,

① 元素記号はすべて省いた.元素記号から元素名をしらべるときは資料 A-1(前見返し)を利用されたい.

② 定数などの数値は 5 桁程度を記した.より詳しい値が必要なときは資料 B-1(後見返し)を参照されたい.

A　　　アンペア(電流の SI 基本単位),＝真空中に 1 m をへだてて平行に置かれた 2 本の導線に一定の電流を通したときに,導線 1 m あたり 2×10^{-7} N の力を及ぼしあう電流の強さ

Å　　　オングストローム(長さの単位),＝10^{-10} m

A(添字)　物質 A の(溶液が対象の場合は"溶媒の"の意味)

A　　　① 面積,② 質量数,③ 頻度因子

A_r　　相対的原子質量(原子量)

a　　　① 活量,② ファンデルワールス定数

a_0　　ボーア半径,＝5.2918×10^{-11} m

(aq)　　水溶液の

atm　　標準大気圧(圧力の単位),＝101 325 Pa

B (添字)	物質 B の（溶液が対象の場合は"溶質の"の意味）
B	第二ビリアル係数
b	① 質量モル濃度（重量モル濃度），② ファンデルワールス定数，③ 結合次数
$b^{\ominus}$	標準質量モル濃度，$= 1 \text{ mol kg}^{-1}$
bar	バール（圧力の単位），$= 10^5 \text{ Pa}$
Bq	ベクレル（放射能の SI 組立単位），$= \text{s}^{-1}$
C	クーロン（電荷の SI 組立単位），$= \text{A s}$
℃	セルシウス度（温度の単位）
c	センチ（位どり接頭語），$= 10^{-2}$
C	① 熱容量，② 第三ビリアル係数
C_m	モル熱容量
C_p	定圧熱容量
C_V	定積熱容量
c	真空中の光速度，$= 2.9979 \times 10^8 \text{ m s}^{-1}$
c	① 物質量濃度（モル濃度），② 比熱容量
$c^{\ominus}$	標準物質量濃度，$= 1 \text{ mol dm}^{-3}$
c_a	酸の物質量濃度
c_b	塩基の物質量濃度
c_s	塩の物質量濃度
cal	カロリー（熱の単位），$= 4.184 \text{ J}$
Ci	キュリー（放射能の単位），$= 3.7 \times 10^{10} \text{ Bq}$
D	デバイ（双極子モーメントの単位），$= 3.33564 \times 10^{-30} \text{ C m}$
d	日（時間の単位），$= 86400 \text{ s}$
d	デシ（位どり接頭語），$= 10^{-1}$
d	① 微分，② 重陽子（$= {}_1^2\text{H}$），③ 方位量子数 $l=3$ の副殻（および，それに属する電子）の名称
D	結合エネルギー（結合エンタルピー）
da	デカ（位どり接頭語），$= 10$
dyn	ダイン（力の CGS 単位），$= 10^{-5} \text{ N}$

E	酵素
e	自然対数の底, $= 2.7183$
e	電子
e^+	陽電子
e^-	電子
E	① エネルギー, ② 起電力, ③ 電極電位
E_a	活性化エネルギー
E_{ea}	電子親和力
E_l	イオン化エネルギー
e	電気素量, $= 1.6022 \times 10^{-19}$ C
erg	エルグ(エネルギーの CGS 単位), $= 10^{-7}$ J
ES	酵素基質複合体
eV	電子ボルト(エネルギーの単位), $= 1.6022 \times 10^{-19}$ J
F	ファラド(静電容量の SI 組立単位), $= $ C V^{-1} $=$ m^{-2} kg^{-1} s^4 A^2
f	フェムト(位どり接頭語), $= 10^{-15}$
f	方位量子数 $l = 4$ の副殻(および, それに属する電子)の名称
F	ファラデー定数, $= 9.6485 \times 10^{-4}$ C mol^{-1}
F	力
f	フガシティー
G	ギガ(位どり接頭語), $= 10^9$
g	グラム(質量の SI 単位), $= 10^{-3}$ kg(質量の SI 基本単位は kg)
g	方位量子数 $l = 5$ の副殻(および, それに属する電子)の名称
(g)	気体状態の
G	ギブズエネルギー
g_n	自由落下の標準加速度(重力の加速度), $= 9.80665$ m s^{-2}
h	時間(時間の単位), $= 3600$ s
h	ヘクト(位どり接頭語), $= 10^2$
H	エンタルピー
h	プランク定数, $= 6.6261 \times 10^{-34}$ J s
h	加水分解度

Hz	ヘルツ (振動数, 周波数の SI 組立単位), $= s^{-1}$
i	ファントホッフ係数
irr (添字)	不可逆的な
J	ジュール (エネルギーの SI 組立単位), $= N\,m = m^2\,kg\,s^{-2}$
J	① 反応速度, ② 流出速度
K	ケルビン (温度の SI 基本単位), $=$ 水の三重点の温度の $1/273.16$
K	主量子数 $n = 1$ の殻 (および, それに属する電子) の名称
k	キロ (位どり接頭語), $= 10^3$
K	平衡定数
$K^{\ominus}$	熱力学的平衡定数
K_a	酸の電離定数
K_b	① 塩基の電離定数, ② モル沸点上昇定数
K_b	質量モル濃度平衡定数
K_c	濃度平衡定数
K_f	モル凝固点降下定数
K_h	加水分解定数
K_m	ミハエリス定数
K_p	圧平衡定数
K_{sp}	溶解度積
K_w	水のイオン積, $= 10^{-14}\,mol^2\,dm^{-6}$
k	ボルツマン定数, $= 1.380\,7 \times 10^{-23}\,J\,K^{-1}$
k	速度定数
kg	キログラム (質量の SI 基本単位), $=$ 国際キログラム原器の質量
L	リットル (体積の単位), $= dm^3$
L	主量子数 $n = 2$ の殻 (および, それに属する電子) の名称
(l)	液体状態の
l	① 長さ, ② 方位量子数
ln	自然対数, $= \log_e$
log	常用対数, $= \log_{10}$
M	モル (濃度の単位), $= mol\,dm^{-3}$

M	メガ (位どり接頭語), $= 10^6$
M	主量子数 $n=3$ の殻 (および, それに属する電子) の名称
m	メートル (長さの SI 基本単位), $=$ 1 秒の 299 792 458 分の 1 の時間に光が真空中を伝わる距離
m	ミリ (位どり接頭語), $= 10^{-3}$
M	モル質量 (1 mol の物質の質量)
M_r	相対的分子質量 (分子量)
$\langle M_r \rangle$	平均分子量 (とくに, 高分子の)
m	① 質量, ② 磁気量子数, ③ 質量モル濃度
m_e	電子の静止質量, $= 9.1094 \times 10^{-31}$ kg
m_m	分子の質量
m_n	中性子の静止質量, $= 1.6749 \times 10^{-27}$ kg
m_p	陽子の静止質量, $= 1.6726 \times 10^{-27}$ kg
m_s	スピン量子数
m_u	原子質量定数, $= 1.6605 \times 10^{-27}$ kg
min	分 (時間の単位), $= 60$ s
mmHg	ミリメートル水銀柱 (圧力の単位), $=$ Torr (詳細は p. 180 脚注)
mol	モル (物質量の SI 基本単位), $= 0.012$ kg の ^{12}C に含まれる原子数と同数の要素粒子を含む物質の量
N	ニュートン (力の SI 組立単位), $=$ m kg s^{-2}
N	主量子数 $n=4$ の殻 (および, それに属する電子) の名称
n	ナノ (位どり接頭語), $= 10^{-9}$
n	中性子
n^0	中性子
N	① 分子数, ② 電子数
N_A	アボガドロ定数, $= 6.0221 \times 10^{23}$ mol^{-1}
n	① 物質量, ② 反応次数, ③ 主量子数, ④ 電子数
O	主量子数 $n=5$ の殻 (および, それに属する電子) の名称
P	ポアズ (粘性率の CGS 単位), $= 10^{-1}$ kg m^{-1} s^{-1}
P	生成物

p	ピコ (位どり接頭語), $= 10^{-12}$
p	① 陽子, ② 方位量子数 $l = 2$ の副殻 (および, それに属する電子) の名称
p⁺	陽子
p	① 圧力, ② 全圧, ③ 蒸気圧
$p^{\ominus}$	標準圧力 ($= 10^5$ Pa)
p^*	純溶媒の蒸気圧
p_B	分圧 (成分気体 B の)
p_c	臨界圧
Pa	パスカル (圧力の SI 組立単位), $= $ N m^{-2} $=$ m^{-1} kg s^{-2}
pH	ピーエイチ (水素イオン濃度の尺度), 定義は (6.7) 式および p. 78 脚注
pK	ピーケイ (平衡定数の尺度), $= -\log K^{\ominus}$
Q	電気量
q	熱
R	気体定数, $= 8.3145$ J K^{-1} mol^{-1} $= 8.2058 \times 10^{-5}$ m^3 atm K^{-1} mol^{-1}
R_∞	リュードベリ定数, $= 1.0974 \times 10^7$ m^{-1}
r	① 距離, ② 半径
rev (添字)	可逆的な
rpm	毎分の回転数
S	ジーメンス (コンダクタンスの SI 組立単位), $= \Omega^{-1} =$ m^{-2} kg^{-1} s^3 A^2
S	基質
s	秒 (時間の SI 基本単位), $=$ ^{133}Cs 原子の基底状態に属する 2 つの超微細準位間の遷移に伴って放出される光の振動周期の 9 192 631 770 倍の時間
s	方位量子数 $l = 1$ の副殻 (および, それに属する電子) の名称
(s)	固体状態の
S	エントロピー
S_{tot}	孤立系の全エントロピー
s	溶解度

t	三重陽子 ($= {}^3_1H$)
T	温度(絶対温度)
T_b	沸点
T_c	臨界温度
T_f	凝固点
t	時間
$t_{1/2}$	半減期
Torr	トル(圧力の慣用単位), $=$ mmHg $= (1/760)$ atm $= 133.322$ Pa
u	統一原子質量単位(質量の単位), $= 1.6605 \times 10^{-27}$ kg
U	内部エネルギー
u	速度
u_m	分子の最大確率速度
V	ボルト(電位,起電力の SI 組立単位), $=$ J C^{-1} $=$ m^2 kg s^{-3} A^{-1}
V	体積
V_c	臨界温度
V_m	モル体積(1 mol の物質の体積)
V_{max}	最大速度
v	① 速度,② 反応物濃度減少速度,③ 生成物濃度増加速度,④ 体積
W	ワット(仕事率の SI 組立単位), $=$ J s^{-1} $=$ m^2 kg s^{-3}
w	仕事
x	① 液体の物質量分率(モル分率),② 電気陰性度(ポーリングの)
x_M	電気陰性度(マリケンの)
y	年(正確には"回帰年". 時間の単位), $= 365.2422$ d (日)
y	気体の物質量分率(モル分率)
Z	原子番号
z	電荷数
α	α 粒子($=$ ヘリウム原子核 ${}^4_2He$)
α	① 電離度,② ブンゼンの吸収係数
β	オストワルドの吸収係数

γ	光子
γ	① 質量濃度，② 活量係数，③ 定圧熱容量と定積熱容量の比
$\gamma_{\pm}$	平均活量係数
Δ	有限の変化
Δn_g	反応によって増加する気体の物質量
Δp	運動量の不確定度
Δv	速度の不確定度
Δx	位置の不確定度
$\Delta_f G$	生成ギブズエネルギー
$\Delta_f H$	生成エンタルピー
$\Delta_{fus} H$	融解エンタルピー（融解熱）
$\Delta_r G$	反応ギブズエネルギー
$\Delta_r H$	反応エンタルピー（定圧反応熱）
$\Delta_r S$	反応エントロピー
$\Delta_r U$	定積反応熱
$\Delta_{res} E$	共鳴エネルギー（共鳴による安定化エネルギー）
$\Delta_{sub} H$	昇華エンタルピー（昇華熱）
$\Delta_{trs} H$	転移エンタルピー（転移熱）
$\Delta_{vap} H$	蒸発エンタルピー（蒸発熱）
δ	共有結合の部分イオン性
ε_0	真空の誘電率，$= 8.8542 \times 10^{-12}\,\mathrm{F\,m}$
η	粘性率（粘度）
$[\eta]$	固有粘度
η_{sp}	比粘度
θ	① セルシウス度，② 角度
κ	伝導率
Λ	モル伝導率
Λ^0	極限モル伝導率
λ	① イオンのモル伝導率，② 壊変定数，③ 波長
μ	マイクロ（位どり接頭語），$= 10^{-6}$

μ	双極子モーメント
ν	① 化学量論係数, ② 振動数
$\tilde{\nu}$	波数
π	円周率, $= 3.1416$
π	分子軌道の名称
Π	浸透圧
ρ	① 密度, ② 抵抗率
Σ	総和
$\Sigma\nu$	化学量論係数の和(生成物を正, 反応物を負とする)
σ	分子軌道の名称
σ	遮蔽定数
ϕ	① 体積分率, ② フガシティー係数
Ω	オーム(電気抵抗のSI組立単位), $= \mathrm{V\,A^{-1}} = \mathrm{m^2\,kg\,s^{-3}\,A^{-2}}$
ω	① 角速度, ② 質量分率
$\ominus$	標準の($c^\ominus$ など, それぞれの項を参照)
$*$	反結合性(分子軌道の), (p^* はその項を参照)
$=$	反応式の両辺の物質が量的に等しい
$\rightarrow$	反応が矢印の方向に進行する
$\rightleftarrows$	反応がどちらの方向にも進行しうる
$\rightleftharpoons$	反応が平衡状態にある
$\triangleq$	両辺の量が等価である

III. 練 習 編

　この"練習編"は，"練習問題"，"ヒント"，および"解答"からなっている．

　練習問題は各章とも難易度によってA, Bに分けられている．Aは"講義編"中の例題と内容の似た問題である．各問題の末尾に対応する例題の番号が記してあるが，例題の解き方が理解できていれば容易に解けるはずである．Bはそれよりもやや高度な問題で，"ヒント"の項が設けてある（p. 219以下）.

　本編の練習問題のなかには，基本定数をはじめ計算に必要な物理量の一部が与えられていないものがある．それらについては，前見返しの原子量表，後見返しの基本定数表，および本文の各章に配置した"資料"に与えられているデータを利用していただきたい．また，意味の不明な記号や略号に出会った場合には，15章の小事典で各自調べていただきたい．

練 習 問 題

[1 章] (ファンデルワールス定数は p. 12, 資料 1-1)

A 1·1　ある山のふもとでは気圧が 101.3 kPa, 気温が 30 ℃, 山頂では気圧が 93.3 kPa, 気温が 10 ℃ であった. ふもとの空気の密度は山頂のそれの何倍か. (例題 1·2)

A 1·2　273.15 K で 0.197 3 g のエチレンの圧力を変化させると, 体積は下表のように変化した. 分子量を求めよ. (例題 1·4)

p/atm	1.000 0	0.800 0	0.600 0	0.400 0	0.200 0
V/cm³	156.33	195.69	261.32	392.50	786.15

A 1·3　内容積 2 dm³ の容器 A に 30 ℃, 360 Torr のアルゴンが, 内容積 3 dm³ の容器に 10 ℃, 420 Torr のヘリウムが入っている. A の内容を B に移したのち, B の温度を 30 ℃ にした. B 内の混合気体の全圧, 混合気体中のアルゴンの物質量分率および質量分率を求めよ. (例題 1·6, 1·5)

A 1·4　300 K における水素分子の平均速度を求めよ. また, 酸素分子の平均速度がこれと同じ値になる温度を求めよ. (例題 1·8)

A 1·5　1 mol のエタンが 300 K において 486 cm³ の体積を占めている. このときの圧力を理想気体およびファンデルワールスの状態方程式で計算せよ. (1·1·1, 1·3·1)

A 1·6　373 K, 50 atm の二酸化炭素のモル体積を理想気体およびファンデルワールス状態方程式で計算し, ビリアル状態方程式での計算結果および実測値 (ともに例題 1·13 [注]) と比較せよ. (1·1·1, 例題 1·10)

B 1·1　1 dm³ の容器に 20 ℃ で 14.7 atm になるまでアンモニアを入れ, これに触媒を加えて 360 ℃ に保ったところ, アンモニアの一部が分解して圧力が 50.0 atm に達した. アンモニアの分解率 α を, 最初の温度 T_0, 圧力 p_0 および平衡時の温度 T, 圧力 p を含む式で表わせ. また, 与えられた平衡混合物におけるアンモニアの分解率と物質量分率を求めよ. 温度変化による容器の体積変化は無視するものとする.

B 1·2　水とアニリンの混合物は 98 ℃ で沸騰する. 大気圧が 760 Torr のとき

にこの温度で留出する混合物中のアニリンの質量百分率を求めよ．98 ℃における水の蒸気圧は 707 Torr である．

B 1・3 同位体を分離する方法のひとつに，多数の細孔をもつ隔壁を通して気体を流出させるときの流出速度の差を利用するものがある．水素ガス中の D_2 の存在比は 0.015 ％であるが，これを 50 ％にまで濃縮するには少くとも何回流出をくり返す必要があるか．D_2 の分子量を H_2 のそれの 2 倍として計算せよ．

B 1・4 ファンデルワールスの状態方程式を (1.19) のビリアル状態方程式の形になおして，第二および第三ビリアル係数の近似式を求めよ．

B 1・5 気体 X の 300 K，20 atm における圧縮因子は 0.86 である．5 mol の気体 X はこの条件下でどれだけの体積を占めるか．また，この気体の 300 K における第二ビリアル係数の近似値を求めよ．

2 章 （モル沸点上昇定数，モル凝固点降下定数は p. 23，資料 2-1）

A 2・1 69.8 質量％の濃硝酸（密度 1.42 g cm^{-3}）を水で希釈して 19.0 質量％の希硝酸（密度 1.11 g cm^{-3}）を 1 dm^3 調製したい．どのようにすればよいか．また，19.0 ％希硝酸の物質量濃度および質量モル濃度を求めよ．（例題 2・1）

A 2・2 25 ℃，1 atm における硫化水素飽和水溶液の濃度は 0.102 mol dm^{-3} である．ブンゼンの吸収係数およびオストワルドの吸収係数を求めよ．（例題 2・3，p. 20 脚注）

A 2・3 21.5 g の二硫化炭素に 0.345 g の硫黄を溶解した溶液の沸点は純溶媒のそれよりも 0.151 K 上昇した．二硫化炭素中における硫黄の分子量を求め，分子式を推定せよ．（例題 2・7）

A 2・4 濃度 0.100 mol kg^{-1} の NaClO$_3$ の水溶液の凝固点は -0.343 ℃であった．見かけの電離度を求めよ．また，沸点を予測せよ．（例題 2・9）

A 2・5 下表はポリスチレンのトルエン溶液の 25 ℃における浸透圧の測定値である．このポリスチレン試料の平均分子量を求めよ．（例題 2・10）

濃度/kg m^{-3}	1.65	2.97	4.80	7.66
浸透圧/Pa	60	113	196	345

A 2・6 ある合成高分子溶液の 25 ℃における比粘度の濃度依存性は下表のとおりである．固有粘度を求めよ．また，定数 $K = 0.009\,7\,\mathrm{cm}^3\mathrm{g}^{-1}$，$\alpha = 0.74$ として，この合成高分子の平均分子量を求めよ．（例題 2・12，2・13）

$c/10^{-2}$ g cm^{-3}	0.125	0.250	0.375	0.500
η_{sp}	0.158	0.332	0.521	0.726

B 2·1 1 atm で 1 dm^3 の体積を占める酸素と水素の混合気体(物質量比 1:4)を水 10 dm^3 とともに 11 dm^3 の容器に入れ,0 ℃に長時間放置した.平衡に達したときの気相の組成を求めよ.この温度でのブンゼンの吸収係数は酸素が 0.048 9,水素が 0.021 5,水の蒸気圧は 4.58 Torr である.

B 2·2 純水の 25 ℃における蒸気圧は 23.756 Torr である.100 g の水に不揮発性物質 B を 6.00 g 溶かした溶液のこの温度における蒸気圧は 23.332 Torr であった.B の分子量を求めよ.

B 2·3 水にエチレングリコール $C_2H_6O_2$ を混ぜて -10 ℃でも凝固しない溶液をつくりたい.どのような比率で混ぜればよいか.

B 2·4 ある天然高分子化合物の水溶液について沈降平衡の実験を 300 K で行ない,$\ln c$ の r^2 に対するグラフを描いたところ,傾きが 729 cm^{-2} の直線が得られた.この高分子化合物の分子量を計算せよ.遠心器の回転数は 50 000 rpm,溶質の比体積は 0.61 cm^3 g^{-1},水の密度は 0.997 g cm^{-3} である.

B 2·5 A(分子量 342)と B(分子量 180)の混合物の凝固点降下法で測定した平均分子量は 225 である.混合物の物質量組成と質量組成を求めよ.

3 章 (熱容量実験式の定数は p. 39,資料 3-1.$\Delta_f H$ は p. 45,資料 3-2)

A 3·1 1 mol の窒素を定圧下で 850 K から 300 K まで冷却するときに発生する熱を,理想気体の熱容量の式,および,定圧モル熱容量の実験式で計算せよ.(例題 3·2,3·4)

A 3·2 1 kg の銅を 25 ℃から 100 ℃まで加熱するのに必要な熱を,銅の定圧モル熱容量の実験式で計算せよ.(3·2·4,例題 3·4)

A 3·3 1 mol の水銀が 1 atm における沸点 630 K で沸騰するときの,外界に対してする仕事,エンタルピー変化,および内部エネルギー変化を求めよ.水銀の 630 K における蒸発熱は 59.30 kJ mol^{-1} である.(例題 3·5)

A 3·4 下式のフルクトースの燃焼エンタルピーと,$CO_2(g)$ および $H_2O(l)$ の生成エンタルピーから,フルクトースの生成エンタルピーを計算せよ.(例題 3·8,3·4·4)

$$C_6H_{12}O_6(s) + 6\,O_2(g) \rightarrow 6\,CO_2(g) + 6\,H_2O(l) \qquad \Delta_c H^\ominus = -2\,810 \text{ kJ mol}^{-1}$$

A 3・5 生成エンタルピーのデータを利用して，298.15 K における次の各反応（物理変化を含む）の反応エンタルピーと定積反応熱を求めよ．(例題 3・9，3・7)

(1) $CH_4(g) + 2 O_2(g) \rightarrow CO_2(g) + 2 H_2O(l)$

(2) $C_2H_2(g) + 2 H_2(g) \rightarrow C_2H_6(g)$

(3) $Na(s) + H_2O(l) \rightarrow NaOH(s) + \frac{1}{2}H_2(g)$

(4) $Fe_2O_3(s) + 2Al(s) \rightarrow Al_2O_3(s) + 2 Fe(s)$

(5) S (単斜) → S (斜方)

(6) $H_2O(l) \rightarrow H_2O(g)$

B 3・1 アルミニウムの融点は 658 ℃，融解熱は 362.3 kJ kg^{-1}，固体および液体の比熱容量は，$c_p(Al, s) = (0.912 + 2.0 \times 10^{-4} \times \theta/\text{℃})$ kJ K^{-1} kg^{-1}，および，$c_p(Al, l) = 1.083$ kJ K^{-1} kg^{-1}，である．1 kg のアルミニウムを 0℃ から 800℃ まで加熱するときのエンタルピー変化を求めよ．

B 3・2 1.247 g の安息香酸を定積熱量計中で燃焼したところ，最初 25 ℃ だった熱量計の温度が 2.870 K だけ上昇した．安息香酸の標準燃焼エンタルピーを求めよ．熱量計の熱容量は 11.49 kJ K^{-1} である．

B 3・3 下の 2 反応の標準反応エンタルピーから，H_2O および HCN の標準電離エンタルピーを求めよ．HCN の水溶液中の電離は無視できるものとする．

$HCl(aq) + NaOH(aq) \rightarrow NaCl(aq) \qquad \Delta_r H_1^\ominus = -57.40$ kJ mol^{-1}

$HCN(aq) + NaOH(aq) \rightarrow NaCN(aq) \qquad \Delta_r H_2^\ominus = -11.92$ kJ mol^{-1}

B 3・4 $Na(s) + \frac{1}{2}Cl_2(g) \rightarrow NaCl(s)$, $Na(s) \rightarrow Na(g)$, $Na(g) \rightarrow Na^+(g) + e^-$, $Cl_2(g) \rightarrow 2 Cl(g)$，および，$Cl(g) + e^- \rightarrow Cl^-(g)$，の 298.15 K における標準反応エンタルピーは，-411.15，$+107.32$，$+498.3$，$+243.36$，および，-351.2 kJ mol^{-1} である．NaCl(s) の格子エンタルピーを求めよ．

B 3・5 CO を 5 倍の体積の空気によって燃焼するときの，理論上到達しうる最高温度を求めよ．反応物の流入温度は 20 ℃，空気の組成は $N_2:O_2:Ar = 78:21:1$ (物質量比)，CO の燃焼エンタルピーは -110.5 kJ mol^{-1}，N_2, O_2, Ar および CO_2 の平均定圧モル熱容量は 30.4，32.1，20.8 および 46.0 J K^{-1} mol^{-1} とする．

---

4 章 （$\Delta_f H^\ominus$ は p. 45，資料 3-2．$S^\ominus$ と $\Delta_f G^\ominus$ は p. 56，資料 4-1）

A 4・1 300 K, 5 atm の理想気体 5 mol がある．定温可逆的に，圧力が 0.5 atm になるまで膨張させるとき，および，体積が 2 倍になるまで膨張させるときの

エントロピー変化を求めよ．(例題 4・1)

A 4・2 20 ℃, 1 atm の室内に 0 ℃ の氷 1 mol を放置したところ 20 ℃ の水になった．系(氷 → 水)および外界(室内)のエントロピー変化を求めよ，氷の融解エンタルピーは $6.008 \text{ kJ mol}^{-1}$，水の平均定圧熱容量は $75.3 \text{ J K}^{-1} \text{ mol}^{-1}$ である．(例題 4・3, 4・6. 外界は例題 4・4)

A 4・3 298 K, 定圧下で酸素 2 mol と窒素 3 mol を混合するときの，エンタルピー変化，エントロピー変化およびギブズエネルギー変化を求めよ．気体はいずれも理想気体として挙動するものとする．(例題 4・2, 4・9)

A 4・4 反応 $C_6H_6(l) + 7.5 O_2(g) \to 6 CO_2(g) + 3 H_2O(l)$ の 298.15 K における $\Delta_r S^\ominus$ および $\Delta_r H^\ominus$ を，$S^\ominus$ および $\Delta_f H^\ominus$ データから求めよ．また，この反応のさいの外界のエントロピー変化を求めよ．(例題 4・7, 3・9; 例題 4・8)

A 4・5 次の各反応の 298.15 K における標準反応ギブズエネルギーを各物質の $\Delta_f G^\ominus$ から求めよ．また，$S^\ominus$ および $\Delta_f H^\ominus$ からも求め，両方の結果を比較せよ．(例題 4・10; 例題 4・7, 3・9, 4・9)

(1) $2 Hg(s) + Cl_2(g) \to Hg_2Cl_2(s)$ (2) $C_2H_2(g) + 2 H_2(g) \to C_2H_6(g)$

B 4・1 300 K, 15 atm の理想気体 1 mol を定温可逆的に 3 倍の体積まで膨張させたときの，内部エネルギー U, エンタルピー H, エントロピー S およびギブズエネルギー G の変化を求めよ．

B 4・2 コックでつながれた容積の等しい 2 つの容器の一方に 2 mol のヘリウム，他方にはヘリウム 1 mol と水素 1 mol の混合気体を入れたのち，コックを開いて全体が均一になるまで放置した．温度は 290 K で一定であった．この過程でのエントロピー変化とギブズエネルギー変化を求めよ．

B 4・3 −10 ℃, 1 atm の室内に −10 ℃ の過冷却状態の水 1 mol がある．この水が −10 ℃ の氷になる過程の系(水 → 氷)および外界(室内)のエントロピー変化を求めよ．氷の融解エンタルピーは $6.008 \text{ kJ mol}^{-1}$，水および氷の平均熱容量は 75.3 および $37.6 \text{ J K}^{-1} \text{ mol}^{-1}$ である．

B 4・4 反応 $CH_4(g) + H_2O(l) \to 3 H_2(g) + CO(g)$ の常温における標準反応ギブズエネルギーを $\Delta_f G^\ominus$ データから，$CH_4(g) + H_2O(g) \to 3 H_2(g) + CO(g)$ の 1 000 K におけるそれを $S^\ominus$ および $\Delta_f H^\ominus$ データから求め，それぞれの条件で反応がおこりうるか否かを検討せよ．ただし，$\Delta_r S^\ominus$ および $\Delta_r H^\ominus$ は温度によって変化しないものとする．

5 章

A 5·1 CO_2 と H_2 の等モル混合物を出発物質として反応 $CO_2(g) + H_2(g) \rightleftharpoons CO(g) + H_2O(g)$ を行わせたところ,63.0% が反応したところで平衡に達した.平衡定数を求めよ.また,$CO_2 : H_2 : H_2O = 1 : 2 : 1$(物質量比)の混合物から出発した場合の CO_2 の生成量を求めよ.(例題 5·1,5·3)

A 5·2 例題 5·4 のデータを使って,620 K における反応,(1) $2NH_3 \rightleftharpoons N_2 + 3H_2$,(2) $\frac{1}{2}N_2 + \frac{2}{3}H_2 \rightleftharpoons NH_3$,および,(3) $NH_3 \rightleftharpoons \frac{1}{2}N_2 + \frac{2}{3}N_2$,の圧平衡定数を求めよ.(例題 5·4,5·1 [注])

A 5·3 真空容器に $HgO(s)$ を入れて 357 ℃ に保つと,気相の圧力が 1.147×10^4 Pa になったときに反応 $2HgO(s) \rightleftharpoons 2Hg(g) + O_2(g)$ は平衡に達する.この温度における K_p と $\Delta_r G^{\ominus}$ を求めよ.(例題 5·8,5·10)

A 5·4 反応 $SnO_2(s) + 2H_2(g) \rightleftharpoons 2H_2O(g) + Sn(l)$ が平衡に達したときの気相中の H_2 の体積百分率は,900 K では 45 %,1 100 K では 24 % であった.この温度範囲における,$\Delta_r H^{\ominus}$ を求めよ.(例題 5·8,5·11)

A 5·5 次の系が平衡状態にあるとき,定圧で冷却,または,定温で加圧すると,平衡はどちらの方向に移動するか.(例題 5·13)

(1) $CO(g) + H_2O(g) \rightleftharpoons CO_2(g) + H_2(g)$, $\Delta_r H < 0$

(2) $NH_4Cl(s) \rightleftharpoons NH_3(g) + HCl(g)$, $\Delta_r H > 0$

(3) $H_2(g) + CO(g) \rightleftharpoons C(s) + H_2O(g)$, $\Delta_r H > 0$

(4) $H_2O(l) \rightleftharpoons H_2O(g)$, $\Delta_{vap} H > 0$

B 5·1 反応 $ZnSO_4 \cdot 7H_2O(s) \rightleftharpoons ZnSO_4 \cdot 6H_2O(s) + H_2O(g)$ の 290 K における平衡定数は 1.12 kPa である.1 dm³ の真空容量に 1 mmol の $ZnSO_4 \cdot 7H_2O$ を入れてこの温度に保つと,固相は最終的にどのような組成になるか.

B 5·2 反応 $N_2O_4(g) \rightleftharpoons 2NO_2(g)$ が 298.15 K,全圧 10^5 Pa のもとで平衡に達したとき,平衡混合物の密度は 3.134 g dm⁻³ であった.この温度における K_p,$K^{\ominus}$,$\Delta_r G^{\ominus}$ および $\Delta_r S^{\ominus}$ を求めよ.$\Delta_r H^{\ominus} = 58.1$ kJ mol⁻¹ である.

B 5·3 ある触媒の存在下で下式の **1** を 600 K に保つと,異性化反応によって **2** および **3** を生成する.平衡時における各物質の存在比を求めよ.この温度における **1**,**2** および **3** の $\Delta_f G^{\ominus}$ は,141.38,136.65 および 146.77 kJ mol⁻¹ である.

$CH_3(CH_2)_3CH_3(\mathbf{1}) \rightleftharpoons CH_3CH_2CH(CH_3)_2(\mathbf{2}) \rightleftharpoons C(CH_3)_4(\mathbf{3})$

B 5・4　炭酸カルシウムの熱解離平衡 $CaCO_3(s) \rightleftharpoons CaO(s) + CO_2(g)$ の解離圧 p を 850 ℃ と 950 ℃ の範囲で測定したところ，絶対温度 T との間に

$$\log(p/\text{atm}) = 7.282 - 8.50 \times 10^3 \times (T/\text{K})^{-1}$$

という実験式が得られた．(1) $CaCO_3$ を常圧下で完全に分解できる最低温度は何℃か．(2) この反応の反応エンタルピーを求めよ．

B 5・5　ヨウ素の解離平衡 $I_2(g) \rightleftharpoons 2I(g)$ に関する下記のデータから標準解離エンタルピーを求めよ．また，1 000 K における解離定数を推定せよ．

温度 T/K	1 073	1 173	1 273
全圧 $p/10^2$ Pa	76.0	93.0	113.7
解離度 $\alpha/\%$	18.9	34.2	52.3

B 5・6　水の沸点における蒸発エンタルピーは 40.66 kJ mol^{-1} である．(1) 101.5 ℃ における蒸気圧は何 Torr か．(2) 外圧が 700 Torr のときには何 ℃ で沸騰するか．

---

6 章　(pK はとくに指示された場合のほかは p. 78，資料 6-1)

A 6・1　10^{-1}, 10^{-2} および 10^{-3} mol dm^{-3} 酢酸溶液 ($K_a = 1.75 \times 10^{-5}$ mol dm^{-3}) の 25 ℃ における電離度を求めよ．(例題 6・1)

A 6・2　次の水溶液の 25 ℃ における pH と求めよ．

   (1)　0.01 mol dm^{-3} のメチルアミン (例題 6・4)

   (2)　0.02 mol dm^{-3} のジメチルアミン (pK_a = 10.73) (例題 6・5，6・4)

   (3)　0.1 mol dm^{-3} の NaHCO$_3$ (例題 6・8 (1))

   (4)　0.05 mol dm^{-3} の CH$_3$COONH$_4$ (例題 6・8(3))

   (5)　同濃度の乳酸と乳酸ナトリウムを体積比 2：3 で混合した溶液 (例題 6・9)

A 6・3　前問 (3) の NaHCO$_3$ 溶液の加水分解度を (6.18) および (6.17) 式で計算し，結果を比較せよ．10^{-3} mol dm^{-3} 溶液についても，同様の比較を行え．また，0.1 mol dm^{-3} および 10^{-3} mol dm^{-3} の NaCN 溶液についても同様の比較を試みよ．(例題 6・7)

A 6・4　(1) BaF$_2$($K_{sp} = 1.7 \times 10^{-6}$ mol^3 dm^{-9})，および，(2) BaSO$_4$($K_{sp} = 1.1 \times 10^{-10}$ mol^2 dm^{-6}) の，純水および 0.1 mol dm^{-3} BaCl$_2$ 水溶液に対する溶解度を求めよ．(例題 6・11, 6・12)

A 6・5　(1) 強酸と弱塩基の塩につき，(6・16 a) 式から (6・19 a) の pH 計算

式を誘導せよ．(2) 弱酸と弱塩基の塩についても pH 計算式を誘導せよ．(6·3·1(1))

B 6·1 次の液体の pH を計算せよ．
(1) 25℃における 10^{-7} mol dm^{-3} の HCl 水溶液（HCl は完全電離）
(2) 0.03 体積％の CO_2 を含む空気と平衡にある 25℃ の水（25℃，1 atm における CO_2 の水に対する溶解度は 0.029 mol dm^{-3}）
(3) 40℃ の純水（水のイオン積は 2.917×10^{-14} mol^{-2} dm^{-6}）

B 6·2 0.05 mol dm^{-3} 硫酸水溶中に存在するすべてのイオンの濃度を求めよ．H_2SO_4 の電離は，第 1 段階は完全解離，第 2 段階は $K_{a,2} = 0.0120$ mol dm^{-3} とする．

B 6·3 0.1 mol dm^{-3} のアンモニア水 10 cm^3 に 25℃ で同濃度の塩酸を添加していった．(1) 添加前，および，添加量が (2) 5 cm^3, (3) 9 cm^3, (4) 10 cm^3 のときの溶液の pH を求めよ．

B 6·4 Cl^- と CrO_4^{2-} の濃度がともに 0.05 mol dm^{-3} の水溶液に $AgNO_3$ 溶液を添加していくと，AgCl ($K_{sp} = 1.6 \times 10^{-10}$ dm^2 mol^{-6}) と Ag_2CrO_4 ($K_{sp} = 2.0 \times 10^{-12}$ mol^3 dm^{-9}) のどちらが先に沈殿しはじめるか．また，あとの沈殿が生じはじめるとき，先に沈殿を生じたイオンはどれだけ溶液中に残っているか．

---

7 章 （イオンのモル伝導率は p. 91, 資料 7-1．標準電極電位は p. 102, 資料 7-3）

A 7·1 0.1 mol dm^{-3} アンモニア水の 25℃ における伝導率は，3.65×10^{-4} S cm^{-1} である．このアンモニア水のモル伝導率と電離度を求めよ．極限モル伝導率はイオンのモル伝導率から計算のこと．（例題 7·1, 7·3）

A 7·2 5.00 A の電流を 30.0 min 流したところ，陰極に 3.048 g の亜鉛が析出した．亜鉛の電気化学当量を求めよ．（例題 7·5）

A 7·3 塩化ナトリウムの 0.1 mol kg^{-1} 水溶液の凝固点は -0.3478℃ であった．ファントホッフ係数を求め，それをもとに，塩化ナトリウムは完全に電離しているものとして平均活量係数を計算せよ．（例題 2·9, 7·7）

A 7·4 KCl, $CaCl_2$ および $CuSO_4$ の 0.01 mol kg^{-1} 水溶液中における平均活量係数の理論値を計算せよ．（例題 7·8）

A 7·5 次の各電池でおこる反応を式で示せ．（例題 7·9）
(1) Zn | Zn^{2+} ┊┊ Ag$^+$ | Ag

(2) $Pt \mid Fe(CN)_6^{4-}, Fe(CN)_6^{3-} \vdots I^- \mid I_2 \mid Pt$

(3) $Pt \mid Fe^{2+}, Fe^{3+} \vdots MnO_4^-, H^+, Mn^{2+} \mid Pt$

(4) $Pt \mid H_2(p) \mid H^+(a_1) \vdots H^+(a_2) \mid H_2(p) \mid Pt \quad (a_1 > a_2)$

A 7・6 前問の電池 (1)〜(3) の標準起電力を標準電極電位のデータから計算せよ. また, 電池 (4) の $a_1 = 10\,a_2$ のときの起電力を計算せよ. (例題 7・11, 7・14)

A 7・7 反応 $2\,Ag + 2\,Hg^{2+} \rightarrow 2\,Ag^+ + Hg_2^{2+}$ を利用した電池の式を書け. また, この反応の 298.15 K における標準反応ギブズエネルギーおよび平衡定数を求めよ. この電池の標準起電力 (298.15 K) は 0.121 V である. (例題 7・10, 7・17, 7・18)

B 7・1 ある伝導率測定用セルに $\kappa = 1.288\,\mathrm{S\,m^{-1}}$ の溶液をみたして電気抵抗を測定したところ, 24.96 Ω であった. 同じセルを使って同じ温度で測定した酢酸溶液の抵抗は 612 Ω であった. 後者の伝導率を求めよ.

B 7・2 下表は 291 K における硝酸カリウム水溶液の濃度 c_B とモル伝導率 Λ との関係である. 極限モル伝導率を求めよ.

$c_B/10^{-4}\,\mathrm{mol\,dm^{-3}}$	5	10	20	50	100
$\Lambda/10^{-4}\,\mathrm{S\,m^2\,mol^{-1}}$	124.4	123.7	122.6	120.5	118.2

B 7・3 次の各電池の 298.15 K における起電力を求めよ.

(1) $Cu \mid Cu^{2+}(a = 0.1) \vdots Fe^{3+}(a = 1.0), Fe^{2+}(a = 0.01) \mid Fe$

(2) $Pt \mid H_2(10^5\,Pa) \mid HCl(0.1\,mol\,kg^{-1}, \gamma_\pm = 0.796) \mid Cl_2(10^5\,Pa) \mid Pt$

(3) $Pt \mid Cl_2(2 \times 10^4\,Pa) \mid HCl(aq) \mid Cl_2(10^5\,Pa) \mid Pt$

(4) $Pb \mid Pb^{2+}(a = 0.1) \vdots Cu^{2+}(a = 0.1) \mid Cu$

B 7・4 下の電池の 298.15 K での起電力は 0.587 V であった. KOH および HCl の平均活量係数をともに 0.904 として, 水のイオン積を求めよ.

$Pt \mid H_2(10^5\,Pa) \mid KOH(0.01\,mol\,kg^{-1}) \vdots HCl(0.01\,mol\,kg^{-1}) \mid H_2(10^5\,Pa) \mid Pt$

B 7・5 $Cu^{2+} \mid Cu$, および, $Cu^+ \mid Cu$, の標準電極電位のデータから, $Cu^{2+}(a = 0.1), Cu^+(a = 10^{-3}) \mid Pt$, の 298.15 K における電極電位を計算せよ. また, $2\,Cu^+ \rightarrow Cu^{2+} + Cu$ の標準反応ギブズエネルギーを計算せよ.

B 7・6 次の反応の 298.15 K における平衡定数を標準電極電位から計算せよ.

(1) $Sn^{2+}(aq) + Pb(s) \rightleftarrows Sn(s) + Pb^{2+}(aq)$

(2) $Sn(s) + Sn^{4+}(aq) \rightleftarrows 2\,Sn^{2+}(aq)$

(3) $2\,AgCl(s) + H_2(g) \rightleftarrows 2\,HCl(aq) + 2\,Ag(s)$

8 章

A 8·1 温度 760 K の容器内でジメチルエーテルの熱分解反応 $CH_3OCH_3 \rightarrow CH_4 + H_2 + CO$ を行わせたところ，全圧は時間の経過とともに下表のように変化した．反応次数と速度定数を求めよ．（例題 8·1, 8·2）

t/s	0	390	777	1 195	3 155
p/Torr	312	408	488	562	775

A 8·2 化合物 X の分解反応の初速度は X の初濃度によって下表のように変化する．この反応の X についての次数と速度定数を求めよ．（例題 8·3）

$c_0/10^{-3}$ mol dm^{-3}	5.0	8.2	17	30
$v_0/10^{-7}$ mol dm^{-3} s^{-1}	3.6	9.6	41	130

A 8·3 物質 A に関する二次反応がある．A の濃度が当初の 10 % になるのに要する時間 $t_{0.1}$ を，当初の濃度 c_0 の関数として表わせ．また，一次反応についても同様な式を求めよ．（8·2·3, 例題 8·5）

A 8·4 ホスゲンの生成反応 $CO + Cl_2 \rightarrow COCl_2$ は，$Cl_2 \rightleftarrows 2Cl$（平衡定数 K_1），$Cl + Cl_2 \rightleftarrows Cl_3$（$K_2$），$CO + Cl_3 \rightarrow COCl_2 + Cl$（速度定数 k_3），の 3 段階からなり，最後の反応が律速段階である．反応全体の微分速度式を，K_1, K_2 および k_3 を使って表わせ．（例題 8·6）

A 8·5 トリプトファナーゼはトリプトファンというアミノ酸だけを分解する酵素である．37 ℃ でこの酵素の反応の速度を測定したところ，基質濃度に関して下表のように変化した．ミハエリス定数を求めよ．（例題 8·8）

$c_s/10^{-3}$ mol dm^{-3}	0.200	0.250	0.500	0.750	1.000
$v/10^{-7}$ mol dm^{-3} min^{-1}	5.15	5.72	7.54	8.20	8.64

A 8·6 五酸化二窒素の分解反応は一次で，速度定数は 45.0 ℃ で 2.49×10^{-4} s^{-1}, 55.0 ℃ で 7.50×10^{-4} s^{-1} であった．活性化エネルギーと頻度因子を求めよ．また，100 ℃ および 150 ℃ の速度定数を求めよ．（例題 8·9, 8·10）

B 8·1 ブタジエンの分解反応を 500 K で追跡したところ，その濃度は時間の経過とともに下表のように変化した．$\ln c$-t プロットおよび c^{-1}-t プロットによって反応次数を決定し，速度定数を求めよ．

t/s	195	604	1 246	2 180	4 140	6 210
$c/10^{-4}$ mol dm^{-3}	162	147	129	110	84	68

B 8·2 酢酸エチルエステルのケン化反応 $CH_3COOC_2H_5 + OH^- \rightarrow CH_3COO^- + C_2H_5OH$ はエステルおよび OH^- についてともに一次である。両方の反応物の初濃度を正確に 50×10^{-3} mol dm^{-3} にして反応させたところ、エステルの濃度は時間とともに下表のように変化した。(1) 速度定数およびエステルの 50% が加水分解されるのに要する時間を求めよ。(2) OH^- 濃度だけを 5 倍にすると、エステルの 50% が加水されるのに要する時間はどう変るか。

t/min	4	9	15	24	37	83
$c/10^{-3}$ mol dm^{-3}	44.09	38.58	33.70	27.93	22.83	13.56

B 8·3 アクロレイン(A と記す)とブタジエン(B と記す)の 290 °C での気相縮合反応の経過を追跡したところ、反応物の分圧は時間とともに下表のように変化した。この反応が二次であることを証明し、かつ速度定数を求めよ。

t/s	0	181	542	925	1 374
$p_A/10^2$ Pa	557.6	535.8	498.0	465.3	435.4
$p_B/10^2$ Pa	320.0	296.9	256.9	222.6	191.2

B 8·4 スクロースの転化反応はスクロースに関して一次であり(例題 8·1)、25 °C における速度定数は pH 5 のとき 2.31×10^{-5} s^{-1}、pH 4 のとき 2.31×10^{-4} s^{-1} であった。この反応は触媒である H^+ に関して何次か。また、H^+ の濃度も考慮に入れた速度定数を求めよ。

B 8·5 下表は五酸化二窒素の分解反応 $2N_2O_5 \rightarrow 4NO_2 + O_2$ の速度定数と温度の関係である。活性化エネルギーおよび頻度因子を求めよ。

T/K	298	308	318	328	338
$k/10^{-5}$ s^{-1}	3.46	13.5	49.8	150	487

B 8·6 (1) 多くの酵素反応は基質濃度が低い場合には基質および酵素に関してそれぞれ一次の、基質濃度が充分に高い場合には酵素のみに関して一次の速度式を示す。この現象をミハエリス-メンテンの式から説明せよ。(2) 気体分子の熱分解反応は低圧の場合には二次の、充分な高圧においては一次の速度式を示すことが多い。この現象を次の反応機構(G は反応物分子、G* は G の活性化状態、P は分解生成物)から説明せよ。

$$G + G \underset{k_{-1}}{\overset{k_{+1}}{\rightleftharpoons}} G^* + G, \qquad G^* \overset{k_{+2}}{\longrightarrow} P$$

9 章 (同位体の質量は p. 128、資料 9-1。核子および電子の質量は p. 126、表

9-1)

A 9・1 次の原子およびイオンを構成する陽子,中性子および電子の数を記せ.$^{40}_{18}Ar$, $^{252}_{99}Es$, $^{133}_{55}Cs^+$, $^{208}_{82}Pb^{4+}$, $^{129}_{53}I^-$ (例題 9・1)

A 9・2 次の核反応式の下線の部分を埋めよ.(例題 9・4, 9・9)

(1) $^{23}_{11}Na + ^4_2He \rightarrow ^{26}_{12}Mg + \underline{\quad}$ (4) $^{130}_{52}Te(d, 2n)\underline{\quad}$

(2) $^{64}_{29}Cu \rightarrow ^{64}_{28}Ni + \underline{\quad}$ (5) $^{40}_{18}Ar(\alpha, p)\underline{\quad}$

(3) $^{235}_{92}U + ^1_0n \rightarrow ^{135}_{53}I + ^{97}_{39}Y + \underline{\quad}$ (6) $^7_3Li(n, \underline{\quad})^3_1H$

A 9・3 次はウラン・ラジウム壊変系列の一部である.カッコ内に添字つき元素記号を入れよ.(9・2・1)

$^{238}_{92}U \xrightarrow{\alpha} (\quad) \xrightarrow{\beta} (\quad) \xrightarrow{\beta} (\quad) \xrightarrow{\alpha} (\quad) \xrightarrow{\alpha} (\quad) \xrightarrow{\alpha} (\quad) \xrightarrow{\alpha} (\quad)$

$\xrightarrow{\alpha} (\quad) \xrightarrow{\beta} (\quad) \xrightarrow{\beta} (\quad) \xrightarrow{\alpha} (\quad) \xrightarrow{\beta} (\quad) \xrightarrow{\beta} (\quad) \xrightarrow{\alpha} (\quad)$

A 9・4 質量数 123,半減期 129 d の放射性核種がある.この核種 10 mg を含む試料の放射能は何 Ci か.また,この試料は 100 d 後には何 Ci になるか.(例題 9・6, 9・5)

A 9・5 水素化リチウム $^6Li^2H$ の核反応 $^6_3Li + ^2_1H \rightarrow 2^4_2He$ で遊離するエネルギーを,1分子あたりの eV 単位,および,1 g あたりの W h 単位で求めよ.(例題 9・3, 9・10)

B 9・1 ^{13}N は β^+ 壊変によって ^{13}C に変化する.このとき放出される陽電子の最大運動エネルギーは 1.20 MeV である.電子と ^{13}C の原子質量を使って ^{13}N の原子量を計算せよ.

B 9・2 ^{226}Ra の半減期は 1.60×10^3 y,その α 壊変で生じる ^{222}Rn の半減期は 3.824 d である.1 g の ^{226}Ra を密閉容器に保管するとき,容器内に定常的に存在する ^{222}Rn の原子数を求めよ.

B 9・3 ^{227}Ac の半減期は 21.77 y であり,壊変によって ^{223}Fr および ^{227}Th を 98.62 対 1.38 の比で生成する.α 壊変と β 壊変の壊変定数を求めよ.

B 9・4 古代エジプトの墓から発掘された木材の ^{14}C の放射能を測定したところ,炭素 1 g あたり 0.117 Bq であった.この墓がつくられた年代を推定せよ.^{14}C の半減期は 5.73×10^3 y,空気中の ^{14}C 放射能の強さは炭素 1 g あたり 0.208 Bq である.

10 章

A 10·1 水素原子が $n=6$ 水準から $n=3$ 水準に遷移するときのエネルギー変化 (eV, kJ mol^{-1}) と,そのさいに放射する線スペクトルの波長 (μm) を,カッコ内の単位で求めよ.(例題 10·2, 10·4)

A 10·2 He$^+$ の $n=1$ 軌道の半径を求めよ.また,基底状態にあるときのエネルギーを求めよ.(例題 10·1, 10·2, 10·1·4)

A 10·3 質量 1 g の弾丸が 300 m s^{-1} の速度で飛ぶときの物質波の波長を求めよ.また,この弾丸の速度が 1 mm s^{-1} の精度で測定可能であるとして,そのときの位置の不確定度の下限を計算せよ.(例題 10·7, 10·9)

A 10·4 下記の元素の電子配置と不対電子の数を記せ.また,どの元素どうしが同族であるかを指摘せよ.(例題 10·11, 10·12, 10·14)

$_6$C, $_7$N, $_8$O, $_{10}$Ne, $_{12}$Mg, $_{14}$Si, $_{24}$Cr, $_{34}$Se, $_{44}$Ru, $_{54}$Xe

A 10·5 Ni^{2+},Pr^{3+},Os^{3+} の基底状態における電子配置を資料 10-1 (p. 148〜p. 149) をもとに推定し,また,各イオンの不対電子数を記せ.(例題 10·13, 10·12)

A 10·6 第 7 周期の 18 族元素は未発見である.もしこの元素が存在するとすれば,原子番号はいくつになるか.また,この元素の電子配置を推定せよ.(例題 10·14, 10·11)

B 10·1 ボーアの理論にもとづいて水素原子の基底状態における電子の速度を計算し,光の速度と比較せよ.また,電子の速度の不確定度を ±10% および ±5% に押さえるための位置の不確定度の下限を求め,それらの値を水素原子の $n=1$ 軌道の長さと比軽せよ.

B 10·2 波長が 10 μm の赤外線,100 nm の紫外線,1 nm の X 線,1 pm の γ 線がある.それぞれの電磁波の振動数を求めよ.また,それぞれのエネルギーの強さを赤外線を基準として比較せよ.

B 10·3 Na の D 線の波長は 590 nm である.Na の蒸気に電子線を照射してこの光を出させるには,最小限どれだけの加速電圧が必要か.

B 10·4 複数の電子をもつ原子における特定の電子のエネルギーは一般に $E_n = -(m_e e^4/8\varepsilon_0^2 h^2)((Z-\sigma)^2/n^2)$ で与えられる(σ は遮蔽定数,他の記号は (10.11) 式に同じ).この式から出発してモーズリーが実験的に提唱した式 $\tilde{\nu}^{1/2} = a(Z-\sigma)$ (p. 142 脚注) を導き,かつ,a の意味を考えよ.

B 10・5　$_{59}$Pr および $_{65}$Tb の X 線スペクトルの K_α 線の波長は 0.034 34 nm および 0.027 82 nm である．K_α 線の波長が 0.031 9 nm である元素 X の原子番号を求めよ．

B 10・6　ランタノイド元素はいずれも 3 価の陽イオンとして安定な化合物をつくるが，$_{58}$Ce はこのほかに 4 価の，$_{63}$Eu は 2 価の安定な化合物をつくる．Ce^{4+} および Eu^{2+} ができやすい理由を電子配置から説明せよ．

---

11 章　（イオン化エネルギーは p. 157，資料 11-1．電子親和力は p. 158，資料 11-2．結合エネルギーは p. 159，資料 11-3．電気陰性度は p. 161，資料 11-4）

A 11・1　リチウム原子の第一 〜 第三イオン化エネルギーを計算せよ．遮蔽に関しては例題 11・2 に示した規則を使うこと．（例題 11・2, 11・1）

A 11・2　エテン $H_2C=CH_2$ およびエチン $HC\equiv CH$ の生成エンタルピーは 52.26 および 226.73 kJ mol^{-1}，C—H の結合エネルギーは 412 kJ mol^{-1} である．これらのデータと例題 11・4 に与えられたデータを利用して，$C=C$ および $C\equiv C$ の結合エネルギーを計算せよ．（例題 11・4）

A 11・3　C および N についてポーリングの電気陰性度を求めよ．（例題 11・6）

A 11・4　K および Br についてマリケンの電気陰性度を求めよ．また，その値を 260 で割り，ポーリングの電気陰性度と比較せよ．（例題 11・7，とくに [注]）

A 11・5　H—Br 結合のイオン性を電気陰性度から，および，双極子モーメント（2.6×10^{-30} C m）と結合距離（1.41×10^{-10} m）から計算せよ．（例題 11・8, 11・10）

A 11・6　トルエン $C_6H_5CH_3(g)$ の生成エンタルピーは 50.0 kJ mol^{-1} である．例題 11・12 のデータを利用して，原子生成エンタルピーを求めよ．また，この計算結果と平均結合エネルギーのデータを利用して，トルエンの共鳴エネルギーを求めよ．（例題 11・12）

A 11・7　H_2^-, Li_2, Be_2 および B_2 の電子配置を記し，また，結合次数を求めよ．（例題 11・15, 11・16, 11・17）

B 11・1　第 2 周期元素の第一イオン化エネルギーを比較すると，1 族の Li が最も小さく，以下次第に増加して 18 族の Ne で最大に達する．ただし，Be は B よりも，N は O よりもやや大きい．第二イオン化エネルギーはどのような傾向を示すと考えられるか．

B 11・2　NaCl(s) の生成エンタルピーは $\Delta_f H = -411$ kJ mol^{-1}，Na(s) の昇

華エンタルピーは $\Delta_{sub}H = 108 \text{ kJ mol}^{-1}$ である．これらのデータと Na のイオン化エネルギー，Cl の電子親和力，Cl—Cl の解離エネルギーから，NaCl(s) の格子エネルギーを求めよ．格子エネルギーはまた次の**ボルン-ランデの式**によって求めることができる．

$$\Delta_c E = -\frac{N_A z_+ z_- e^2}{4\pi\varepsilon_0 r_0} A\left(1 - \frac{1}{n}\right)$$

ただし，N_A はアボガドロ定数，z はイオンの電荷数，e は電気素量，ε_0 は真空の誘電率，r_0 はイオン間の距離，A と n は定数，である．$r_0 = 2.81 \times 10^{-10}$ m，$A = 1.748$，$n = 9.1$ として，NaCl(s) の格子エネルギーを求めよ．

B 11・3 クロロベンゼン C_6H_5Cl の双極子モーメントは 1.55 D である．このデータから，o-，m- および p- ジクロロベンゼン $C_6H_4Cl_2$ の双極子モーメントを推定せよ．

B 11・4 次のデータから 1,3 ブタジエンと 1,4 ペンタジエンの共鳴による安定化について考察せよ．

$CH_3CH=CH_2 + H_2 \rightarrow CH_3CH_2CH_3$ $\quad\quad \Delta_r H_1 = -127 \text{ kJ mol}^{-1}$ ①

$CH_3CH_2CH=CH_2 + H_2 \rightarrow CH_3(CH_2)_2CH_3$ $\quad\quad \Delta_r H_2 = -127 \text{ kJ mol}^{-1}$ ②

$CH_2=CHCH=CH_2 + 2H_2 \rightarrow CH_3(CH_2)_2CH_3$ $\quad\quad \Delta_r H_3 = -240 \text{ kJ mol}^{-1}$ ③

$CH_2=CHCH_2CH=CH_2 + 2H_2 \rightarrow CH_3(CH_2)_3CH_3$ $\quad\quad \Delta_r H_4 = -255 \text{ kJ mol}^{-1}$ ④

B 11・5 1,3-ブタジエンの中央の C—C 結合の距離は 1.48×10^{-10} m である．結合次数を計算せよ．また，その結合次数を説明するためには，どのような共鳴を考えればよいか．

B 11・6 LiH，CO，NO および CN^- の電子配置を書け．また，結合次数を求めよ．

B 11・7 下の分子のなかで電子を獲得して AB^- になるとき，および電子を失って AB^+ になるときに安定化すると予想されるものはどれか．

N_2, NO, O_2, C_2, CN, F_2

ヒント

1 章

B 1·1 反応は $2\,\mathrm{NH_3} \rightleftarrows \mathrm{N_2} + 3\,\mathrm{H_2}$ だから，最初の物質量を n とすれば平衡混合物のそれは $(1+\alpha)n$ となる．$\mathrm{NH_3}$ の分解が起こらない場合には (1.4) 式により $p/p_0 = T/T_0$ の関係が成立するが，分解が起こるために物質量が増え，圧力と温度の関係は $p/p_0 = (1+\alpha)T/T_0$ となる．

B 1·2 この混合物は両者の蒸気圧の合計が 760 Torr になったときに沸騰するから，このときのアニリン $\mathrm{C_6H_5NH_2}$ の蒸気圧は $(760-707)$ Torr．両者の蒸気圧の関係から物質量分率を求め (例題 1·6)，さらに質量分率に換算せよ (例題 1·5)．

B 1·3 (1.13) 式から，$J(\mathrm{H_2})/J(\mathrm{D_2}) = \{M_\mathrm{r}(\mathrm{D_2})/M_\mathrm{r}(\mathrm{H_2})\}^{1/2} = \sqrt{2}$．したがって，1 回流出させると，$\mathrm{D_2}$ の $\mathrm{H_2}$ に対する濃度比をもとの混合物のそれの最高で $\sqrt{2}$ 倍にすることができる．$(\sqrt{2})^n \geqslant (50/0.015)$ を解けばよい．

B 1·4 (1.15 a) 式を展開して整理すると，$pV_\mathrm{m} = RT + pb - aV_\mathrm{m}^{-1} + abV_\mathrm{m}^{-2}$．この気体を近似的に理想気体と見なして，$p = RTV_\mathrm{m}^{-1}$ を前式の右辺の p に代入したのち，得られた式を (1.19) 式と同じ形に整理せよ．

B 1·5 気体の pV_m/RT を圧縮因子という．理想気体の圧縮因子はつねに 1 であるが，実在気体のそれは温度，圧力に応じて異なる値をとる．気体 X の圧縮因子は 300 K，20 atm において 0.86 だから，この温度，圧力における体積は，理想気体として求めた V を 0.86 倍すればよい．ビリアル係数 B を求めるには，(1.19) 式から $pV_\mathrm{m} \approx RT(1 + B/V_\mathrm{m})$，題意から $pV_\mathrm{m} = 0.86RT$ の関係が得られるから，$1 + B/V_\mathrm{m} = 0.86$ とおいて B を求めよ．

2 章

B 2·1 $\mathrm{O_2}$ の平衡時の分圧を p とすると，水に溶解した $\mathrm{O_2}$ の量は (2.4) 式により，$0.048\,9\,(p/\mathrm{atm}) \times 10\,\mathrm{dm^3} = 0.489\,p\,\mathrm{atm^{-1}dm^3}$，この量の気体が $1\,\mathrm{dm^3}$ を占めるときの圧力は $0.489\,p$ である．ゆえに，$p = 0.2\,\mathrm{atm} - 0.489\,p$．これを解いて $p = 0.134\,3\,\mathrm{atm}$．同様に，平衡時の水素の分圧は $0.658\,4\,\mathrm{atm}$．水の分圧は 4.58 Torr．各成分の分圧から (1.10) 式で物質量分率を求めよ．

B 2·2　(2.5) 式で x_B を求めよ．物質量を n，質量を m，モル質量を M とすると，定義により $x_B = n_B/(n_A + n_B) = (m_B/M_B)/\{(m_A/M_A) + (m_B/M_B)\}$ だから，この式から M_B を求めればよい．近似値ならば，$x_B \approx n_B/n_A = m_B M_A / m_A M_B$ から求めることができる．

B 2·3　$\Delta T_f \geqq 10\,K$ を満足する b_B を (2.6a) 式で求めよ．ただし，これは希薄溶液ではないから，得られる答はあくまでも目安である．

B 2·4　(2.12) 式で $\ln(c_2/c_1)/(r_2^2 - r_1^2) = 729\,\mathrm{cm}^{-2}$ とおき，例題 2·11 に準じて解け．

B 2·5　ΔT_f は溶質の物質量に比例する (2.6a 式) から，得られた分子量は数平均分子量である．(2.16) 式によって A と B の物質量比を求め，さらに質量比に換算せよ．

3 章

B 3·1　加熱を，$0\,°C$ の固体 → $658\,°C$ の固体 → $658\,°C$ の液体 → $800\,°C$ の液体，の 3 段階にわけて考えよ．各段階の ΔH は，例題 3.4（比熱の式が絶対温度 T ではなくセルシウス度 θ の関数であることに注意），例題 3·5，および例題 3·4 に準じて求めればよい．

B 3·2　定積燃焼熱は $1.247\,\mathrm{g}$ あたり $11.49\,\mathrm{kJ\,K^{-1}} \times 2.870\,\mathrm{K}$．これを mol あたりに換算したのち，例題 3·7 に準じて燃焼エンタルピーを求めよ．安息香酸の燃焼反応は，$C_6H_5COOH(s) + 7.5O_2(g) \rightarrow 7\,CO_2(g) + 3\,H_2O(l)$．

B 3·3　(aq) は水溶液の意味．HCl, NaOH, NaCl および NaCN は完全解離，HCN および H_2O は完全に非解離と考えれば，第1式は $(H^+ + Cl^-) + (Na^+ + OH^-) \rightarrow (Na^+ + Cl^-) + H_2O$，つまり $H^+ + OH^- \rightarrow H_2O$，第2式は $HCN + OH^- \rightarrow CN^- + H_2O$ と書くことができる．電離エンタルピーとは "1 mol の電解質が完全に電離するときのエンタルピー変化 (3·4·5)" だから．H_2O のそれは $-\Delta_r H_1^\ominus$，HCN のそれは $\Delta_r H_2^\ominus - \Delta_r H_1^\ominus$ となる．

B 3·4　NaCl(s) の**格子エンタルピー**とは NaCl(s) の結晶格子を壊すのに必要なエンタルピー，つまり $NaCl(s) \rightarrow Na^+(g) + Cl^-(g)$ の反応エンタルピーをいう．与えられた各反応にヘスの法則を適用せよ．各式を ①～⑤ とするとき，$-① + ② + ③ + \frac{1}{2} \times ④ + ⑤$ で目的の反応式が得られる．

B 3·5　CO は完全に燃焼してすべて CO_2 になると考える．1 mol の CO を

5 mol の空気で燃焼するとき，生成する燃焼混合物は，N_2 3.9 mol，O_2 0.55 mol，Ar 0.05 mol，CO_2 1 mol を含む．この混合物の熱容量を求め(183.3 J K^{-1})，CO の燃焼によって生じる 110.5 kJ によってこの混合物の温度が何 K 上昇するかを計算せよ．

4 章

B 4·1 理想気体の U は温度のみの関数で，温度が一定ならば体積が変化しても変らない．ゆえに，$\Delta U = 0$．また，(3.5) 式から $H = U + pV = U + RT$ だから，温度が一定ならば H も一定．ゆえに，$\Delta H = 0$．ΔS は例題 4·1 に準じて，ΔG は (4·12) 式により求めよ．

B 4·2 同温同圧の He 3 mol と H_2 1 mol の混合エントロピーを ΔS_1，He 1 mol と H_2 1 mol のそれを ΔS_2 とすれば，$\Delta S = \Delta S_1 - \Delta S_2$ が求めるエントロピー変化である．例題 4·2 に準じて計算せよ．ΔG は (4·12) 式で求める．前問と同様に $\Delta H = 0$．

B 4·3 通常の融点以下の温度で液相を保っている状態を**過冷却**という．過冷却状態の水に振動などの刺激を与えると，一部が瞬間的に凝固し，全体は 0 ℃ の水と氷の混合物になる．この過程は不可逆なので，ΔS を求めるには，水 (-10 ℃) → 水 (0 ℃) → 氷 (0 ℃) → 氷 (-10 ℃) という可逆的な径路を考え，それぞれの過程の ΔS を例題 4·6，4·3 および 4·6 に準じて求める．75.3 J K^{-1} ln(273.15/263.15) $-$ 6 008 J/273.15 K $+$ 37.6 J K^{-1} ln(263.15/273.15)．外界の ΔS を求めるには，外界の温度は -10 ℃ で一定なので，各過程で外界が吸収する熱を求めてその合計に (4.4) 式を適用する．$(-75.3 \times 10 + 6 008 + 37.6 \times 10)$ J/263.15 K．

B 4·4 最初の反応の $\Delta_r G^\ominus$ は例題 4·10 に準じて求める．"常温" という設問だから，298.15 K の値をそのまま答とすればよいであろう．第 2 の反応は，例題 4·7 に準じて $\Delta_r S^\ominus$ を，例題 3·9 に準じて $\Delta_r H^\ominus$ を求め，それらの値を (4.10) 式に代入して 1 000 K における $\Delta_r G^\ominus$ を求める．

5 章

B 5·1 不均一系の平衡だから，$K_p = p(H_2O)$．平衡時には気相は 1.12 kPa の H_2O で占められている．290 K，1.12 kPa で 1 dm^3 の体積を占める $H_2O(g)$ の物質量を求めよ．この $H_2O(g)$ はすべて $ZnSO_4 \cdot 7 H_2O$ の分解によって生じたものであ

B 5·2 平衡混合物の平均分子量を求める（例題1·3）と，これは数平均分子量だから練習編 B 2·5 に準じて物質量分率が求められる．$M_r = 77.69$, $y(N_2O_4) = 0.6887$．K_p は例題 5·8 に準じて，$K^\ominus$ は (5.7) 式，$\Delta_r G^\ominus$ は (5·6) 式，$\Delta_r S^\ominus$ は (4.10) 式で求めよ．

B 5·3 $\Delta_f G^\ominus$ から各反応の $\Delta_r G^\ominus$ を求め（例題4·10），$\Delta_r G^\ominus$ から K_p を求めよ（例題5·10）．$K_{p,1} = p(2)/p(1)$, $K_{p,2} = p(3)/p(2)$ だから，両式から各化合物の分圧の比が求められる．分圧の比は物質量比に等しい．

B 5·4 固体物質の解離で気体が1種類だけ生じる場合，平衡時におけるその気体の分圧を**解離圧**という．解離圧は平衡定数に等しい (5·1·4)．(1) p が"常圧"よりも大きいときには生成した CO_2 はたえず除去されるから，平衡は成立せず，反応は $CaCO_3$ が分解しつくすまで右に進む．$p > 1\,\mathrm{atm}$ になるような T を求めよ．(2) 与えられた式の両辺に $\ln 10$ を掛けて $\ln(p/\mathrm{atm})$ を含む式になおし，(5.8) 式と比較せよ．$\ln(p/\mathrm{atm}) \approx \ln K^\ominus$ と見なしてよい（§5·2）．T^{-1} の係数が $-\Delta_r H^\ominus/R$ に等しい．

B 5·5 各温度における K_p を求めよ．$K_p = 4\alpha^2 p/(1 - \alpha^2)$．(1) は例題 5·12 に準じて解く．(2) はグラフから読むことができる．

B 5·6 水の沸点は 373.15 K，つまり，373.15 K における蒸気圧は 1 atm (= 760 Torr) である．(1) は例題 5·11 に準じ，(5·11) 式の $p(T_2)$ を求めよ．(2) は，蒸気圧が 700 Torr になる温度を求めよ．

6 章

B 6·1 (1) H^+ は HCl と H_2O の両方から生じる．溶液中の電荷のバランスは，$c(H^+) = c(OH^-) + c(Cl^-) = c(OH^-) + 10^{-7}\,\mathrm{mol\,dm^{-3}}$．一方，(6.11) 式により，$c(H^+)c(OH^-) = K_w$．この両式から $c(H^+)$ を求めよ．(2) 気体の溶解は分圧に比例するから，水中の CO_2 濃度は $3 \times 10^{-4} \times 0.029\,\mathrm{mol\,dm^{-3}}$．例題 6·6 に準じて $c(H^+)$ を求めよ．(3) $c(H^+) = c(OH^-)$ である．ゆえに，$c(H^+) = (2.917 \times 10^{-14}\,\mathrm{mol^2\,dm^{-6}})^{1/2}$．

B 6·2 硫酸の濃度を c_a，$HSO_4^- \rightleftharpoons H^+ + SO_4^{2-}$ の電離度を α とすると，$c(H^+) = (1+\alpha)c_a$, $c(HSO_4^-) = (1-\alpha)c_a$, $c(SO_4^{2-}) = \alpha c_a$ だから，$K_{a,2} = (1+\alpha)\alpha c_a/(1-\alpha)$．この式から α を求めよ．$c(OH^-)$ は (6.11) 式で求める．

B 6·3 (1) (6.8 a) 式による．(2) NH_3 と NH_4Cl からなる緩衝溶液として，

(6.20 a) 式で, $c_s/c_a = 1$. (3) 前問に同じ. $c_s/c_a = 9$. (4) $c_s = 0.05$ mol dm^{-3} の NH_4Cl 溶液として, (6.19 a) 式で.

B 6·4 沈殿が生じはじめるときの Ag^+ 濃度は, $K_{sp}(AgCl)/0.05$ mol dm^{-3} $= 3.2 \times 10^{-9}$ mol dm^{-3} および $(K_{sp}(Ag_2CrO_4)/0.05$ mol dm$^{-3})^{1/2} = 6.3_2 \times 10^{-6}$ mol dm^{-3}. Ag^+ 濃度が $6.3_2 \times 10^6$ mol dm^{-3} になるときの Cl^- 濃度を求めよ.

7 章

B 7·1 2種の溶液の電気抵抗を同一容器を使って同温度で測定する場合, (7.1) 式の l と A は一定だから, $\kappa_1/\kappa_2 = R_2/R_1$ となる. したがって, 伝導率既知の溶液の R_1 と被験溶液の R_2 を同一容器で測定して比較すれば, 後者の伝導率 κ_2 は容易に求めることができる. (7.1) 式の l/A はそれぞれの容器に固有の定数であり, **容器定数**とよばれる.

B 7·2 Λ と c_B の間には $\Lambda = \Lambda^0 - kc_B^{1/2}$ という関係がある (p. 90 脚注) から, 与えられた Λ を $c_B^{1/2}$ に対してプロットし, $c_B^{1/2} = 0$ における Λ を求めよ.

B 7·3 (1), (2) は例題 7·13 に準じる. (2) では右側の電極の還元種である Cl^- と左側の電極の酸化種である H^+ は HCl 溶液という形になっている. $a(Cl^-) = a(H^+) = 0.796 \times 0.1$. (3) は例題 7·14 (2) に準じる. $a_{r,R} = a_{r,L}$. (4) は左右電極の a と z がともに等しいから, 電池の起電力は標準起電力に等しい.

B 7·4 与えられた電池は H^+ に関する濃淡電池である. (7.19) 式に $a_{r,R} = a_{r,L} = 1$, $a_{o,R} = 0.904 \times 0.01$ を代入して, KOH 溶液中の H^+ の活性 $a_{o,L}$ を求めよ. イオン積は $a(H^+)a(OH^-) = a_{o,L} \times (0.904 \times 0.01)$ である. 例題 7·16 参照.

B 7·5 標準電極電位とは左側に標準水素電極をおいた電池の起電力 (7·4·3) のことだから, $E(Cu^{2+}|Cu)^\ominus$, $E(Cu^+|Cu)^\ominus$ および $E(Cu^{2+}, Cu^+|Pt)^\ominus$ はそれぞれ, 反応 $H_2 + Cu^{2+} \to 2H^+ + Cu$, $H_2 + 2Cu^+ \to 2H^+ + 2Cu$ および $H_2 + 2Cu^{2+} \to 2H^+ + 2Cu^+$ に対応する. 第3の反応式は, 第1式×2 − 第2式, で得られるから, $E(Cu^{2+}, Cu^+|Pt)^\ominus = 2 \times E(Cu^{2+}|Cu)^\ominus - E(Cu^+|Cu)^\ominus$ である (0.144 V). 以下, 例題 7·12 に準じて計算せよ. 問題の後半は, 反応 $2Cu^+ \to Cu^{2+} + Cu$ を利用した電池は $Pt|Cu^+, Cu^{2+} \vdots Cu^+|Cu$ だから, この電池の $E^\ominus$ を求め (例題 7·11), ついで $\Delta_r G^\ominus$ を計算する (例題 7·17).

B 7·6 各反応に対応する電池を考えたのち, $E^\ominus$ を求め (例題 7·11), $K^\ominus$ を計算せよ (例題 7·18). 電池は (1), $Pb|Pb^{2+} \vdots Sn^{2+}|Sn$. (2) は, $Sn|Sn^{2+} \vdots Sn^{4+}$,

Sn^{2+} | Pt. (3) は,Pt | H_2 | HCl(aq) | AgCl(s) | Pt.

8 章

B 8·1 $\ln c$-t プロットは例題 8·1 [解②] に準じる.c^{-1}-t プロットは,(8.4 b) 式から明らかなように,直線が得られれば二次反応であることの証明になる.k は直線の傾きに等しい.

B 8·2 $n_A = n_B = 1$ の二次反応でも A と B の初濃度が等しいときには (8.4)〜(8.4 c) の各式が成立する.(1) は (8.4 a) 式で k を求め(例題 8·2.$t = 4$ min のデータから得られる k はズレが大きいので省き,それ以外の値を平均する),(8.4 c) 式 (p. 117) で $t_{1/2}$ を求めよ.(2) は初濃度が等しくないから (8.5 a) 式を使う.$c_{A,0} = 50$,$c_{B,0} = 250$,$c_A = 25$,$c_B = 225$ (単位は $10^{-3}\,\mathrm{mol\,dm^{-3}}$) のときの t を求めよ(例題 8·5).

B 8·3 各データを (8.5 a) 式に代入して k を求め,ほぼ等しい k が得られればこの反応は二次である.また,$\ln(c_A/c_B)$ を t に対してプロットして直線が得られれば二次反応の証明となる.直線の傾きは $(c_{A,0} - c_{B,0})k$ に等しい.例題 8·1 参照.

B 8·4 与えられた速度定数を k',H^+ 濃度も考慮に入れた速度定数を k とすると,速度式は $v = k'c(スクロース) = k\,c(スクロース)\,c(H^+)^n$.$k' = k\,c(H^+)^n$ の関係から,例題 8·3 にならって n と k を求めよ.pH と $c(H^+)$ の関係は,6·2·3.

B 8·5 (8·13) 式から明らかなように,$\ln(k/(c^{\ominus})^{1-n}\,\mathrm{s^{-1}})$ を T^{-1} に対してプロットして得られる直線の傾きが $-E_a/R$ である.例題 5·12 参照.頻度因子 A は直線と縦軸との交点からも求められるが,この方法では誤差が多いので,例題 8·9 に準じて計算で求めた方がよい.

B 8·6 (1) は (8.11) 式で $c_s \ll K_m$ の場合および $c_s \gg K_m$ の場合を考えよ.(2) は反応後すぐに G^* 濃度が一定の定常状態に達するものと仮定し,8·3·4 にならって (8.11) に対応する式を導け.

9 章

B 9·1 核反応式は $^{13}_{7}\mathrm{N} \rightarrow ^{13}_{6}\mathrm{C} + ^{0}_{+1}\mathrm{e}$.この反応のさいに陽電子の最大運動エネルギーに対応する質量 Δm が消失する.(9.1) 式で Δm を求めよ.$^{13}_{7}\mathrm{N}$ 原子から $^{13}_{6}\mathrm{C}$ 原子を生ずるさいには,核から陽電子 1 個が失われるほか,核外電子が 1 個失われ

ヒント　225

る．したがって，$^{13}_{7}$N の原子質量 ＝ $^{13}_{6}$C の原子質量 ＋ 電子の原子質量×2 ＋ Δm．

B 9・2　　^{222}Rn の生成速度（つまり ^{226}Ra の壊変速度）と ^{222}Rn の壊変速度が等しくなったときが定常状態である．(9.5) 式により，定常状態においては $N(\text{Ra})/t_{1/2}(\text{Ra}) = N(\text{Rn})/t_{1/2}(\text{Rn})$．1 g の ^{226}Ra に含まれる原子数を $N(\text{Ra})$ に代入して $N(\text{Rn})$ を求めよ．

B 9・3　　壊変定数を λ_α および λ_β とすれば，$\lambda_\alpha : \lambda_\beta = 98.62 : 1.38$．$\lambda_\alpha + \lambda_\beta$ は半減期から (9.4 b) 式で求めた λ に等しい．

B 9・4　　木が生きている間は炭素の同位体組成は空気中の炭素のそれに等しいが，伐採されると新陳代謝がとまるので，壊変のために ^{14}C 濃度が減少する．(9.5 a) 式の N/N_0 に 0.117/0.208 を代入して t を求めよ．

10 章

B 10・1　　速度は (10.2) 式に $r = a_0$（ボーア半径），$n = 1$ を代入して求める．不確定度は例題 10・9 に準じる．軌道の長さは $2\pi a_0$．

B 10・2　　波長と振動数の関係は p. 139 脚注．(10.7) 式により，エネルギーは振動数に比例する．

B 10・3　　波長 590 nm の光を出させるのに最低限必要なエネルギーを (10.7) 式で求め，eV 単位で表わせ．照射する電子が 1 eV のエネルギーを得るには，1 V の加速電圧が必要である（例題 9・3）．

B 10・4　　与えられた $E_n = \cdots\cdots$ の式から出発して，10・1・3 に準じて (10・8) に対応する式を求め，これを $\tilde{\nu}^{1/2} = \cdots\cdots$ の形になおせ．

B 10・5　　$_{59}$Pr と $_{65}$Tb のデータを (10.13) 式に入れ，その連立方程式から定数の σ と $R_\infty(1/n_1^2 - 1/n_2^2)$ を求める（後者は全体をひとつの定数と考えてよい．p. 142 脚注の式の a^2 に相当する）．ついで，元素 X のデータを (10.13) 式に入れて Z を求めよ．

B 10・6　　例題 10・13 に準じて Ce^{4+} および Eu^{2+} の電子配置を推定し，その配置が安定な理由を考えよ．

11 章

B 11・1　　(11.2) 式の $(Z-\sigma)/n$ が大きいほどイオン化エネルギーは大きい．ただし，1s^{2}2s^2 および 1s^{2}2s^{2}2p^3 という電子配置をとるときは，安定化によって次の

元素よりもイオン化エネルギーが大きくなる（11・1・3 ②）．Li^+〜Ne^+ について $(Z-\sigma)/n$ と電子配置を比較せよ．対象となる電子が，Li^+ では $n=1$，それ以外は $n=2$ 電子であることに注意．

B 11・2　格子エネルギー $\Delta_c E$ とは"結晶をその構成粒子に分解するのに必要なエネルギー"をいう．この場合は $NaCl(s) \rightarrow Na^+(g) + Cl^-(g)$ の反応エネルギーのことだから，次図を参照にヘスの法則を適用して $\Delta_c E$ を求めればよい．

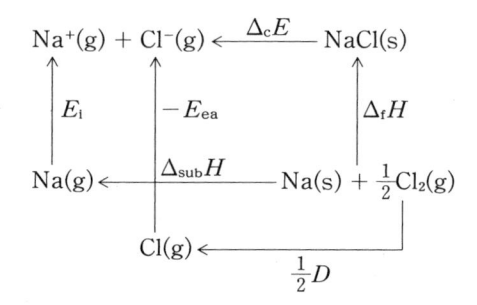

$$
\begin{array}{ccc}
Na^+(g) + Cl^-(g) & \xleftarrow{\Delta_c E} & NaCl(s) \\
\uparrow E_i \quad \uparrow -E_{ea} & & \uparrow \Delta_f H \\
Na(g) \xleftarrow{\Delta_{sub}H} & Na(s) + \tfrac{1}{2}Cl_2(g) \\
Cl(g) \xleftarrow{\tfrac{1}{2}D} &
\end{array}
$$

B 11・3　分子はすべて正六角形で，C_6H_5Cl の双極子モーメントが加算されると考えよ．例題 11・9 に準じて解く．$2\theta = 60°,\ 120°$ および $180°$．

B 11・4　①，②式から考えて，$C=C$ 結合 1 個の水素化エンタルピーは $-127\ kJ\ mol^{-1}$ と考えてよい．例題 11・11 に準じて，反応③および④の共鳴エネルギーを求めよ．

B 11・5　結合次数は (11・7) 式で求める．中央に二重結合がある共鳴極限式にはどのようなものがあるか．

B 11・6　LiH では Li の $2s$ 軌道と H の $1s$ 軌道から σ 軌道ができる．CO などの異核二原子分子については，両方の原子の L 電子ぜんぶを 11・5・2 の原則に従って各分子軌道に割当てよ．結合次数は (11・8) 式で求めよ．

B 11・7　分子と AB^-，AB^+ の結合次数を考えよ．イオンになることで結合次数が増加すれば安定化する（11・5・3）．

解　　答

1 章

- **A 1·1** 0.986 倍 [(1·4) 式で V_1/V_2 を求めよ．密度比は体積比の逆数となる]
- **A 1·2** 28.08
- **A 1·3** 690 Torr, 0.348, 0.842
- **A 1·4** 1.78 km s^{-1}; 4.76×10^3 K [(1.12 a) 式により，$\bar{u}$ が一定ならば T は M に反比例する]
- **A 1·5** 50.7 atm, 35.1 atm
- **A 1·6** 492 cm^3 mol^{-1}, 530 cm^3 mol^{-1}
- **B 1·1** $\alpha = (pT_0/p_0T) - 1$; 0.575, 0.270
- **B 1·2** 27.9 %
- **B 1·3** 24 回 [$n \geqslant 23.4$]
- **B 1·4** $B = b - a/RT$, $C = ab/RT$
- **B 1·5** 5.3 dm^3; -0.15 dm^3 mol^{-1}

2 章

- **A 2·1** 302 g (体積にして 213 cm^3) の濃硝酸を水で希釈して 1 dm^3 にする; 3.35 mol dm^{-3}, 3.72 mol kg^{-1}
- **A 2·2** 2.29, 2.50
- **A 2·3** 252, S$_8$
- **A 2·4** 0.84; 100.94 ℃
- **A 2·5** 7.3×10^4 [$(\Pi/\gamma_B)_0 = 33.8$ Pa kg^{-1} m^3]
- **A 2·6** 120 g^{-1} cm^3; 3.4×10^5
- **B 2·1** O$_2$ と H$_2$ と H$_2$O の物質量比が，0.168 : 0.824 : 0.007 5
- **B 2·2** 59.5 [近似式で求めると，60.6]
- **B 2·3** 水 1 kg に対して 334 g 以上
- **B 2·4** 3.4×10^6
- **B 2·5** 0.278, 0.422

3 章

- **A 3·1** 16.0 kJ mol^{-1}, 16.7 kJ mol^{-1}
- **A 3·2** 29.21 kJ
- **A 3·3** 5.24 kJ mol^{-1} [(3.13) 式の RT_b], $59.30 \text{ kJ mol}^{-1}$, $54.06 \text{ kJ mol}^{-1}$
- **A 3·4** $-1266 \text{ kJ mol}^{-1}$
- **A 3·5** (単位はすべて kJ mol^{-1}) (1) -890.36, -885.40 (2) -311.41, -306.45 (3) -139.78, -141.02 (4) -851.5, -851.5 (5) -0.33 $[0-\Delta_f H(\text{S, 単斜})^\ominus]$, -0.33 (6) 43.99 $[\Delta_f H(\text{H}_2\text{O, g})^\ominus - \Delta_f H(\text{H}_2\text{O, l})^\ominus]$, 41.51
- **B 3·1** 1160 kJ kg^{-1} [各段階の ΔH は, 643.4, 362.3 および 153.8 kJ kg^{-1}]
- **B 3·2** $-3231 \text{ kJ mol}^{-1}$ [$\Delta_r U = -3229.4 \text{ kJ mol}^{-1}$]
- **B 3·3** $57.40 \text{ kJ mol}^{-1}$, $45.48 \text{ kJ mol}^{-1}$
- **B 3·4** $787.2 \text{ kJ mol}^{-1}$
- **B 3·5** 623 ℃

4 章

- **A 4·1** 95.7 J K^{-1}, 28.8 J K^{-1}
- **A 4·2** $27.32 \text{ J K}^{-1} \text{ mol}^{-1}$ [融解および温度上昇にともなう ΔS は 21.99_5 および $5.32_1 \text{ J K}^{-1} \text{ mol}^{-1}$], $-25.63 \text{ J K}^{-1} \text{ mol}^{-1}$ [外界から系に移った熱は $6008 \text{ J} + 20 \times 75.3 \text{ J}$]
- **A 4·3** 0 [熱の出入りはない], 28.0 J K^{-1}, -8.34 kJ
- **A 4·4** $-170.7 \text{ J K}^{-1} \text{ mol}^{-1}$, $-3267.6 \text{ kJ mol}^{-1}$; $10.959 \text{ kJ K}^{-1} \text{ mol}^{-1}$
- **A 4·5** (1) $-210.75 \text{ kJ mol}^{-1}$; $-210.78 \text{ kJ mol}^{-1}$ [$\Delta_r S^\ominus = -182.6 \text{ J K}^{-1} \text{ mol}^{-1}$, $\Delta_r H^\ominus = -265.22 \text{ kJ mol}^{-1}$] (2) $242.02 \text{ kJ mol}^{-1}$; $242.16 \text{ kJ mol}^{-1}$ [$-232.26 \text{ J K}^{-1} \text{ mol}^{-1}$, $-311.41 \text{ kJ mol}^{-1}$]
- **B 4·1** 0, 0, $9.13 \text{ J K}^{-1} \text{ mol}^{-1}$, $-2.74 \text{ kJ mol}^{-1}$
- **B 4·2** 7.18 J K^{-1}, -2.08 kJ
- **B 4·3** -20.6 J K^{-1}, 21.4 J K^{-1}
- **B 4·4** $150.68 \text{ kJ mol}^{-1}$, $-8.55 \text{ kJ mol}^{-1}$; この反応は常温ではおこりえないが, 1000 K ではおこりうる.

5 章

- **A 5・1** 2.90；物質量分率で 0.077 1
- **A 5・2** (1) $1.75\times10^3\,\mathrm{atm}^2$ (2) $2.39\times10^{-2}\,\mathrm{atm}^{-1}$ (3) $41.8\,\mathrm{atm}$ [例題 5・4 の答を K とすると，K^{-1}；$K^{1/2}$，および $K^{-1/2}$]
- **A 5・3** $2.236\times10^{11}\,\mathrm{Pa}$，$44.0\,\mathrm{kJ\,mol^{-1}}$
- **A 5・4** $39\,\mathrm{kJ\,mol^{-1}}$
- **A 5・5** (1) →，不変 (2) ←，← (3) ←，→ (4) ←，←
- **B 5・1** 7 水和物と 6 水和物の物質量比が，0.536：0.464
- **B 5・2** $1.41\times10^4\,\mathrm{Pa}$，0.141，$4.86\,\mathrm{kJ\,mol^{-1}}$，$179\,\mathrm{J\,K^{-1}\,mol^{-1}}$
- **B 5・3** 0.255：0.658：0.087
- **B 5・4** (1) 894 ℃ (2) $163\,\mathrm{kJ\,mol^{-1}}$
- **B 5・5** (1) $152\,\mathrm{kJ\,mol^{-1}}$ (2) $340\,\mathrm{Pa}$
- **B 5・6** (1) 800.9 Torr (2) 97.7℃ [実測値は 801.7 Torr および 97.7 ℃]

6 章

- **A 6・1** 0.013 1，0.041 0，0.124 [(6.5) 式による近似値は，0.013 2，0.041 8，0.132]
- **A 6・2** (1) 11.33 (2) 11.52 [pK_a から pK_b を求めよ] (3) 9.68 [第 2 段電離 $HCO_3^- \rightleftharpoons H^+ + CO_3^{2-}$ は無視する] (4) 7.00 (5) 4.04
- **A 6・3** 4.84×10^{-4}，4.84×10^{-4}；4.84×10^{-3}，4.83×10^{-3}；0.014 3，0.014 2；0.143，0.133
- **A 6・4** (1) 7.5×10^{-3}，2.1×10^{-3} (2) 1.0×10^{-5}，1.1×10^{-9} (単位はいずれも $\mathrm{mol\,dm^{-3}}$)
- **A 6・5** (1) (6.16) 式から (6.18) 式を誘導するのと同様にして (6.18 a) 式が得られる．ゆえに，$c(H^+) = hc_s = (K_w c_s/K_b)^{1/2}$．これを (6.7) 式に代入して整理すると，(6.19 a) 式が得られる．(2) (6.16 b) 式から，$K_h = \{c(H^+)c(OH^-)\}\{c(HA)/c(H^+)c(A^-)\}\{c(BOH)/c(B^+)c(OH^-)\} = K_w/(K_a K_b)$．一方，$c(HA) = c(BOH) = hc_s$，$c(B^+) = c(A^-) = (1-h)c_s$ だから，$K_h = h^2/(1-h)^2$．この両式をまとめると (6.17 b) 式が得られ，$h \ll 1$ のときには (6.18 b) 式になる．ここで，$K_a = c(H^+)c(A^-)/c(HA)$ だか

ら，$c(H^+) = K_a c(HA)/c(A^-) = K_a hc_s/(1-h)c_s = K_a K_h^{1/2} = (K_a K_w/K_b)^{1/2}$．この式を (6.7) 式に代入すると，pH $= -\frac{1}{2}\log(K_a K_w/K_b) = 7 + \frac{1}{2}(pK_a - pK_b)$．

B 6・1 (1) 6.79 (2) 5.72 (3) 6.77

B 6・2 $c(H^+) = 0.0585$, $c(HSO_4^-) = 0.0415$, $c(SO_4^{2-}) = 8.51 \times 10^{-3}$, $c(OH^-) = 1.71 \times 10^{-13}$ （単位はいずれも mol dm^{-3}）

B 6・3 (1) 11.12 (2) 9.25 (3) 8.30 (4) 5.28

B 6・4 AgCl；2.5×10^{-5} mol dm^{-3}

7 章

A 7・1 3.65×10^{-4} S m^2 mol^{-1}, 0.0134

A 7・2 32.7 g mol^{-1}

A 7・3 1.870, 0.935

A 7・4 0.889, 0.666, 0.392

A 7・5 (1) $Zn + 2Ag^+ \rightarrow Zn^{2+} + 2Ag$ (2) $I_2 + 2Fe(CN)_6^{4-} \rightarrow 2I^- + 2Fe(CN)_6^{3-}$ (3) $5Fe^{2+} + MnO_4^- + 8H^+ \rightarrow 5Fe^{3+} + Mn^{2+} + 4H_2O$ (4) $H^+(a_1) \rightarrow H^+(a_2)$

A 7・6 1.562 V, 0.18 V, 0.74 V；0.0592 V

A 7・7 Ag|Ag$^+$ ⁞ Hg^{2+}, Hg$_2^{2+}$|Pt；-23.3 kJ mol^{-1}, 1.2×10^4

B 7・1 0.0525 S m^{-1}

B 7・2 126.3×10^{-4} S m^2 mol^{-1}

B 7・3 (1) 0.582 V (2) 1.490 V (3) 0.0207 V (4) 0.463 V

B 7・4 9.75×10^{-15}

B 7・5 0.262 V；-74.5 kJ mol^{-1}

B 7・6 (1) 0.33 (2) 6×10^9 (3) 3.2×10^7

8 章

A 8・1 一次，4.3×10^{-4} s^{-1} ［反応物の分圧は，$p_A = (3p_{A,0} - p)/2$］

A 8・2 二次，0.014 mol^{-1} dm^3 s^{-1} ［(8.4) 式により，$k = v_0/c_0^2$］

A 8・3 $t_{0.1} = 9/kc_0$；$t_{0.1} = (\ln 10)/k$

A 8・4 $dc(COCl_2)/dt = (K_1^{1/2} K_2 k_3) c(CO) c(Cl_2)^{3/2}$

解　答　231

A 8・5　2.1×10^{-4} mol^{-1} dm^3

A 8・6　96 kJ mol^{-1}, 1.3×10^{12} s^{-1} ; 0.051 s^{-1}, 2.0 s^{-1}

B 8・1　二次, 0.014 mol^{-1} dm^3 s^{-1}

B 8・2　(1) 0.65 mol^{-1} dm^3 min^{-1}, 31 min　(2) 4.5 min

B 8・3　8.2×10^{-9} Pa^{-1} s^{-1}

B 8・4　一次 ; 2.31 mol^{-1} dm^3 s^{-1}

B 8・5　103 kJ mol^{-1}, 4×10^{13} s^{-1}

B 8・6　(1) $c_S \ll K_m$ のときは, (8.11) 式から $v = k_{+2} c_{E,0} c_S / K_m = (k_{+2}/K_m) c_{E,0} c_S$. つまり, E および S に関してそれぞれ一次. $c_S \gg K_m$ のときは, $v = k_{+2} c_{E,0} c_S / c_S = k_{+2} c_{E,0}$. つまり, E のみに関して一次. (2) 定常状態では $k_{+1} c_G^2 = k_{-1} c_{G^*} c_G + k_{+2} c_{G^*}$. $c_{G^*} = k_{+1} c_G^2 / (k_{-1} c_G + k_{+2})$ だから, $v = k_{+2} c_{G^*} = k_{+1} k_{+2} c_G^2 / (k_{-1} c_G + k_{+2})$. 低圧のときは $k_{-1} c_G \ll k_{+2}$ だから, $v = k_{+1} k_{+2} c_G^2 / k_{+2} = k_{+1} c_G^2$. つまり, G に関して二次. 高圧のときは $k_{-1} c_G \gg k_{+2}$ だから, $v = k_{+1} k_{+2} c_G^2 / k_{-1} c_G = (k_{+1} k_{+2} / k_{-1}) c_G$. つまり, G に関して一次.

9 章

A 9・1　18, 22, 18 ; 99, 153, 99 ; 55, 78, 54 ; 82, 126, 78 ; 53, 76, 54.

A 9・2　(1) $^1_1$H　(2) $^0_{+1}$e　(3) 4 $^1_0$n　(4) $^{130}_{53}$I　(5) $^{43}_{19}$K　(6) $n\alpha$ [中性子 + α 粒子]

A 9・3　$^{234}_{90}$Th, $^{234}_{91}$Pa, $^{234}_{92}$U, $^{230}_{90}$Th, $^{226}_{88}$Ra, $^{222}_{86}$Rn, $^{218}_{84}$Po, $^{214}_{82}$Pb, $^{214}_{83}$Bi, $^{214}_{84}$Po, $^{210}_{82}$Pb, $^{210}_{83}$Bi, $^{210}_{84}$Po, $^{206}_{82}$Pb

A 9・4　82.3 Ci ; 48.1 Ci

A 9・5　2.237×10^7 eV(分子)$^{-1}$, 7.467×10^7 W h g^{-1}

B 9・1　13.005 74

B 9・2　1.74×10^{16}

B 9・3　3.140×10^{-2} y^{-1}, 4.4×10^{-4} y^{-1}

B 9・4　4.76×10^3 y 前

10 章

A 10・1　1.133 eV, 109.3 kJ mol^{-1}, 1.093 μm

A 10・2　2.65×10^{-11} m ; 54.4 eV [(10.10) および (10.11) 式において, $Z = 2$,

A 10·3 2.21×10^{-33} m; 5.3×10^{-29} m

A 10·4 不対電子数は，2，3，2，0，0，2，6，2，4，0 [電子配置は資料 10-1]；C と Si，O と Se，Ne と Xe．

A 10·5 [Ar]3d^8，[Xe]4f^2，[Xe]4f^{14}5d^5；2，2，5

A 10·6 118；[Rn]5f^{14}6d^{10}7s^{2}7p^6

B 10·1 2.19×10^6 m s^{-1}, 約 0.7%；2.65×10^{-10} m, 5.29×10^{-10} m, 約 0.8 および 1.6 倍 [したがって，速度の不確定度を ±5% に押さえようとすると，電子は軌道上のどこにあるかまったく決められない]

B 10·2 3.0×10^{13} s^{-1}，3.0×10^{15} s^{-1}，3.0×10^{17} s^{-1}，3.0×10^{20} s^{-1}；赤外線の 10^2 倍，10^4 倍，および 10^7 倍

B 10·3 2.10 V

B 10·4 特性 X 線は n_2 軌道の電子が n_1 軌道に移るときに放射される．ゆえに，その波数は (10.7) 式から，$\tilde{\nu} = (1/hc)(E_2 - E_1) = -(m_e e^4 / 8\varepsilon_0 ch^3)(Z - \sigma)^2 (1/n_2^2 - 1/n_1^2)$．この式の両辺の平方根をとれば，$\tilde{\nu}^{1/2} = a(Z - \sigma)$ の形になる．$a = \{-(m_e e^4 / 8\varepsilon_0^2 ch^3)(1/n_2^2 - 1/n_1^2)\}^{1/2} = \{R_\infty (1/n_1^2 - 1/n_2^2)\}^{1/2}$

B 10·5 61

B 10·6 Ce^{4+} の電子配置は 18 族の Xe と同じなので安定．Eu^{2+} のそれは [Xe]4f^7 であり，f 副殻が半分満たされているから安定．

---

11 章

A 11·1 (単位は kJ mol^{-1}) $5.5_4 \times 10^2$，$9.2_2 \times 10^3$，11 815 [実測値は，513.3，7 298，11 817]

A 11·2 609 kJ mol^{-1}，822 kJ mol^{-1}

A 11·3 2.47，3.03

A 11·4 234，732；0.90，2.82

A 11·5 13%，12%

A 11·6 $-6\,723$ kJ mol^{-1}；199 kJ mol^{-1}

A 11·7 1s$\sigma^2$1sσ^{*1}，2sσ^2，2s$\sigma^2$2sσ^{*2}，2s$\sigma^2$2sσ^{*2}2p$_y\pi^1$2p$z\pi^1$；0.5，1，0，1

B 11·1 第二イオン化エネルギーは，1 族の Li は大きく，2 族の Be が最小，以

下次第に増加する．ただし，BはCより，OはFよりもやや大きいと予想される．

B 11·2 787 kJ mol^{-1}；769 kJ mol^{-1}

B 11·3 2.68 D，1.55 D，0 D

B 11·4 1,3 ブタジエンの共鳴により多少安定化する．共鳴エネルギーは 14 kJ mol^{-1}，1,4 ペンタジエンはまったく共鳴していない．

B 11·5 1.1；CH$_2$=CH—CH=CH$_2$ ↔ $^-$C̈H$_2$—CH=CH—C̈H$^+$$_2$ ↔ $^+$C̈H$_2$—CH=CH—$^-$C̈H$_2$ の間で共鳴しているが，最初の構造の寄与が第 2，第 3 の構造に較べてはるかに大きい．

B 11·6 (2s, 1s)σ^2，2sσ^{2}2sσ*^{2}2p$_y$π^{2}2p$_z$π^{2}p$_x$σ^2，2sσ^{2}2sσ*^{2}2p$_y$π^{2}2p$_z$π^{2}2p$_x$σ^{2}2p$_y$π*^{1}，2sσ^{2}2sσ*^{2}2p$_y$π^{2}2p$_z$π^{2}2p$_x$σ^2；1，3，2.5，3

B 11·7 C$_2$ と CN は AB$^-$ になると安定化し，NO と O$_2$ と F$_2$ は AB$^+$ になると安定化する．

索　　引

■ あ 行

アインシュタインの式　129
アクチノイド　153
圧平衡定数　**63**, 64
圧力単位の換算　180
アボガドロ定数　189
アレニウスの式　124
アレニウスの定義　76脚注
安定核種　130

イオン　74
イオン化エネルギー　**154**, 155, 156
イオン化エネルギー（データ）157表
イオン化電圧　154
イオン化ポテンシャル　154
イオン強度　97
イオン性　**163**, 164
イオン独立移動の法則　90
イオンの伝導率　90
イオンのモル伝導率　90
イオンのモル伝導率（データ）91表
イオンを含む反応式　190
一次反応　**111**, 112, 117, 131
一分子反応　118
陰イオン　127

液界電位差　98脚注
液体の熱容量　40
エネルギー準位　**138**, 147, 150
エネルギー単位の換算　181
エネルギー符号の正負　34
エネルギー保存の法則　34
塩橋　98脚注
遠心力の場　28
エンタルピー　35
エンタルピー変化　35, 37, 41

エントロピー　50
エントロピー増大の法則　50
エントロピー変化　51
エントロピー変化，温度変化にともなう　54
エントロピー変化，外界の　53, 57
エントロピー変化，相変化にともなう　53
エントロピー変化，体積変化にともなう　51

オストワルドの吸収係数　20脚注
オービタル　144
オーム　89
温度単位の換算　182
温度の基本単位　177

■ か 行

外界　33
回転運動　37脚注
壊変　130
壊変定数　132
壊変の速度　131
開放系　33
解離圧　222
化学電池　98
化学反応式（"反応式"も見よ）99, 100, **190**
化学反応式の書き方　190
化学反応式の加減・代入　191
化学平衡（"平衡"も見よ）60
化学平衡，気相における　63
化学平衡，不均一系の　65
化学量論係数　190
化学量論係数の符号の正負　45
可逆反応　**60**, 120, 190
殻　145
拡散　28

核子　126
核種　**127**, 130
核の結合エネルギー　129
核反応　**134**, 135
核反応式　**131**, 134
核反応のエネルギー　135
加水分解　82
加水分解定数　83
加水分解度　**83**, 84
活性化エネルギー　**124**, 125
活性錯合体　124脚注
活量　61, **94**, 96, 107
活量係数　**94**, 95
ガラス電極　108
過冷却　221
還元種　103
換算係数　180
緩衝作用　85
緩衝溶液　**85**, 87

擬一次反応　114
基質　121
希釈エンタルピー　47
気体　2
気体定数　2
気体電極　100
気体の圧力，分子運動からみた　11脚注
気体濃淡電池　106
気体の混合　7
気体の質量　2
気体の体積　2, 12
気体の体積変化　3
気体の熱容量　36
気体の流出　10
気体分子運動論　8
気体分子の運動エネルギー　36脚注, 37脚注
気体分子の速度　8, 9
基底状態　138
起電力　**101**, 106, 109

索　引　235

起電力の正負　99
起電力の濃度による変化　104
軌道　137, 145, 147
軌道関数　144脚注
軌道量子数　144
ギブズエネルギー　58
ギブズ関数　58
ギブズの自由エネルギー　58
基本単位　177
逆反応　60
吸エルゴン反応　58
吸収係数　20
キュリー　132
凝固点降下　22
共通イオンの影響　88
強電解質　74
共鳴　165
共鳴エネルギー　**165**, 167
共鳴極限式　**165**, 166, 168
共鳴混成体　165
共鳴式　**165**, 166
共鳴による安定化　165
共役酸　80
共有結合　163
極限密度の方法　5
極限モル伝導率　**90**, 91
極性共有結合　163
金属電極　100
金属－難溶性塩電極　100

組立単位　**177**, 178
位どり接頭語　**178**, 179
クラウジウス・クラペイロンの式　71
グラフを使う解法（"プロット"を見よ）
グレアムの法則　10

系　33
系が吸収する熱　34, 37, 40
系がする仕事　34
結合エネルギー　**158**, 159, 160, 167, 173
結合エネルギー（データ）　159表
結合エンタルピー　158
結合解離エンタルピー　47, **158**
結合距離　168

結合次数　**168**, 173
結合性軌道　170
ケルビン温度　182
原子核（"核"も見よ）　126
原子核反応（"核反応"も見よ）　134
原子軌道　169
原子質量定数　187
原子生成エンタルピー　167
原子番号　126
原子量　188
元素　127
元素の性質　151

光散乱法　31
格子エンタルピー　220
酵素　121
高分子化合物　26
高分子溶液　26
固体の熱容量　40
答の精度　184
固有粘度　29
孤立系　33
コールラウシュのイオン独立移動の法則　90
コールラウシュの法則　90脚注
混合気体　5
混合気体の組成の表し方　6表
混合気体の溶解　21
根平均二乗速度　8

■ さ 行

最外殻　150
最外殻電子　150
最小二乗法　70
最大確率速度　9
最大速度　122
酸化還元電極　100
酸化種　103
三次反応　**112**, 116
三次方程式の解法　12

式量　188
磁気量子数　**144**, 150
四捨五入　**185**, 186
実在気体　10
実在気体の状態方程式　12

実在気体の熱容量　38
質量欠損　**129**, 135
質量作用の法則　**60**, 61脚注
質量数　126
質量平均分子量　31
質量濃度　18
質量の基本単位　177
質量分率　6
質量モル濃度　19
質量モル濃度平衡定数　61
ジーメンス　89
弱塩基　76, 80, 83, 86
弱酸　74, 77, 82, 85
弱電解質　74
遮蔽　**141**, 155, 156
遮蔽定数　**141**, 156
遮蔽に対する電子の寄与　156
周期表　152表
周期律　151
重量平均分子量　31
重量モル濃度　18
主量子数　**144**, 145, 147
昇華エンタルピー　**40**, 71
昇華熱　40
蒸気圧　71
蒸気圧曲線　22脚注
蒸気圧降下　21
状態式　2
状態方程式　**2**, 11, 16
蒸発エンタルピー　**40**, 53, 54, 71
蒸発エントロピー　54
蒸発熱　**40**, 41
触媒　124
人工放射性核種　130
浸透　24
浸透圧　**24**, 26
振動数　139脚注

水酸化物イオン濃度　77
水素イオン濃度　75, 77, 81
水素原子　137, 138, 140, 154
水素原子模型　**136**, 143
水素電極　100
水素類似原子　141
数値　176
数値の精度　**183**, 185
数平均分子量　31

スピンの示し方　151
スピンの方向　150
スピン量子数　145
スペクトル　139
スレイターの計算規則　156

正極　98
生成エンタルピー　**44**, 46
生成ギブズエネルギー　59
生成物　190
正反応　60
積分速度式　111
積分法　112
絶対温度　182
セルシウス温度　182
全圧　6
遷移　139
遷移元素　152
遷移状態理論　124脚注
全次数　110
線スペクトル　**139**, 140, 141

総括反応次数　110
双極子モーメント　**163**, 164
相対活量　94
相対的原子質量　188
相対的分子質量　188
総熱量不変の法則　43
相変化　40, 52
族　152
測定値　183
速度定数　**110**, 115, 119, 121
速度定数の温度変化　124, 125
速度定数の決め方　112, 114, 115, 121
速度定数の次元　115
素反応　**118**, 119

■ た　行

第一イオン化エネルギー　**154**, 157, 162
第一イオン化エネルギー（データ）　157
第三法則エントロピー　55
体積分率　6
第二イオン化エネルギー　**154**, 155

多塩基酸　81
ダニエル電池　98
単位　176
単核種元素　128
断熱系　33

中性子　126
中性子数　127
中和エンタルピー　46
超遠心器　28
沈降　28
沈降速度　28脚注
沈降平衡　28

定圧熱容量　36
定圧燃焼熱　46
定圧反応熱　42
定圧変化　34
定圧モル熱容量　36
定圧モル熱容量（データ）　39表
定圧モル熱容量と定積モル熱容量の比　38
定義された値　183
抵抗率　89
定常状態　121
定積熱容量　36
定積反応熱　42
定積変化　34
定積モル熱容量　36
定容変化　34
デバイ　163
デバイ・ヒュッケルの法則　97
転移エンタルピー　40
転移熱　40
電解　93
電解質　74
電解質濃淡電池　106
電気陰性度　**161**, 162
電気陰性度（データ）　161表
電気エネルギー　108脚注
電気化学当量　94
電気素量　126
電気抵抗　89
電気分解　93
電極電位の濃度による変化　103
電極の正負　98
典型元素　152

電子　**126**, 145
電子雲　145脚注
電子が失われる順序　151
電子が殻に入る順序　147
電子が分子軌道に入る順序　171
電子軌道（"軌道"も見よ）　**137**, 144, 169
電子親和力　**157**, 162
電子親和力（データ）　158表
電子数　127
電子対　150
電子の運動エネルギー　138脚注, 143
電子の存在確率　137
電子の波長　143
電子配置　147, 151, 170, 172
電子配置表　148表
電子配置を示す式　147
電子ボルト　**129**, 181脚注
電子ボルトとジュールとの換算　182
電子密度　137
電池　98
電池図　**99**, 100
電池と化学反応　99, 100
伝導率　87, **89**, 90
天然放射性核種　130
電離　74
電離エンタルピー　47
電離定数　75
電離定数（データ）　78表
電離度　25, **75**, 92
電離平衡　74

同位体　**128**, 130
同位体の質量と存在比（データ）　128表
統一原子量単位　129, **187**
等核二原子分子　171
特性X線　**141**, 142
閉じた系　33
ドブロイ波　**142**, 143
ドブロイの式　142
ドルトン　187脚注
トルートンの規則　53

索　引　237

■ な 行

内遷移元素　153
内部エネルギー　**33**, 35
内部エネルギー変化　34, 35, 37, 40

二次反応　**111**, 114, 117
二分子反応　118

熱容量　36
熱力学第一法則　**34**, 43
熱力学第三法則　55
熱力学第二法則　**50**, 53
熱力学的平衡定数　67
ネルンストの式　102
燃焼エンタルピー　46
粘性　29
粘性率　29
年代測定　133
粘度　29
粘度平均分子量　31

濃淡電池　**105**, 106, 107, 108
濃度減少速度　110, 120
濃度増加速度　110, 120, 122
濃度平衡定数　**60**, 64

■ は 行

排除体積　14脚注
パウリの排他原理　**146**, 170
波数　139脚注
波長　**139**脚注, 140, 141
発エルゴン反応　58
パッシェン系列　140
バルマー系列　140
半減期　**117**, 132
半透膜　24
反応エンタルピー　**42**, 46, 68, 69, 160
反応エンタルピーの温度変化　47
反応エンタルピーの種類　46
反応エントロピー　**55**, 56, 58
反応ギブズエネルギー　**57**, 58, 59, 67, 109

反応式　190
反応式のまとめ方　192
反応次数　110
反応次数の決め方　112, 115, 117
反応進行の予測　118
反応速度式　111表
反応に関与する物質の量的関係　192
反応の進行　58
反応の分子数　118
反応物　190

非電解質　74
比熱　36
比熱容量　36
比粘度　29
微分速度式　**111**, 119
微分法　115
標準エントロピー　55
標準エントロピー（データ）　56表
標準起電力　101
標準状態　43
標準生成エンタルピー　44
標準生成エンタルピー（データ）　45表
標準生成ギブズエネルギー　59
標準生成ギブズエネルギー（データ）　56表
標準第三法則エントロピー　55
標準電極電位　101
標準電極電位（データ）　102表
標準反応エンタルピー　43
開いた系　33
ビリアル係数　**16**, 26
ビリアル状態方程式　16
頻度因子　**124**, 125

ファラデー定数　93
ファラデーの法則　93
ファンデルワールス定数　**11**, 14, 16
ファンデルワールス定数（データ）　12表
ファンデルワールスの状態方程式　11
ファントホッフ係数　**25**, 97

ファントホッフの平衡式　68
ファントホッフの法則　24
不確定性原理　144
不確定度　144
フガシティー　63
フガシティー係数　63脚注
負極　98
不均一系　65
副殻　145
副殻に入りうる電子数　146表
複合反応　118
不対電子　150
物質波　142
物質量　189
物質量分率　**6**, 18
物質量濃度　**18**, 19
物質量濃度の単位　179
沸点上昇　22
物理量　176
物理量の記号　176
部分次数　110
ブラケット系列　140
プランク定数　137
ブレンステッドの定義　80脚注
プロット　5, 27, 30, 70, 113, 122
分圧　6
分圧の法則　6
分極した共有結合　163
分子間引力　**8**, 11
分子軌道　170
分子軌道に電子が入る順序　172
分子軌道法　169
分子半径　14
分子量　188
分子量の求め方　4, 10, 23, 27, 28, 30
分子を構成する原子数　37
ブンゼンの吸収係数　20
フントの規則　**150**, 172

平均活量係数　**95**, 96, 97
平均活量係数（データ）　95表
平均活量係数の理論値　97
平均速度　9
平均二乗速度　8
平均分子量　27, 30, 31
平衡移動の法則　72

238　索　引

平衡混合物の組成　61, 62, 63
平衡定数　**60**, 67, 109, 120
平衡定数の温度変化　68, 69
平衡定数の組合わせ　65
平衡の移動　62, 64, 72
閉鎖系　33
並進運動　36
ベクレル　132
ヘスの法則　**43**, 159
ヘリウム原子核　130
ヘルツ　139脚注
ヘンリーの法則　20

ボーア半径　137
ボーア模型　136
方位量子数　**144**, 145, 146
放射性壊変　130
放射性核種　130
放射性核種の利用　133
放射性同位体　130
放射能　**130**, 132, 133
飽和蒸気圧　71
飽和溶液　19
ポーリングの電気陰性度　161
ボルン-ランデの式　218

■ ま　行

マクスウェル・ボルツマン分布　9
マーク-フウィンク-桜田の式　29
マリケンの電気陰性度　162

見かけの電離度　25
水のイオン積　79
ミハエリス定数　122
ミハエリス-メンテンの式　122

無限希釈におけるモル伝導率　90

モーズリーの法則　142
モル凝固点降下定数　23
モル凝固点降下定数(データ)　23表
モル質量　189
モル数　189脚注

モル体積　2
モル伝導率　**89**, 90
モル熱容量　36
モル濃度　18
モル沸点上昇定数　23
モル沸点上昇定数(データ)　23表
モル分率　**6**, 18

■ や　行

融解エンタルピー　40
融解曲線　22脚注
融解熱　**40**, 41
有効数字　**183**, 184, 185
誘導単位　177
陽イオン　127
陽イオンの電子配置　151
溶液　18
溶液の濃度　19
溶液の濃度の表わし方　18表
溶解エンタルピー　47
溶解度　**19**, 88, 92
溶解度積　**87**, 88, 108
容量定数　223
陽子　126
陽子数　127
溶質　18
溶質の析出　20
要素粒子　189
陽電子　131
溶媒　18

■ ら　行

ライマン系列　140
ラインウィーヴァー-バーク・プロット　123
ラウールの法則　21
ラベル　134
ランタノイド　153

理想気体　2
理想気体の状態方程式　2
理想気体の熱容量　36
理想溶液　21
律速段階　119

流出速度　10
リュードベリ定数　139
リュードベリの式　139
量子条件　136脚注
量子数　**136**脚注, 144, 145表
臨界圧　15
臨界温度　15
臨界体積　15
臨界定数　**15**, 16
臨界定数(データ)　12表

ルシャトリエの原理　72

励起状態　138
零次反応　**111**, 117

■ わ　行

ワット　135

■ ローマ字

CGS 単位系　180
K 電子捕獲　131
MO 法　169
pH　77
pH, 塩水溶液の　85
pH, 弱塩基の　79
pH, 弱酸の　78
pH の移動　87
pH の定義　77脚注, **107**
pK　78
SI 単位系　177
Z 平均分子量　31

■ ギリシア字

α 壊変　130
α 粒子　**130**, 134, 144
β 壊変　131
β⁻ 壊変　131
β⁺ 壊変　131
π 結合　171
σ 軌道　170
σ* 軌道　170
σ 電子　170
σ* 電子　170

著者略歴

島原健三
<small>しま はら けん ぞう</small>

1928年	東京に生まれる
1950年	慶応義塾大学工学部応用化学科卒業
	成蹊大学工学部教授をへて
	現在，成蹊大学名誉教授　工学博士
著　書	新化学計算（三共出版）
	わかりやすい化学計算（共著：三共出版）
	周期系の歴史　上・下（翻訳：三共出版）
	化学演示実験（共著：三共出版）
	概説　生物化学（三共出版）
	自壊する原子（翻訳：三共出版）
	数値で学ぶ生物科学（共訳：講談社サイエンティフィク）

化学計算―基礎から応用まで―

2001年 2月15日　初版第1刷発行
2015年10月30日　初版第4刷発行

ⓒ著　者	島　原　健　三	
発行者	秀　島　　　功	
印刷者	萬　上　圭　輔	

発行所　三共出版株式会社　東京都千代田区神田神保町3-2
〒101-0051　電話　03(3264)5711(代)
　　　　　　FAX　03(3265)5149
　　　　　　振替　00110-9-1065

一般社団法人 日本書籍出版協会・一般社団法人 自然科学書協会・工学書協会　会員

Printed in Japan　　印刷・恵友印刷　製本・壮光舎

JCOPY ＜(社)出版者著作権管理機構 委託出版物＞
本書の無断複写は著作権法上での例外を除き禁じられています．複写される場合は，そのつど事前に，(社)出版者著作権管理機構（電話03-3513-6969，FAX 03-3513-6979，e-mail:info@jcopy.or.jp）の許諾を得てください．

ISBN 4-7827-0426-7

資料 B-1　　　　　基本的な定数

真空中の光速度	$c = 299\,792\,458 \text{ m s}^{-1}$（定義）
真空の誘電率	$\varepsilon_0 = 8.854\,187\,816\cdots \times 10^{-12} \text{ F m}^{-1}$
プランク定数	$h = 6.626\,075\,5(40) \times 10^{-34} \text{ J s}$
電気素量	$e = 1.602\,177\,33(49) \times 10^{-19} \text{ C}$
電子の静止質量	$m_e = 9.109\,389\,7(54) \times 10^{-31} \text{ kg}$
陽子の静止質量	$m_p = 1.672\,623\,1(10) \times 10^{-27} \text{ kg}$
中性子の静止質量	$m_n = 1.674\,928\,6(10) \times 10^{-27} \text{ kg}$
原子質量定数, 統一原子質量単位	$m_u = 1.660\,540\,2(10) \times 10^{-27} \text{ kg}$
アボガドロ定数	$N_A = 6.022\,136\,7(36) \times 10^{23} \text{ mol}^{-1}$
ボルツマン定数	$k = 1.380\,658(12) \times 10^{-23} \text{ J K}^{-1}$
ファラデー定数	$F = 9.648\,530\,9(29) \times 10^{4} \text{ C mol}^{-1}$
気体定数	$R = 8.314\,510(70) \text{ J K}^{-1} \text{mol}^{-1}$
	$= 8.205\,783(71) \times 10^{-5} \text{ m}^3 \text{atm K}^{-1} \text{mol}^{-1}$
セルシウス温度目盛のゼロ点	$0\,℃ = 273.15 \text{ K}$（定義）
標準大気圧	$\text{atm} = 101\,325 \text{ Pa}$（定義）
ボーア半径	$a_0 = 5.291\,772\,49(24) \times 10^{-11} \text{ m}$
リュードベリ定数	$R_\infty = 1.097\,373\,153\,4(13) \times 10^{7} \text{ m}^{-1}$
円周率	$\pi = 3.141\,592\,653\,59\cdots\cdots$
自然対数の底	$e = 2.718\,281\,828\,46\cdots\cdots$
常用対数	$\ln 10 = 2.302\,585\,092\,99\cdots\cdots$

カッコ内の数字は不確かさの範囲を示し，有効数字の最後の桁に対応する．

資料 B-2　　　SI基準単位（左）と位どり接頭語

物理量	単位（名称）	大きさ	記号（名称）	大きさ	記号（名称）
長さ	m（メートル）	10^{-1}	d（デシ）	10	da（デカ）
質量	kg（キログラム）	10^{-2}	c（センチ）	10^{2}	h（ヘクト）
時間	s（秒）	10^{-3}	m（ミリ）	10^{3}	k（キロ）
電流	A（アンペア）	10^{-6}	μ（マイクロ）	10^{6}	M（メガ）
温度	K（ケルビン）	10^{-9}	n（ナノ）	10^{9}	G（ギガ）
物質量	mol（モル）	10^{-12}	p（ピコ）	10^{12}	T（テラ）
光度	cd（カンデラ）	10^{-15}	f（フェムト）	10^{15}	P（ペタ）
		10^{-18}	a（アト）	10^{18}	E（エクサ）
		10^{-21}	z（ゼプト）	10^{21}	Z（ゼタ）
		10^{-24}	y（ヨクト）	10^{24}	Y（ヨタ）